青岛理工大学建筑学院学生获奖作品选

主　编　郝赤彪

副主编　许从宝

天津大学出版社
TIANJIN UNIVERSITY PRESS

目录 CONTENTS

CONTENTS

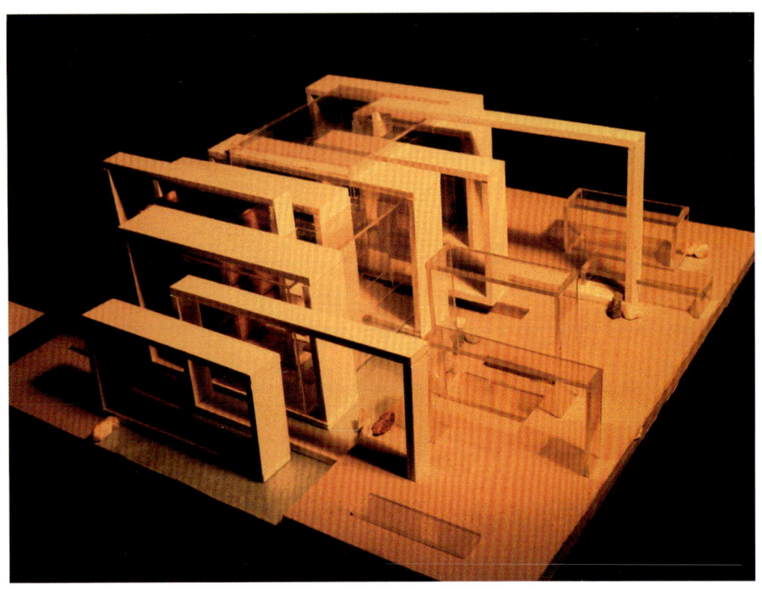

2006年全国高等学校建筑学专业
第5届大学生建筑设计作业观摩和评选
优秀作业

作业名称：日光流年——校园书报亭设计
作业完成时间：2006年7月
作业时长：6周
作者姓名：沈思
指导教师：徐岩　解旭东　郝赤彪

Selected Excellent Work of
5th Observation and Evaluation of Students' Architectural Design Works in Universities,
National Universities Architecture Speciality,2006

Title: Running Daylight—Campus News Stand
Submitting Time: July 2006
Duration: 6 weeks
Author: Shen Si
Instructors: Xu Yan, Xie Xudong, Hao Chibiao

教师评语：

方案构思新颖，利用光影变化营造了丰富的室内外空间。形体明确、有序，与环境很好地结合在一起，考虑了建筑环境对人的行为的影响。图面表达正确，色彩和谐，具有视觉冲击力。模型制作精细美观。

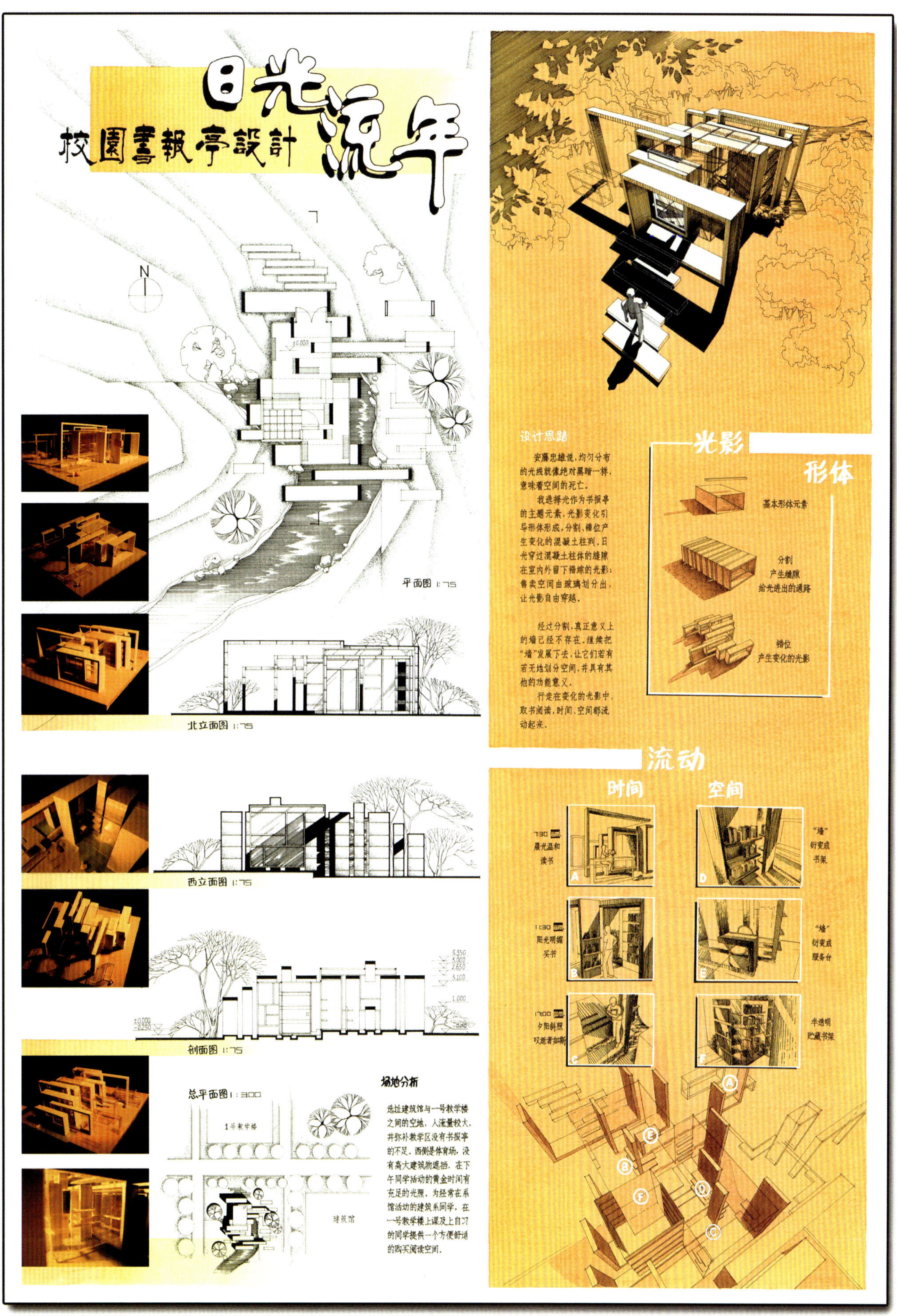

日光流年
校園書報亭設計
N
平面图 1:75
北立面图 1:75
西立面图 1:75
剖面图 1:75
总平面图 1:300
1号教学楼
建筑馆
场地分析
选址建筑馆与一号教学楼之间的空地，人流量较大，并弥补教学区没有书报亭的不足。西侧是体育场，没有高大建筑物遮挡，在下午同学活动的黄金时间有充足的光照。为经常在系馆活动的建筑系同学，在一号教学楼上课及上自习的同学提供一个方便舒适的购买阅读空间。
设计思路
安藤忠雄说，均匀分布的光线就像绝对黑暗一样，意味着空间的死亡。
我选择光作为书报亭的主题元素，光影变化引导形体形成，分割、错位产生变化的混凝土柱列。日光穿过混凝土柱体的缝隙在室内外留下斑驳的光影；售卖空间由玻璃划分出，让光影自由穿越。
经过分割，真正意义上的墙已经不存在。继续把“墙”发展下去，让它们若有若无地划分空间，并具有其他的功能意义。
行走在变化的光影中，取书阅读，时间、空间都流动起来。
光影
形体
基本形体元素
分割
产生缝隙
给光进出的通路
错位
产生变化的光影
流动
时间
空间
7:30 am
晨光温和
读书
11:30 am
阳光明媚
买书
17:00 pm
夕阳斜照
叹逝者如斯
“墙”
衍变成
书架
“墙”
衍变成
服务台
半透明
贮藏书架

2007年全国高等学校建筑学专业
第6届大学生建筑设计作业观摩和评选
优秀作业

作业名称：水木未央——校园书报亭设计
作业完成时间：2007年7月
作业时长：6周
作者姓名：刘洁
指导教师：解旭东　王少飞　郝赤彪

Selected Excellent Work of
6th Observation and Evaluation of Students' Architectural Design Works in Universities,
National Universities Architecture Speciality,2007

Title: No-finished Nature—Campus News Stand
Submitting Time: July 2007
Duration: 6 weeks
Author: Liu Jie
Instructors: Xie Xudong, Wang Shaofei, Hao Chibiao

教师评语：

方案构思新颖，利用自然、透明的材料营造了光影变化的室内外空间。形体简洁明确、变化有序，与水景很好地结合在一起，充分考虑到建筑环境对人的行为的影响。图面表达准确，色彩对比强烈，具有视觉冲击力。模型制作精细美观。

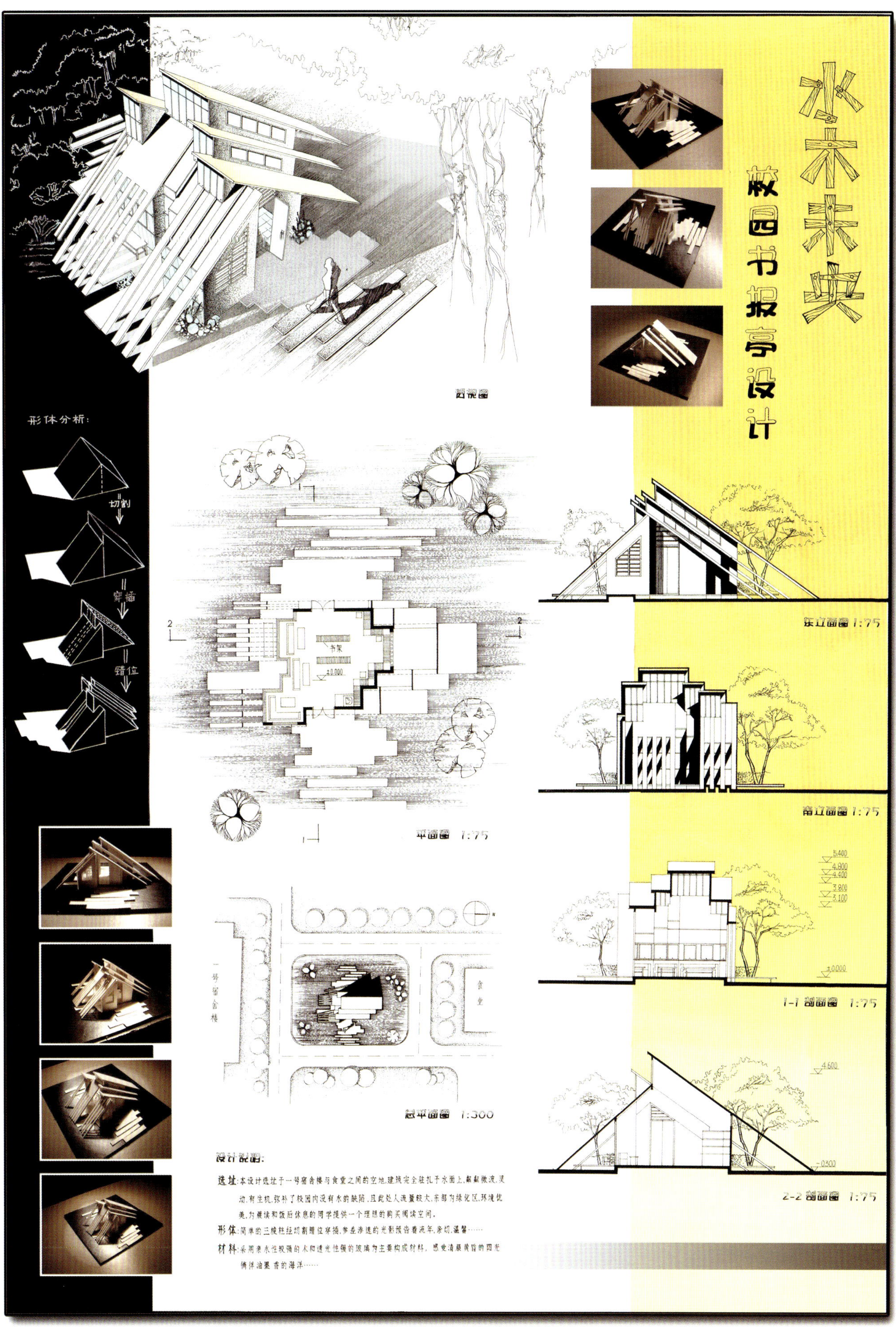
水木未央
校园书报亭设计
透视图
形体分析：
切割
穿插
错位
书架
±0.000
平面图 1:75
一号宿舍楼
食堂
总平面图 1:300
东立面图 1:75
南立面图 1:75
5.400
4.800
4.400
3.800
3.100
±0.000
1-1 剖面图 1:75
4.600
2-2 剖面图 1:75
设计说明:
选址:本设计选址于一号宿舍楼与食堂之间的空地,建筑完全驻扎于水面上,粼粼微波,灵动,有生机,弥补了校园内没有水的缺陷,且此处人流量较大,东部为绿化区,环境优美,为晨读和饭后休息的同学提供一个理想的购买阅读空间。
形体:简单的三棱柱经切割错位穿插,参差渗透的光影预告着流年,亲切,温馨……
材料:采用亲水性较强的木和透光性强的玻璃为主要构成材料,感受清晨黄昏的阳光徜徉油墨香的海洋……

2008年全国高等学校建筑学专业
第7届大学生建筑设计作业观摩和评选
优秀作业

作业名称：沐林源起——小型钓吧设计
作业完成时间：2008年7月
作业时长：6周
作者姓名：王斌
指导教师：解旭东 王少飞 郝赤彪

Selected Excellent Work of
7th Observation and Evaluation of Students' Architectural Design Works in Universities,
National Universities Architecture Speciality,2008

Title : Stemming from Forest—Small Fishing Bar
Submitting Time: July 2008
Duration: 6 weeks
Author: Wang Bin
Instructors: Xie Xudong, Wang Shaofei, Hao Chibiao

教师评语：

建筑整体布局舒展、大方，空间布局合理。结合建筑形体创造性地运用木质材料，很好地表现出滨水小建筑的气质。

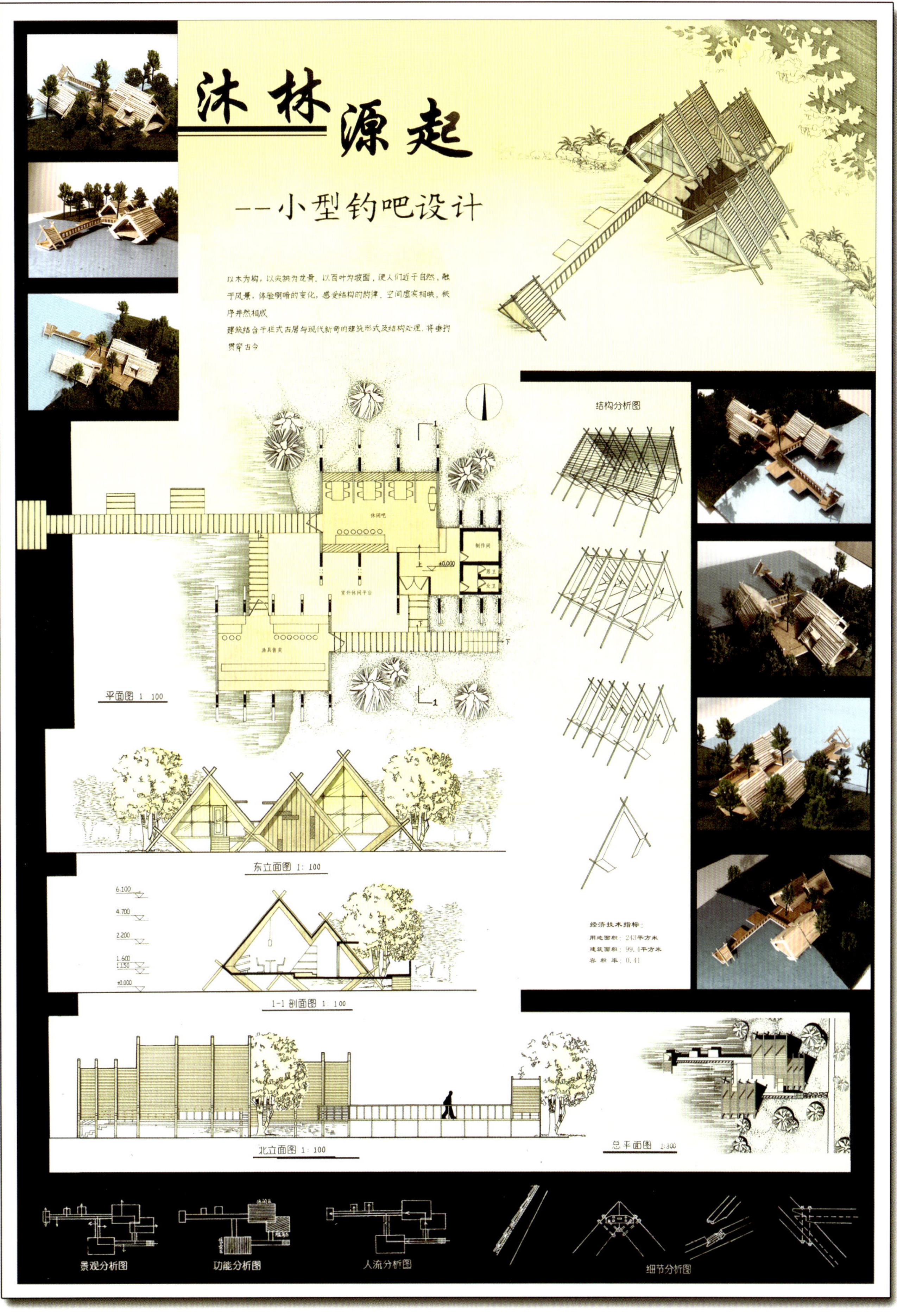
沐林源起
--小型钓吧设计
以木为构，以尖拱为龙骨，以百叶为坡面，使人们近于自然，融于风景，体验明暗的变化，感受结构的韵律，空间虚实相映，秩序井然相成
建筑结合干栏式古居与现代新奇的建筑形式及结构处理，将垂钓贯穿古今
结构分析图
平面图 1:100
东立面图 1:100
1-1 剖面图 1:100
6.100
4.700
2.200
1.600
1.150
±0.000
±0.000
经济技术指标：
用地面积：243平方米
建筑面积：99.4平方米
容积率：0.41
北立面图 1:100
总平面图 1:800
景观分析图
功能分析图
人流分析图
细节分析图

2009年全国高等学校建筑学专业
第8届大学生建筑设计作业观摩和评选
优秀作业

作业名称：返璞·归真——湖畔茶室设计
作业完成时间：2009年6月
作业时长：6周
作者姓名：刘金霖
指导教师：解旭东 程然 郝赤彪

Selected Excellent Work of
8th Observation and Evaluation of Students' Architectural Design Works in Universities,
National Universities Architecture Speciality,2009

Title : Returning to Innocence—Lakeside Tea House
Submitting Time: June 2009
Duration: 6 weeks
Author: Liu Jinlin
Instructors: Xie Xudong, Cheng Ran, Hao Chibiao

教师评语：

建筑整体形式是采用现代建筑的语汇对传统民居建筑进行新的演绎，造型美观、大方。建筑功能布局合理，空间组织紧凑，表现出学生较好的基本功。

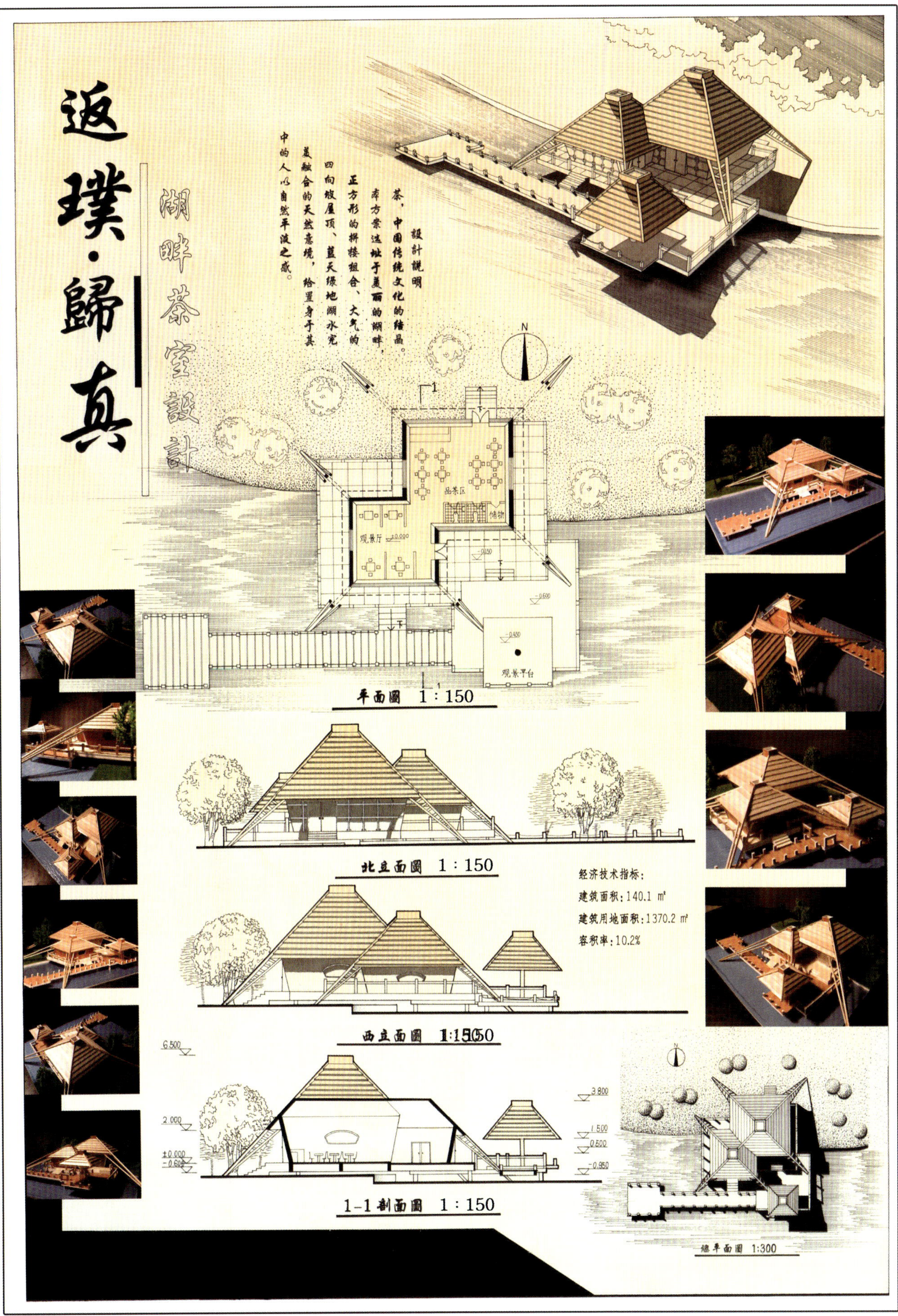

返璞·歸真
湖畔茶室設計
設計説明
茶，中國传统文化的结晶。
本方案选址于美丽的湖畔，
正方形的拼接组合、大气的
四向坡屋顶、蓝天绿地湖水完
美融合的天然意境，给置身于其
中的人以自然平波之感。
品茶区
售物
观景厅
观景平台
平面圖 1：150
北立面圖 1：150
西立面圖 1：150
1-1剖面圖 1：150
經济技术指标：
建筑面积：140.1 ㎡
建筑用地面积：1370.2 ㎡
容积率：10.2%
總平面圖 1:300

2009年全国高等学校建筑学专业
第8届大学生建筑设计作业观摩和评选
优秀作业

作业名称：水印廊桥——山水茶廊设计
作业完成时间：2009年6月
作业时长：6周
作者姓名：张安晓
指导教师： 徐岩 王少飞 马立群

Selected Excellent Work of
8th Observation and Evaluation of Students' Architectural Design Works in Universities,
National Universities Architecture Speciality,2009

Title : Bridge to Water Image—Tea Corridor Design
Submitting Time: June 2009
Duration: 6 weeks
Author: Zhang Anxiao
Instructors: Xu Yan, Wang Shaofei, Ma Liqun

教师评语：

方案用地选择的是傍临山地的滨水环境，在此自然环境中设计——栖居水上的茶廊，使得建筑的功能与环境相得益彰。建筑结构采用木结构，与自然环境更加协调。木结构形式源自日常生活，反映了学生较强的观察能力和对建筑结构技术朴素的认识。建筑空间组织均衡匀称，建筑形象明确地表现结构与构造，反映了建筑的本源。

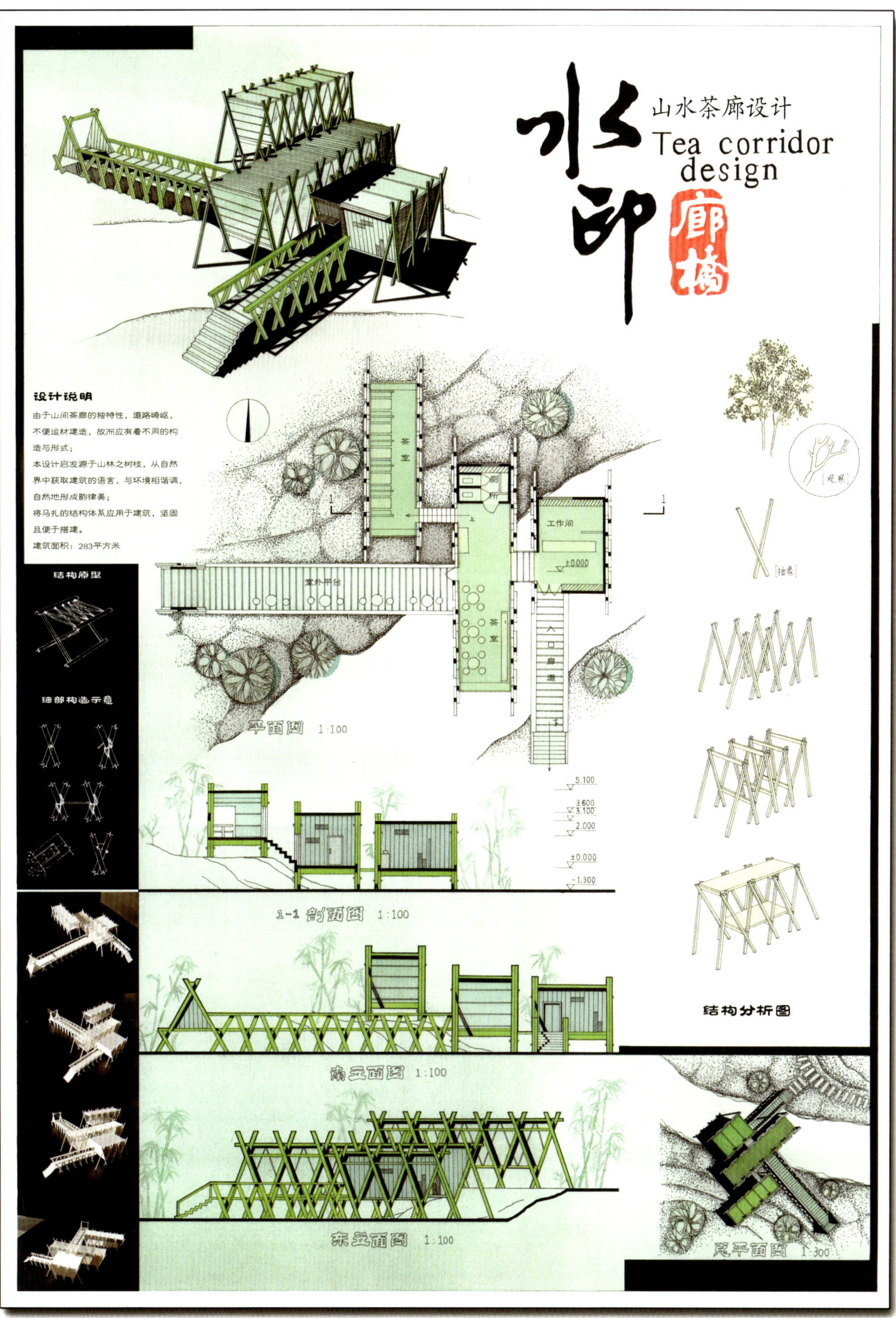

水印
山水茶廊设计
Tea corridor design
廊桥
设计说明
由于山间茶廊的独特性，道路崎岖，不便运材建造，故而应有着不同的构造与形式；
本设计启发源于山林之树枝，从自然界中获取建筑的语言，与环境相谐调，自然地形成韵律美；
将马扎的结构体系应用于建筑，坚固且便于搭建。
建筑面积：283平方米
结构原型
细部构造示意
茶室
厕所
工作间
室外平台
入口廊道
平面图 1:100
1-1 剖面图 1:100
南立面图 1:100
东立面图 1:100
总平面图 1:300
结构分析图

2006年全国高等学校建筑学专业
第5届大学生建筑设计作业观摩和评选
优秀作业

作业名称：渝水码头——社区文化中心设计
作业完成时间：2006年5月
作业时长：8周
作者姓名：孙桂淋
指导教师：徐岩 解旭东

Selected Excellent Work of
5th Observation and Evaluation of Students' Architectural Design Works in Universities,
National Universities Architecture Speciality,2006

Title : Harbour—Community Cultural Center
Submitting Time: May 2006
Duration: 8 weeks
Author: Sun Guilin
Instructors: Xu Yan, Xie Xudong

教师评语：

大江大山、码头吊脚楼——从这个建筑所处的地理环境以及建筑自身的形态，可以感受到这个地域的文化氛围与这些富有现代形体感的空间的巧妙融合，所以“文化味”是本次设计的制胜法宝。

不论是优美的线条所表现出的建筑骨架和阴影关系，还是让人身临其境的透视及效果图，都彰显出设计者难能可贵的手绘本领和扎实功底。此外，建筑的内部空间与文化延续及演变的结合，是设计的另一大亮点。

品茶、看戏、观江景……古老的生活方式在这个现代建筑中得到了再现和延续——文化建筑的空间演绎，本就应该如此！

渝水碼頭

空间的文化渗透

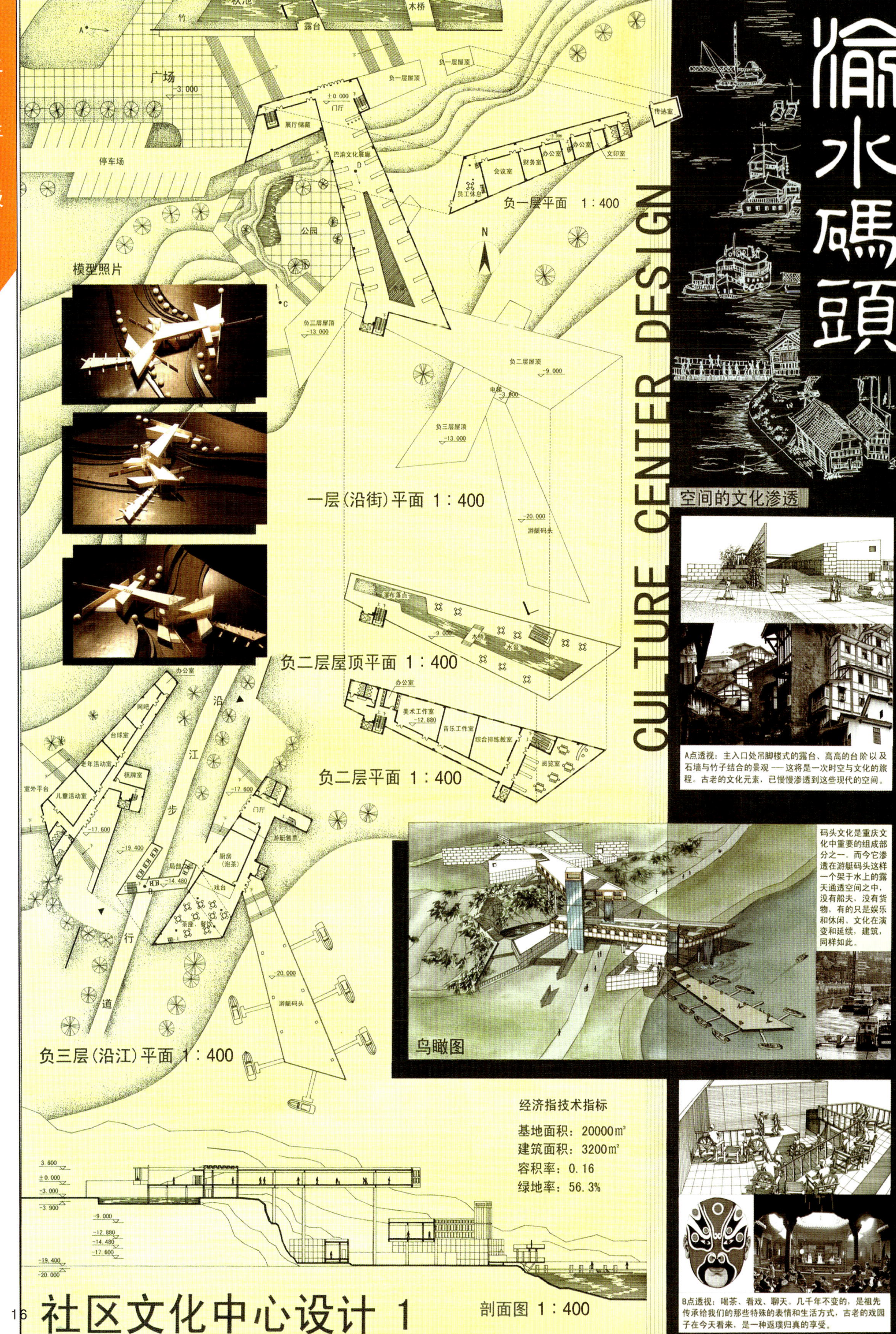
渝水码头
CULTURE CENTER DESIGN
模型照片
负一层平面 1：400
一层（沿街）平面 1：400
负二层屋顶平面 1：400
负二层平面 1：400
负三层（沿江）平面 1：400
沿江步行道
空间的文化渗透
A点透视：主入口处吊脚楼式的露台、高高的台阶以及石墙与竹子结合的景观——这将是一次时空与文化的旅程。古老的文化元素，已慢慢渗透到这些现代的空间。
码头文化是重庆文化中重要的组成部分之一。而今它渗透在游艇码头这样一个架于水上的露天通透空间之中，没有船夫，没有货物，有的只是娱乐和休闲。文化在演变和延续，建筑，同样如此。
鸟瞰图
经济指技术指标
基地面积：20000m²
建筑面积：3200m²
容积率：0.16
绿地率：56.3%
B点透视：喝茶、看戏、聊天。几千年不变的，是祖先传承给我们的那些特殊的表情和生活方式，古老的戏园子在今天看来，是一种返璞归真的享受。
剖面图 1：400
社区文化中心设计 1

社区文化中心设计 2
渝水碼頭
CULTURE CENTER DESIGN
南立面图 1：400
东立面图 1：400
设计说明
本方案选址于山城重庆某沿江坡地地段，建筑纵跨于江滨公路和一条沿江步行道之间，坐拥山景江景。毗邻居民小区，交通便利，人流集中。建筑功能定位为以展览为主，学习、工作为辅，集娱乐休闲餐饮于一体的社区文化活动中心。
居民小区
城市中心区方向
江景
山景
展览空间
办公空间
工作学习空间
娱乐休闲空间
垂直交通分析图
引秋池之水
飞流直下（瀑布景观）
奔流入江
人流
水流
江
滨
公
路
沿
江
长
江
办公入口
主入口
车辆入口
停车场
总平面图 1：1000
C点透视：台阶是山城最古老最经典的元素之一，俗称“梯坎” 爬坡上坎的生活方式是一条来自远古、系向未来的文化纽带，山城的地形是永恒的，所以这些梯坎的影子，也将永恒地延续下去。
D点透视：展廊内部一水相隔，犹如长江把群山一水相隔而形成了三峡，于是文化和民族在这里诞生、繁衍。同样，每当“巴山夜雨涨秋池”之际， 这条水道顺流而下，流出建筑主体形成瀑布景观，蜿蜒向前，最终流入长江。一衣带水，生生不息。
台阶、水道、吊脚楼
戏台、花墙、水码头
当我们行走在赋予文化内涵的空间
犹如穿梭在属于历史的那些年代
透视图

2006年全国高等学校建筑学专业
第5届大学生建筑设计作业观摩和评选
优秀作业

作业名称：长途汽车站设计
作业完成时间：2006年7月
作业时长：8周
作者姓名：庞琨伦
指导教师：赵琳 郝赤彪

教师评语：

该车站力求从城市区域环境的整体风貌出发，尝试采用新技术、新材料，力求在营造舒适宜人的候车环境的同时，降低建筑本身对环境的污染和能耗，创建一个新型的绿色建筑。

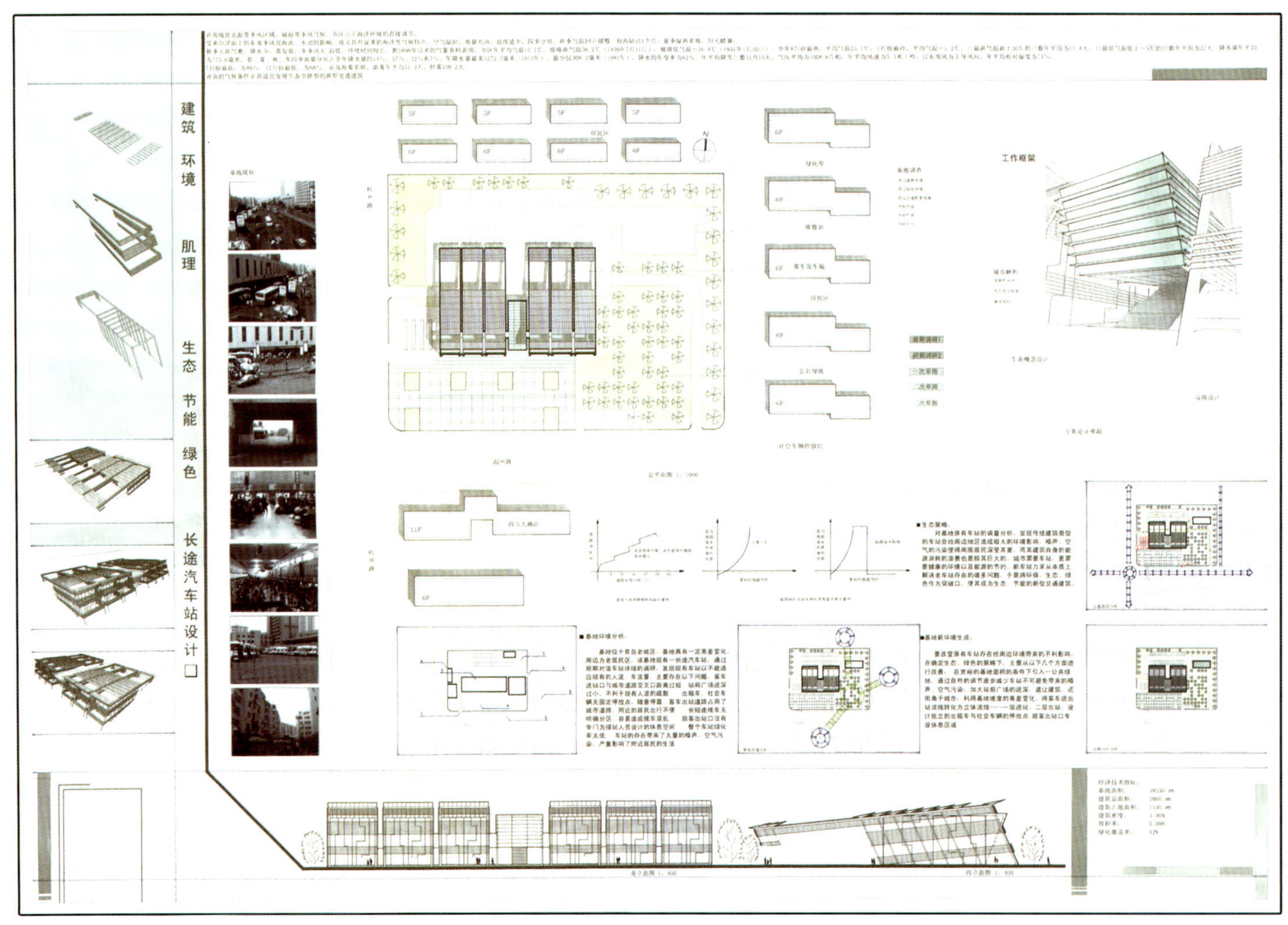

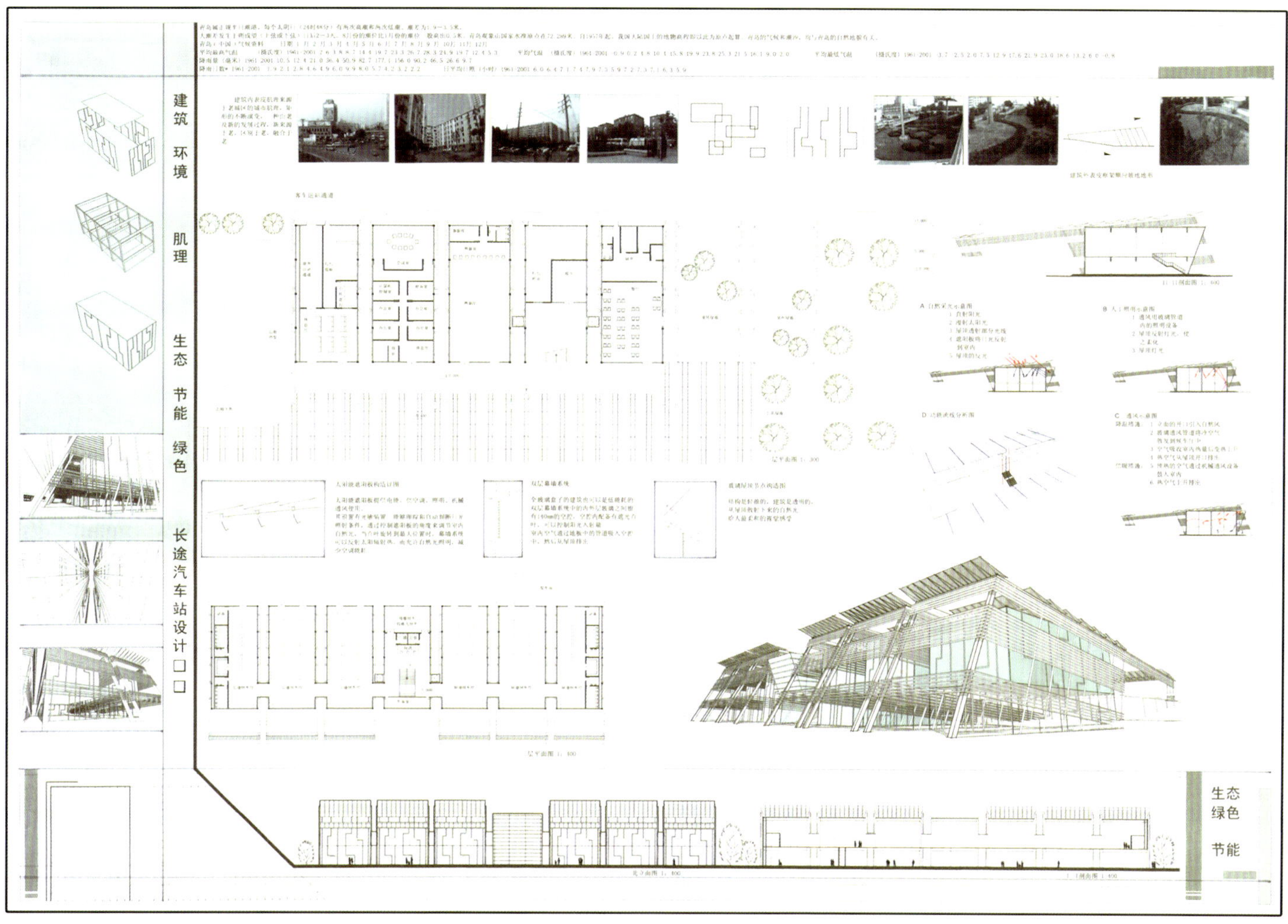

5th Observation and Evaluation of Students' Architectural Design Works in Universities,
Selected Excellent Work of National Universities Architecture Speciality,2006

Title: A Coach Station

Submitting Time: July 2006

Duration: 8 weeks

Author: Pang Kunlun

Instructors: Zhao Lin, Hao Chibiao

2007年全国高等学校建筑学专业
第6届大学生建筑设计作业观摩和评选
优秀作业

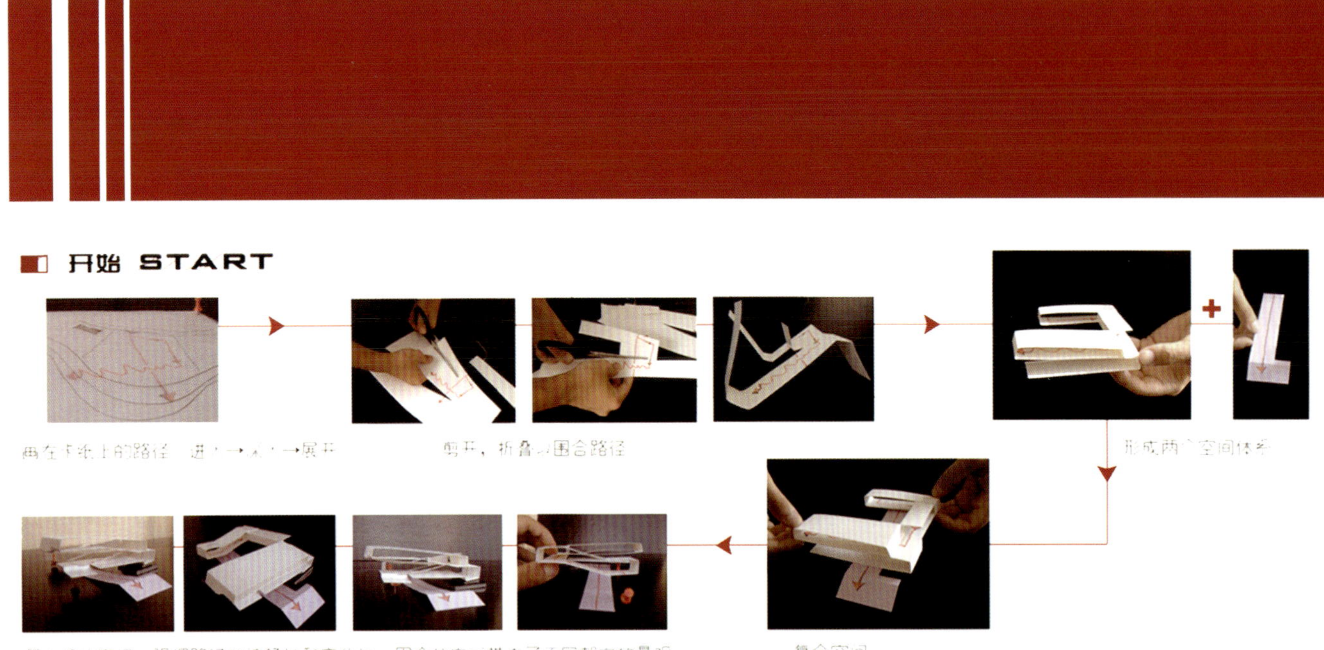

作业名称：水上运动博物馆设计

作业完成时间：2007年7月　　作业时长：8周

作者姓名：沈思　　指导教师：郝赤彪　解旭东

Selected Excellent Work of
6th Observation and Evaluation of Students' Architectural Design Works in Universities,
National Universities Architecture Speciality,2007

Title: Aquatic Sports Museum
Submitting Time: July 2007
Duration: 8 weeks
Author: Shen Si
Instructors: Hao Chibiao, Xie Xudong

教师评语：

设计能够从城市的宏观角度把握建筑的流线组织、整体造型以及空间环境，对城市和现有环境做出了回应。

建筑功能组织合理，流线简洁。注重空间的引导、渗透、转折以及空间节点的营造，创造了丰富的室内外空间形态。

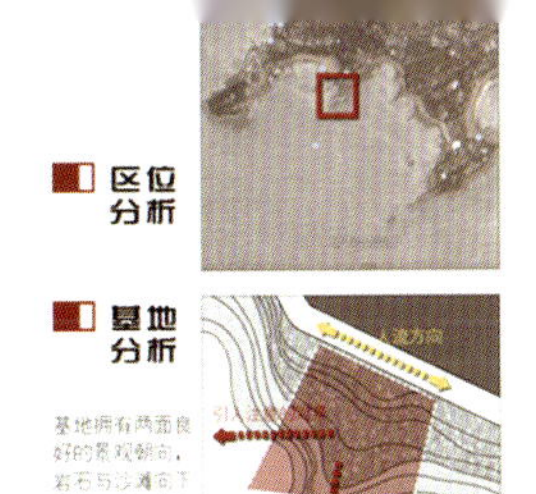

基地拥有两面良好的景观朝向，岩石与沙滩向下延伸入海，成为连接城市与大海的场所

经验 Experience

从城市到大海，不仅仅是简单的看到海

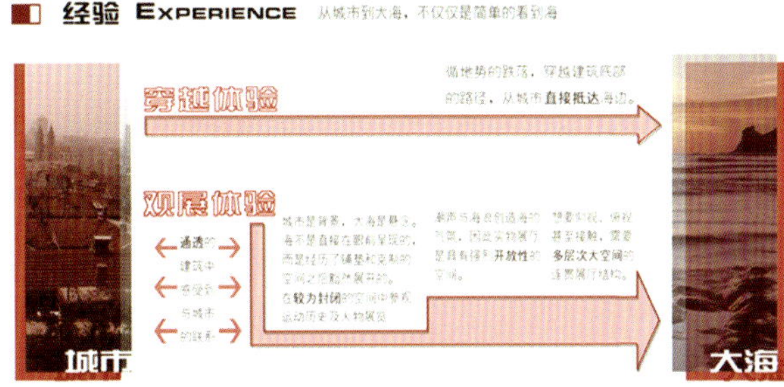

路径 Path

根据基地特点和假想经验画出了路径草图以及行走其间的空间性格、片断。

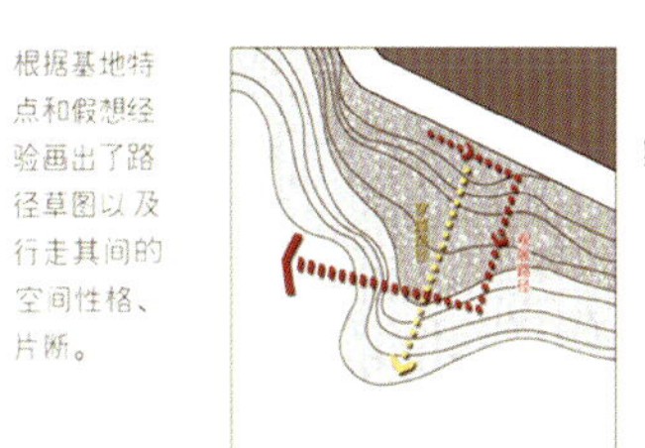
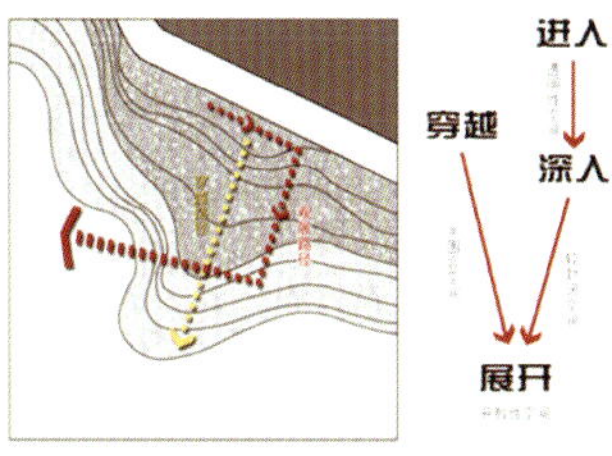

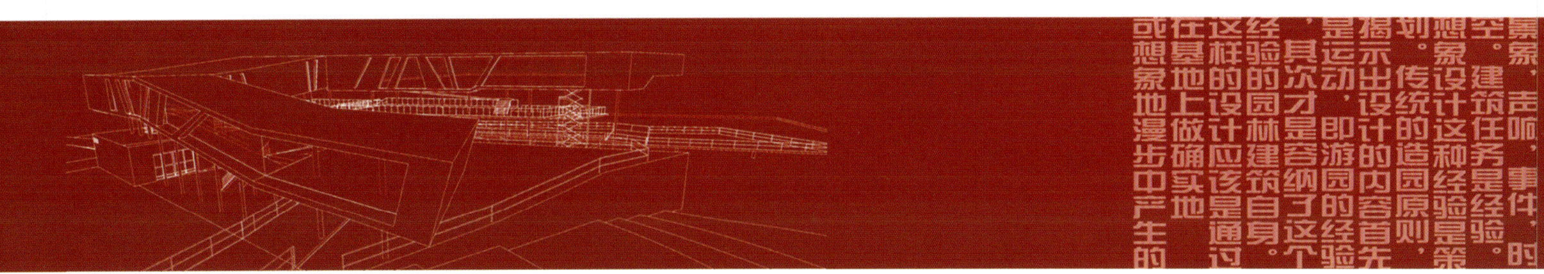

设计经验 1 Start From The Path

Aquatic Sports Museum 水上运动博物馆

城市是背景，大海是舞台

历经色彩的明艳静远，味道的生发收敛

声音的泼洒清平

直至意境和眼界

矛盾与适度，背离和回归

总平面图 1：750

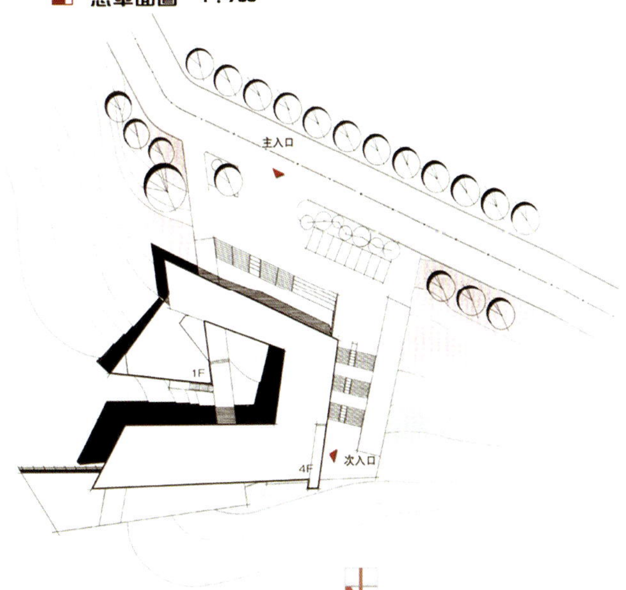

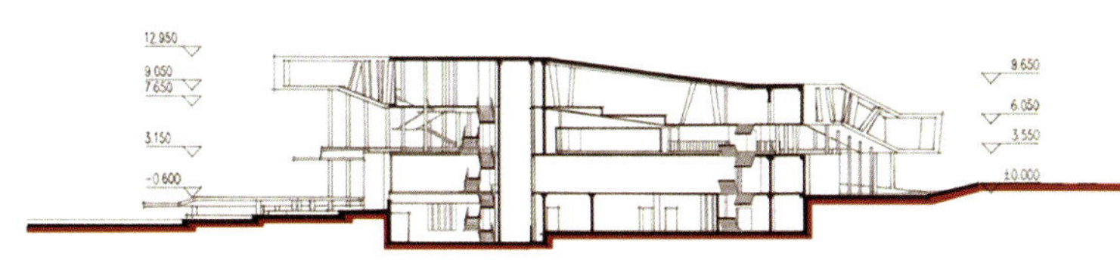

经济技术指标

用地面积 9826 m^2

建筑面积 4807 m^2

占地面积 2723 m^2

建筑密度 27.7%

容积率 0.49

A-A 剖面图 1：400

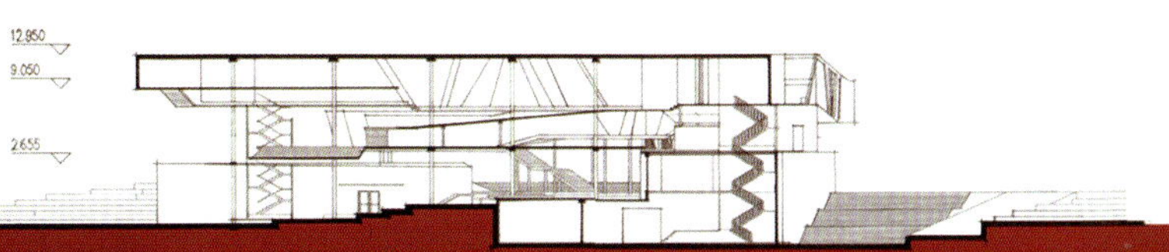

B-B 剖面图 1：400

a.入口：
以灰空间开始的展览流线
以及直达海边的穿越路径
b.灰空间
被赋予不同功能，以强烈的开放性提供展览和交流的场所
c.广场
半围合，作为室外展场和市民交流场所形成穿越的经验
d.展厅
不同标高的坡道和平台，在巨大的展览空间中提供参观者与展品的多角度交流
一层平面图 1：400
地下层平面图 1：400
创造场所
CREATE THE PLACE 2
AQUATIC SPORTS
MUSEUM 水上运动博物馆
广义上的交流，指人与他人或自我，人与展品，人与环境之间，展品与环境及建筑物本身与环境之间的交流。博物馆定位在交流的场所，构筑海滩上人的行为及活动的更多可能性。
建筑不过是提供我们行为发生的一个背景或舞台。
建筑师所能设计的是一种令空间适于作为场所来解读的条件。
场所暗示了对空间附加的特殊价值。创造场所实际上是以某种方式创造空间，它的填充条件赋予了它场所的质量。
南立面图 1：400
进入展厅的坡道两侧通透，在视觉上过渡城市空间与博物馆空间
临时展厅兼多媒体展室在进入建筑的路径上形成停留场所
阅读场所是悬浮在两个体块中间的玻璃盒子
穿越式下沉广场，连接城区和大海，具有多种可能性的场所
历史展厅相对封闭，呈阶梯上升趋势
不同标高的坡道和平台在巨大的展览空间中提供参观者与展品的多角度交流
以灰空间形式出现的展览及休息空间涨潮时悬浮在海波上的场所
面海平台，作为穿越路径的结束点和人与海直接交流的场所
e.平台
面朝大海，作为穿越路径的终点和参观者与海直接交流的场所
a.
b.
c.
d.
e.

如果建筑任务重新包容文化与经验的诸多方面，如果建筑任务不是一个设计前拿到的消极的已知，策划与设计建立一个有机的关系，策划被作为设计的一个组成，与设计同时交替进行，也许形势不妨重新追随功能。
展览＋休息
展览
休息
广场＋展览
展览
广场
功能叠加
展览
服务
广场
贮藏研究
策划功能
SCHEME THE FUNCTIONS
3 AQUATIC SPORTS
MUSEUM 水上运动博物馆
功能要求 =》空间形式
二层平面图 1：400
三层9.9m平面图 1：400
三层7.9m平面图 1：400
西立面图 1：400

2007年全国高等学校建筑学专业
第6届大学生建筑设计作业观摩和评选
优秀作业

作业名称：“吧”空间设计
作业完成时间：2007年8月
作业时长：8周
作者姓名：殷文灿
指导教师：郝赤彪

Selected Excellent Work of
5th Observation and Evaluation of
Students' Architectural Design Works in Universities,
National Universities Architecture Speciality,2006

Title :Spaces for “Bar”
Submitting Time: August 2007
Duration: 8 weeks
Author: Yin Wencan
Instructor: Hao Chibiao

教师评语：

本设计在符合要求的基础上大胆设计，构思新奇，用漂浮的概念与水相结合，打破了传统的单一建筑的思路，并结合了一定的材料与结构知识。图面构图紧凑，信息量大，并用水的背景给人以清新凉爽的感觉。

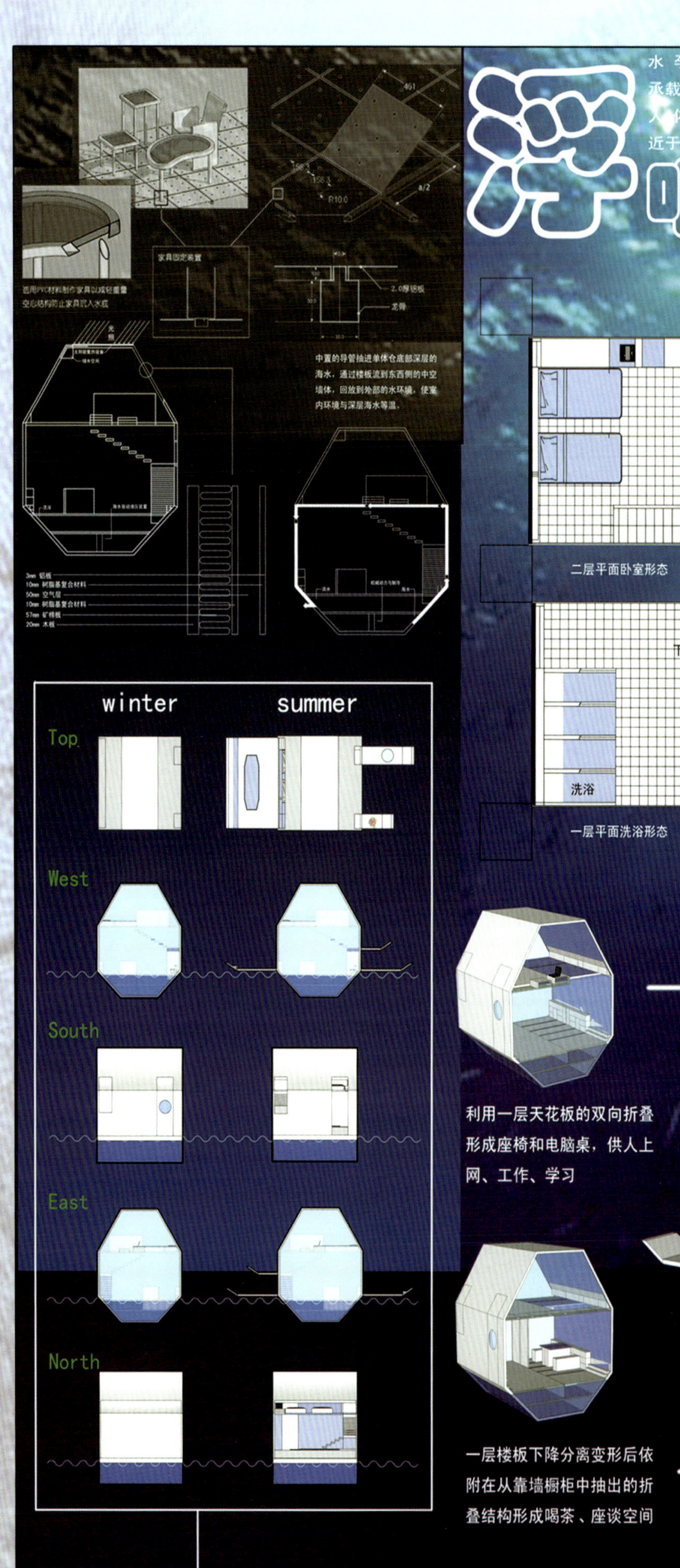

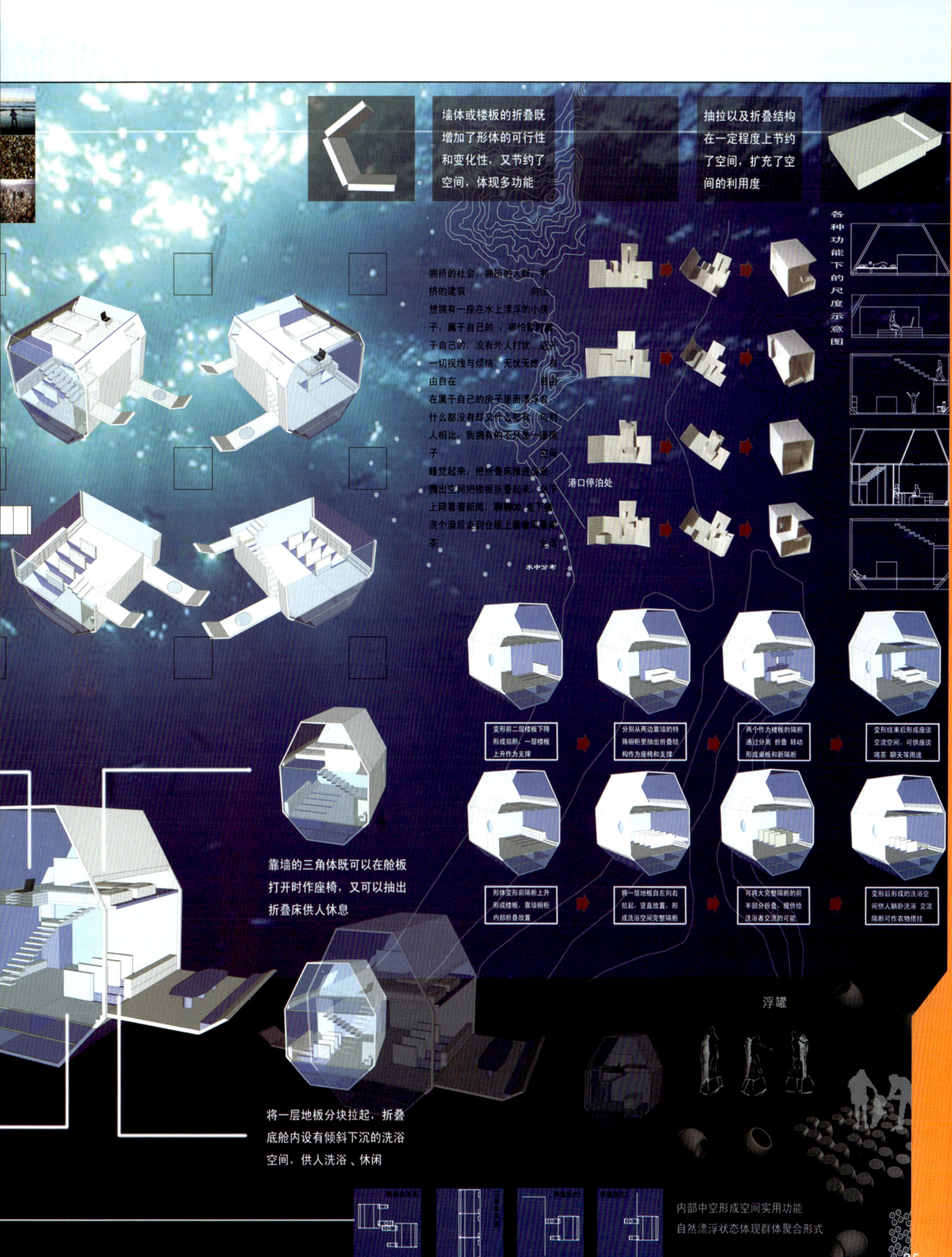

墙体或楼板的折叠既
增加了形体的可行性
和变化性，又节约了
空间，体现多功能
抽拉以及折叠结构
在一定程度上节约
了空间，扩充了空
间的利用度
各种功能下的尺度示意图
拥挤的社会，拥挤的人群，拥
挤的建筑　　向往
想拥有一座在水上漂浮的小房
子，属于自己的，哪怕暂时属
于自己的，没有外人打扰，避开
一切视线与烦恼，无忧无虑，自
由自在　　自由
在属于自己的房子里面漂浮着，
什么都没有却又什么都有，与别
人相比，我拥有的不只是一座房
子　　空间
睡觉起来，把折叠床推进墙里，
腾出空间把楼板折叠起来，坐下
上网看看新闻，聊聊QQ，走下楼
洗个澡后走到仓板上看着风景喝
茶　　生活
水中分布
港口停泊处
变形前二层楼板下降
形成隔断，一层楼板
上升作为支撑
分别从两边靠墙的特
殊橱柜里抽出折叠结
构作为座椅和支撑
两个作为楼板的隔断
通过分离 折叠 转动
形成桌板和新隔断
变形结束后形成座谈
交流空间，可供座谈
喝茶 聊天等用途
形体变形前隔断上升
形成楼板，靠墙橱柜
内部折叠放置
将一层地板自左向右
拉起，竖直放置，形
成洗浴空间完整隔断
可将大完整隔断的前
半部分折叠，提供给
洗浴者交流的可能
变形后形成的洗浴空
间供人躺卧洗浴 交流
隔断可作衣物搭挂
靠墙的三角体既可以在舱板
打开时作座椅，又可以抽出
折叠床供人休息
将一层地板分块拉起，折叠
底舱内设有倾斜下沉的洗浴
空间，供人洗浴、休闲
浮罐
内部中空形成空间实用功能
自然漂浮状态体现群体聚合形式

2007年全国高等学校建筑学专业
第6届大学生建筑设计作业观摩和评选
优秀作业

作业名称：空间・交流・生长——校园网e俱乐部设计
作业完成时间：2007年8月
作业时长：8周
作者姓名：吴华
指导教师：郝赤彪

Selected Excellent Work of
6th Observation and Evaluation of Students' Architectural Design Works in Universities,
National Universities Architecture Speciality,2007

Title: Space, Communication and Growth—Campus E-Web Club
Submitting Time: August 2007
Duration: 8 weeks
Author: Wu Hua
Instructor: Hao Chibiao

教师评语：

该设计运用钢架材料，简洁而不乏时代感，冲破传统网络建筑的束缚，给人们提供了多元化的交流空间。

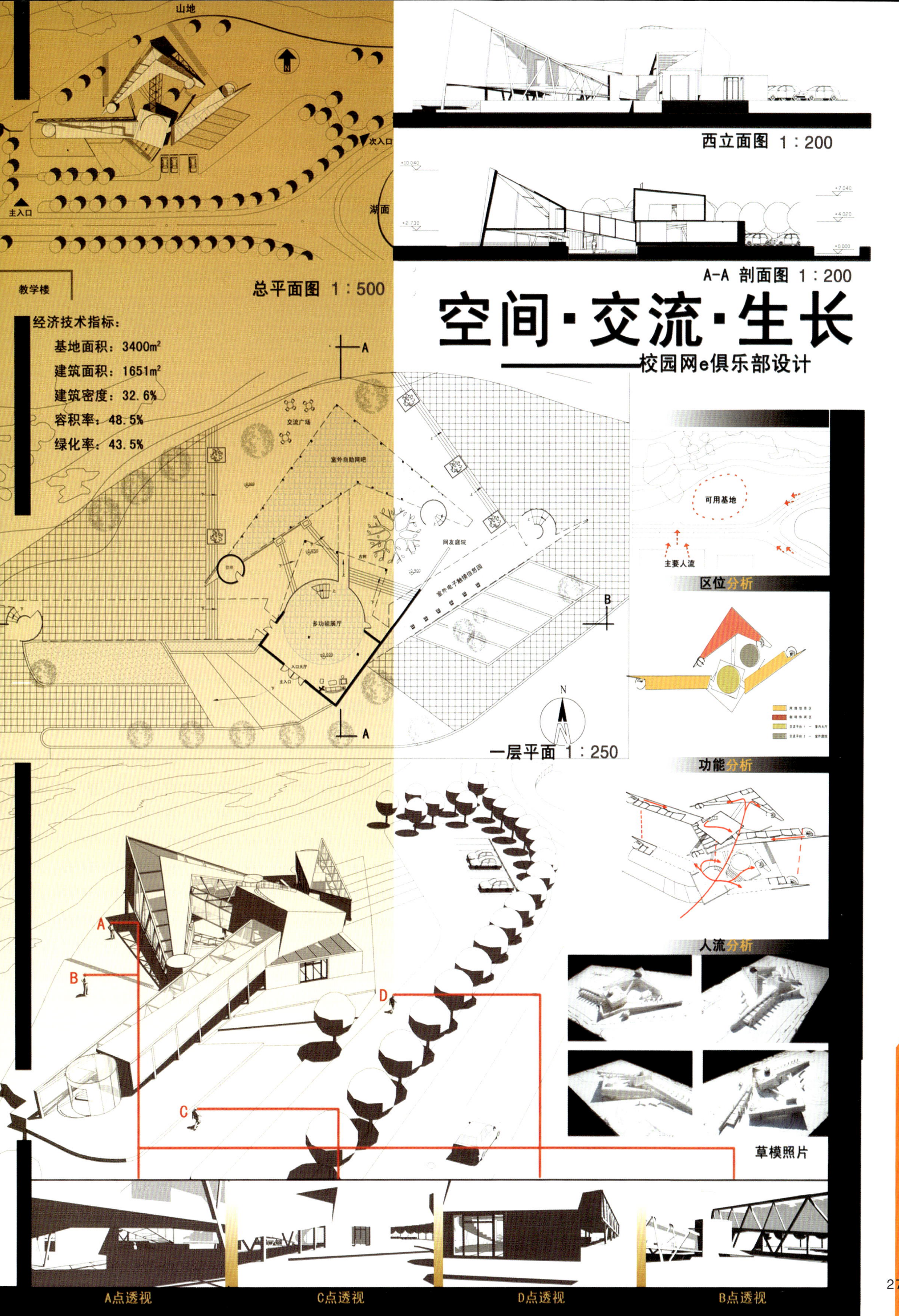
山地
次入口
主入口
湖面
教学楼
总平面图 1：500
西立面图 1：200
A-A 剖面图 1：200
空间·交流·生长
校园网e俱乐部设计
经济技术指标：
基地面积：3400m²
建筑面积：1651m²
建筑密度：32.6%
容积率：48.5%
绿化率：43.5%
交流广场
室外自助网吧
网友庭院
室外电子触摸信息园
多功能展厅
入口大厅
主入口
一层平面 1：250
可用基地
主要人流
区位分析
功能分析
人流分析
草模照片
A
B
C
D
A点透视
C点透视
D点透视
B点透视

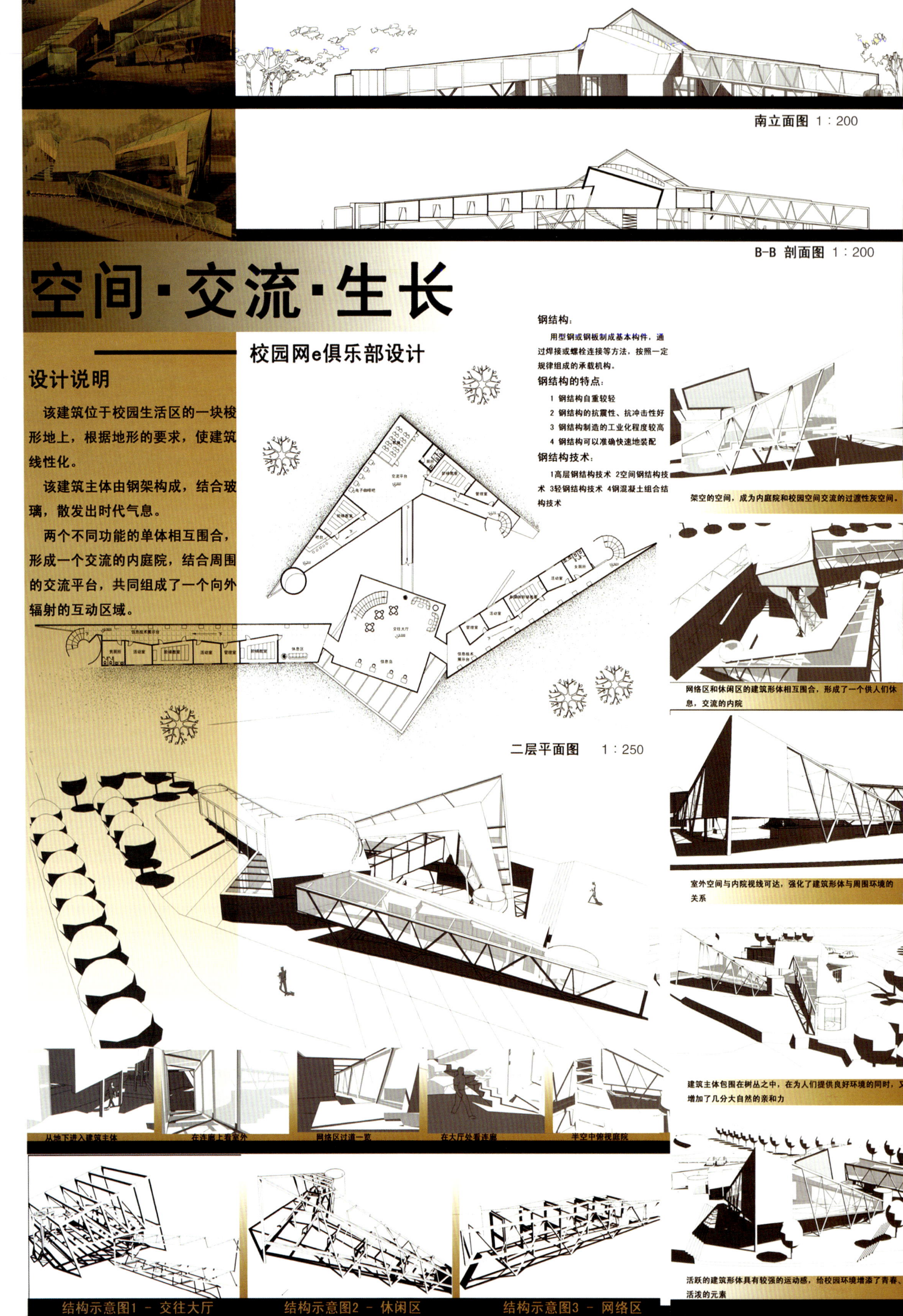
南立面图 1：200
B-B 剖面图 1：200
空间·交流·生长
校园网e俱乐部设计
设计说明
该建筑位于校园生活区的一块梭形地上，根据地形的要求，使建筑线性化。
该建筑主体由钢架构成，结合玻璃，散发出时代气息。
两个不同功能的单体相互围合，形成一个交流的内庭院，结合周围的交流平台，共同组成了一个向外辐射的互动区域。
钢结构：
用型钢或钢板制成基本构件，通过焊接或螺栓连接等方法，按照一定规律组成的承载机构。
钢结构的特点：
1 钢结构自重较轻
2 钢结构的抗震性、抗冲击性好
3 钢结构制造的工业化程度较高
4 钢结构可以准确快速地装配
钢结构技术：
1高层钢结构技术 2空间钢结构技术 3轻钢结构技术 4钢混凝土组合结构技术
二层平面图 1：250
架空的空间，成为内庭院和校园空间交流的过渡性灰空间。
网络区和休闲区的建筑形体相互围合，形成了一个供人们休息，交流的内院
室外空间与内院视线可达，强化了建筑形体与周围环境的关系
建筑主体包围在树丛之中，在为人们提供良好环境的同时，
增加了几分大自然的亲和力
活跃的建筑形体具有较强的运动感，给校园环境增添了青春、
活泼的元素
从地下进入建筑主体
在连廊上看室外
网络区过道一览
在大厅处看连廊
半空中俯视庭院
结构示意图1 - 交往大厅
结构示意图2 - 休闲区
结构示意图3 - 网络区

2007年全国高等学校建筑学专业
第6届大学生建筑设计作业观摩和评选
优秀作业

作业名称：穿行·童年——六班幼儿园设计
作业完成时间：2007年5月
作业时长：8周
作者姓名：罗坤
指导教师：郝赤彪

Selected Excellent Work of
6th Observation and Evaluation of Students' Architectural Design Works in Universities,
National Universities Architecture Speciality,2007

Title: Across the Childhood—Six-Class Kindergarten
Submitting Time: May 2007
Duration: 8 weeks
Author: Luo Kun
Instructor: Hao Chibiao

教师评语：

建筑整体造型舒展、优美。功能合理，动静分区明确，为孩子们营造出良好的学习和生活环境。

二年级

六班幼儿园设计

穿行 童年

1

设计说明

场地分析：该幼儿园选址于一生活小区之内，东南两面为居民住楼，层高皆控制在四层以内，采光条件可以得到充分的满足。西面有一公园，可做家长接送孩子时的休憩之处。基地的夏季主导风向为东南风，冬季为西北风。

基地分析：为了更好地对孩子们进行启蒙教育，基地内设置了动物饲养区和小型植物园。而建筑形体的走势可以将两者的不良影响屏蔽在外。

概念分析：穿行——利用建筑自身的特点成一种独特的行走路径，小孩子们可以尽情地在其中玩耍、嬉闹。他们会逐渐把幼儿园当成一种玩具，并且流连忘返于之中。

经济技术指标

用地面积：9534 平方米

总建筑面积：3011 平方米

建筑密度：0.27

容积率：0.32

绿地率：46%

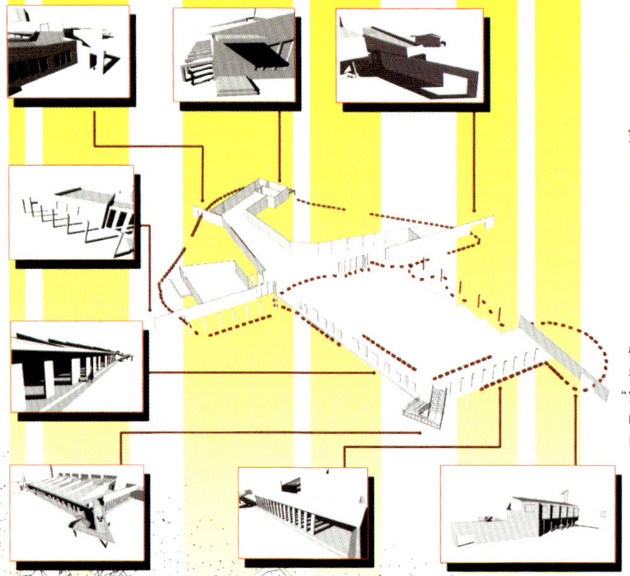

穿行。。。环绕。。。。
感受空间。。。。。

整齐排列，相互交错，高低有秩，疏密不均，形式各异，感受不同的柱子，廊架和延伸在幼儿园四周的四面“门”，构成了该幼儿园的“穿行”路线。

林立的高楼，拥挤的交通，钢筋混凝土的世界。。。孩子们失去了尽情嬉闹的空间，“穿行路线”为孩子们创造出了一种独特的空间体验，像是一个迷宫，却又畅行无阻。。。自由穿行。。这才是孩子们的渴望。

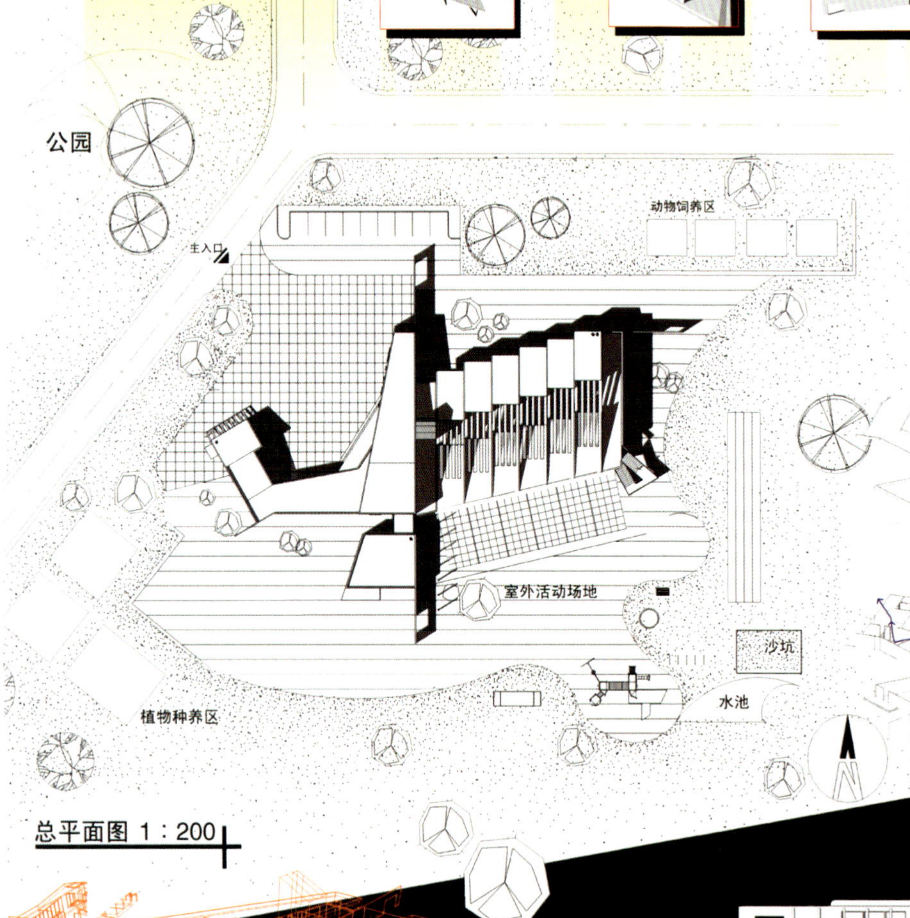

总平面图 1：200

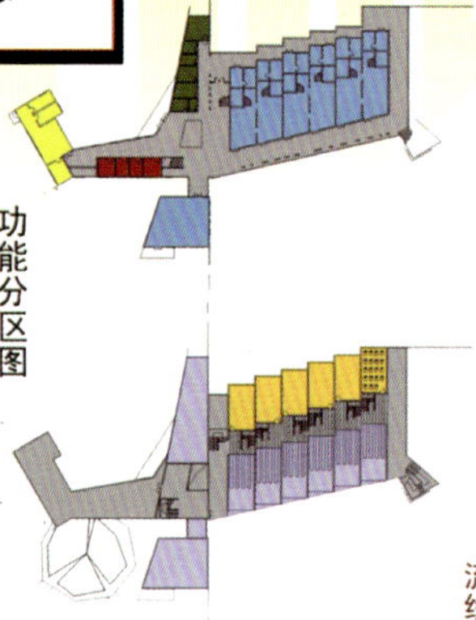

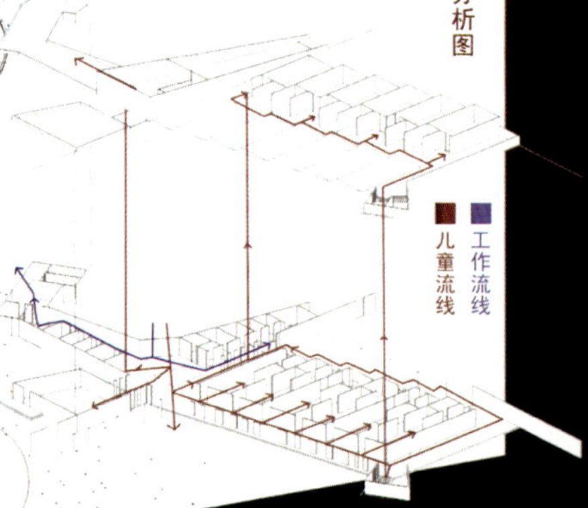

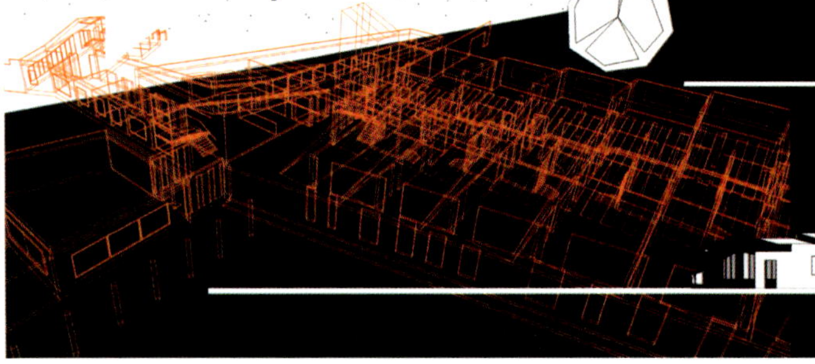

东立面图 1：300

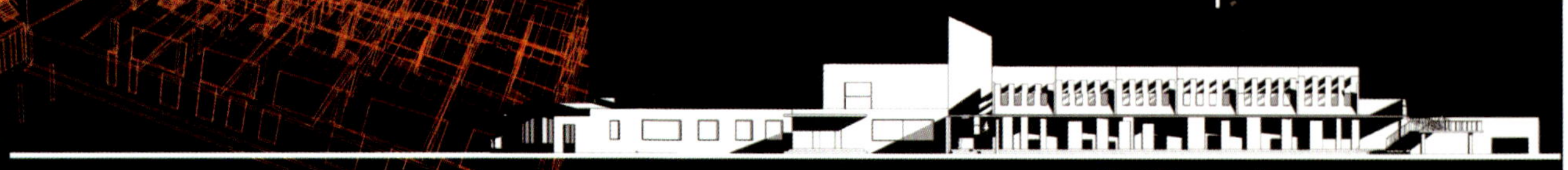

南立面图 1：300

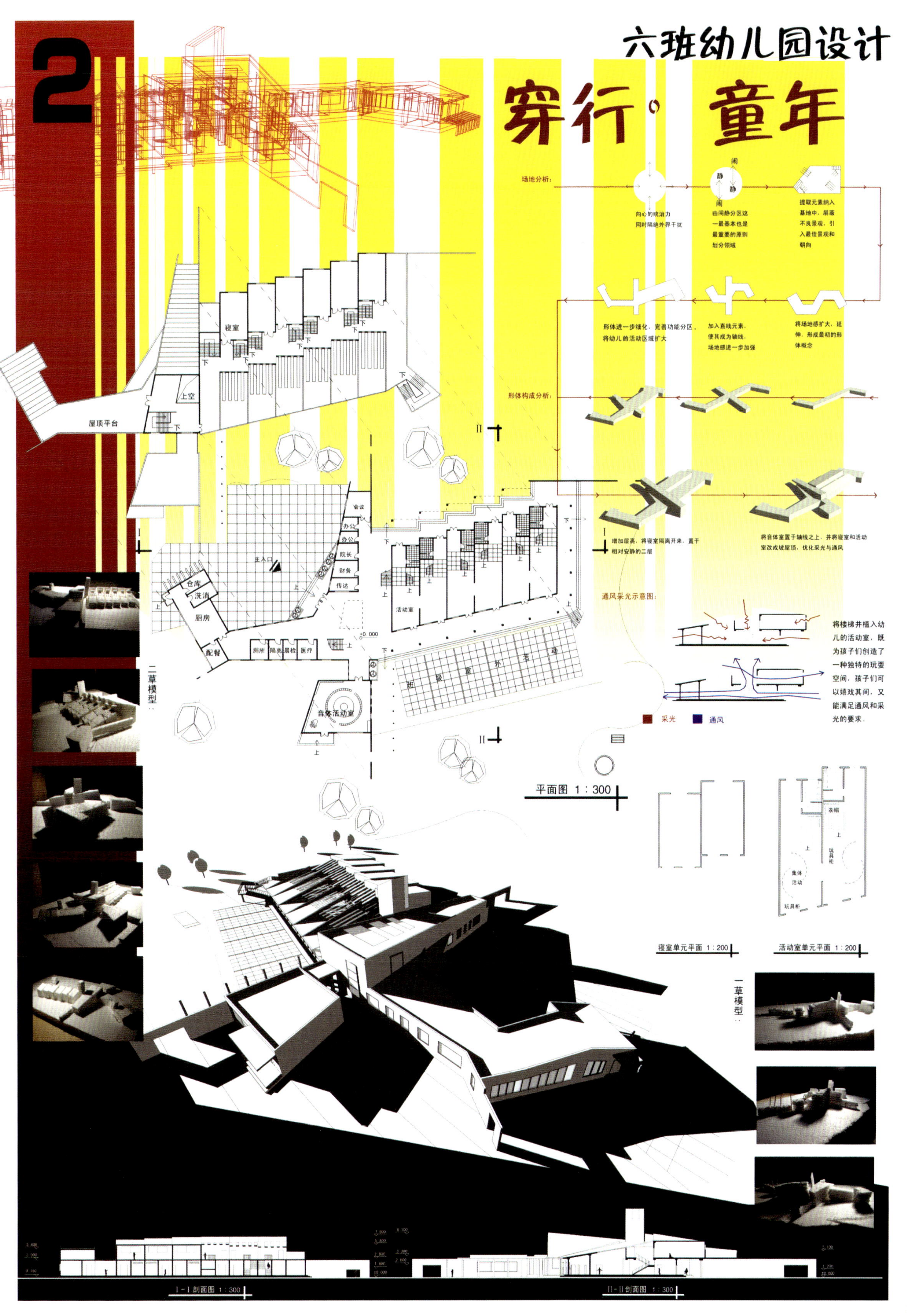

2
六班幼儿园设计
穿行。童年
场地分析：
向心的统治力
同时隔绝外界干扰
由闹静分区这
一最基本也是
最重要的原则
划分领域
提取元素纳入
基地中，屏蔽
不良景观，引
入最佳景观和
朝向
形体进一步细化，完善功能分区，
将幼儿的活动区域扩大
加入直线元素，
使其成为轴线，
场地感进一步加强
将场地感扩大，延
伸，形成最初的形
体概念
形体构成分析：
增加层高，将寝室隔离开来，置于
相对安静的二层
将音体室置于轴线之上，并将寝室和活动
室改成坡屋顶，优化采光与通风
通风采光示意图：
将楼梯井植入幼
儿的活动室，既
为孩子们创造了
一种独特的玩耍
空间，孩子们可
以嬉戏其间，又
能满足通风和采
光的要求。
采光
通风
寝室
屋顶平台
上空
主入口
仓库
洗消
厨房
配餐
厕所
隔离
晨检
医疗
会议
办公
院长
财务
传达
活动室
班级室外活动
音体活动室
二草模型：
平面图 1：300
寝室单元平面 1：200
活动室单元平面 1：200
一草模型：
I-I 剖面图 1：300
II-II 剖面图 1：300

2007年全国高等学校建筑学专业
第6届大学生建筑设计作业观摩和评选
优秀作业

作业名称：陶之忆——陶艺馆设计
作业完成时间：2007年1月
作业时长：8周
作者姓名：刘明昊
指导教师：郝赤彪 解旭东

Selected Excellent Work of
6th Observation and Evaluation of Students’ Architectural Design Works in Universities,
National Universities Architecture Speciality,2007

Title: A Memory of Pottery— Pottery Museum
Submitting Time: January 2007
Duration: 8 weeks
Author: Liu Minghao
Instructors: Hao Chibiao, Xie Xudong

教师评语：

设计抓住“陶”这一艺术主题，创造了一种古朴、清新、自然的空间意境。形体组织紧凑，富有整体感。功能组织合理、紧凑，并结合建筑形态创造了丰富的室内展览空间。

形象设计时，能够很好地把传统陶艺中的一些符号转化为建筑语言，并且运用到建筑中，强化了“陶艺馆”的建筑艺术性。

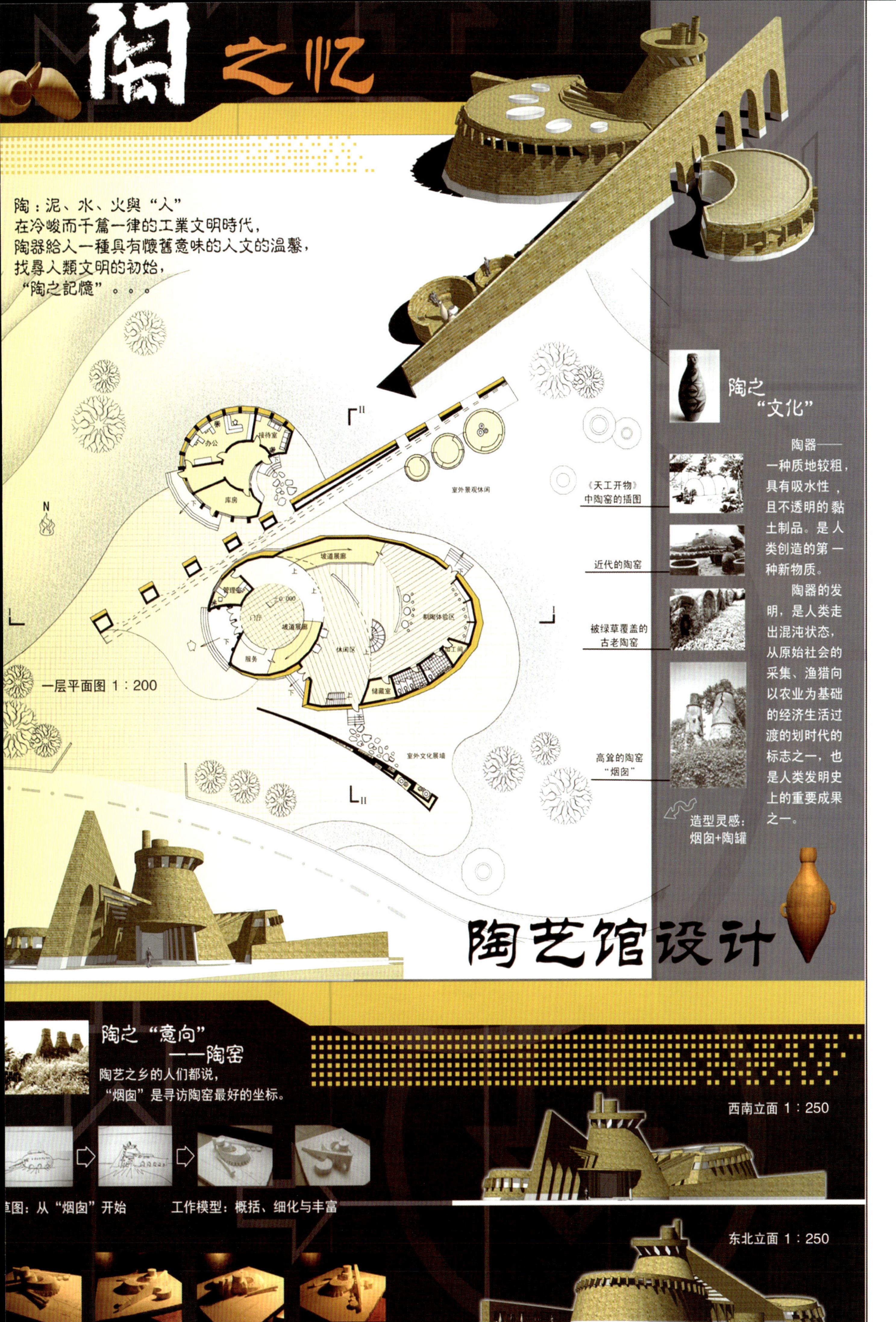

陶之忆
陶：泥、水、火與"人"
在冷峻而千篇一律的工業文明時代，
陶器給人一種具有懷舊意味的人文的溫馨，
找尋人類文明的初始，
"陶之記憶"。。。
陶之"文化"
陶器——一种质地较粗，具有吸水性，且不透明的黏土制品。是人类创造的第一种新物质。
陶器的发明，是人类走出混沌状态，从原始社会的采集、渔猎向以农业为基础的经济生活过渡的划时代的标志之一，也是人类发明史上的重要成果之一。
《天工开物》中陶窑的插图
近代的陶窑
被绿草覆盖的古老陶窑
高耸的陶窑"烟囱"
造型灵感：烟囱+陶罐
一层平面图 1：200
室外景观休闲
室外文化展墙
办公
接待室
库房
坡道展廊
管理室
门厅
服务
休闲区
制陶体验区
储藏室
陶艺馆设计
陶之"意向"
——陶窑
陶艺之乡的人们都说，
"烟囱"是寻访陶窑最好的坐标。
草图：从"烟囱"开始
工作模型：概括、细化与丰富
西南立面 1：250
东北立面 1：250

二
年
级

陶之忆

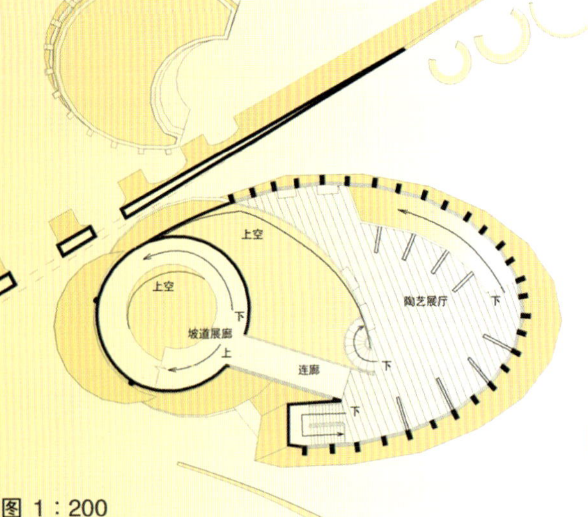

二层平面图 1：200

陶之“體驗”

到陶吧实地体验制陶过程　　我的作品

总平面图 1：600

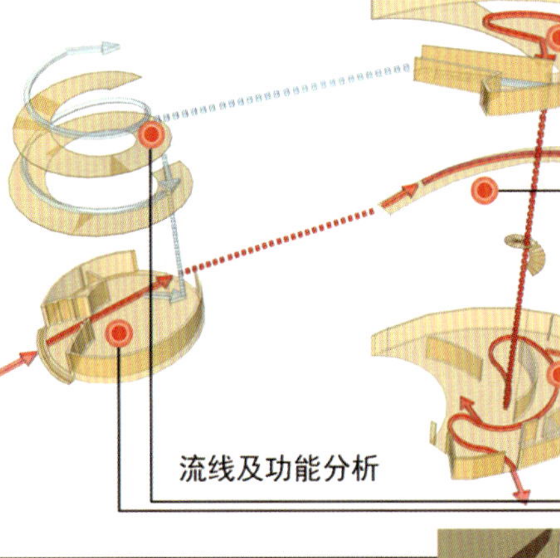

流线及功能分析

入口处光井

坡道展廊

展厅天窗效果

陶艺展品

制陶工具
拉坯机等

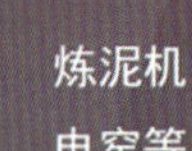

辅助工具

炼泥机、
电窑等

室外休闲景观座椅

展厅侧天窗室外效果

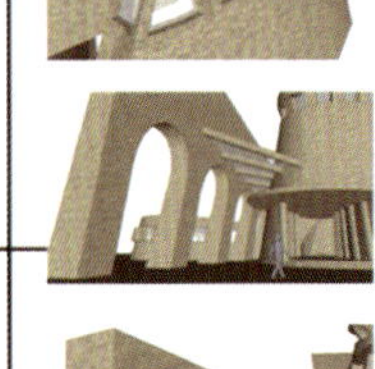
入口效果

文化展墙

陶艺馆设计

经济技术指标：

建筑面积：	1160 m²
占地面积：	860 m²
用地面积：	3200 m²
建筑密度：	26.8 %
容积率：	0.36

云陶

偶作飞鸟来此地，景德镇上望无余。
俯看全境如焚火，三千炉灶一齐熏。
充满天际如浓雾，喷烟不断转如轮。
苍黄光彩凝画笔，朵朵化去作红云。

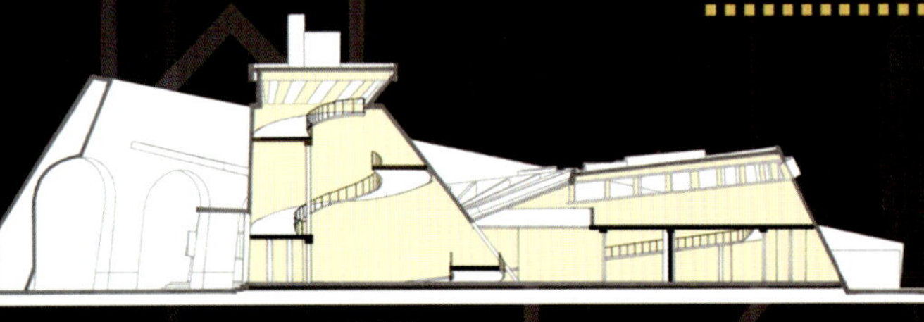

剖面图 1-1

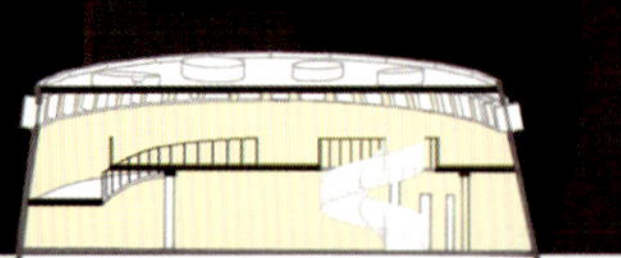

剖面图 2-2

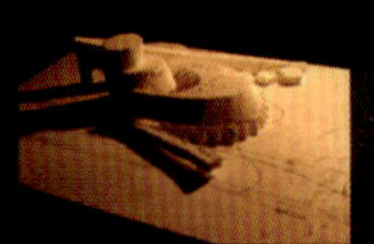

2008年全国高等学校建筑学专业
第7届大学生建筑设计作业观摩和评选
优秀作业

作业名称：滨海驿站——滨海景观大道旅游观景点文化驿站设计
作业完成时间：2008年1月
作业时长：6周
作者姓名：陈朴林
指导教师：郝赤彪 解旭东

Selected Excellent Work of
7th Observation and Evaluation of Students' Architectural Design Works in Universities,
National Universities Architecture Speciality,2008

Title:Coast Stage—Coastal Tourism and Cultural Stage
Submitting Time: January 2008
Duration: 6 weeks
Author: Chen Pulin
Instructors: Hao Chibiao, Xie Xudong

教师评语：

建筑整体布局活泼、紧凑、有机，整体性好。建筑布局结合地形环境特色，营造出一系列积极的室外空间系统，将建筑很好地融入到地形环境中。

内部空间组织丰富，功能组织分区明确，流线清晰。

建筑形象设计深入，大胆尝试了新技术、新材料的运用，具有较强的时代特征。

二年级

根据山体走向及海岸线确定了建筑的两根轴线，组合形成两个十字。
根据海边悬崖曲线及山体走向确定了主要功能空间及主入口空间。
加入附属办公及休闲空间
加入两部观景楼梯和观景平台
形体构成分析图
驿
濱海驛站
——滨海景观大道旅游观景点文化驿站设计
从海边沙滩仰视，建筑的主体部分架在高八米的悬崖上，市民通过观光楼梯到达沙滩，为方便观景，观光楼梯的休息平台都露在外面。
从公路看主入口部分，附属部分的主导墙体是倾斜的，具有一定的引导性，可以直接进入主体空间，也可以通过背面的长廊到达山上的观景点。
主入口透视，主入口台阶与山地等高线平行，更好地和山地相结合。
一层室外展览及观海平台透视，不仅仅提供人们观看展览和观景，同时也提供了一个休息的空间，可以从这进入建筑或者到沙滩。
二楼公共休闲区透视，一半采用了钢架结构，在休息的同时也能观看大海的景色。
庭院透视，由两个不同不同功能的十字围合而成，主要是一个交流的空间，也更有利用把人流引入休闲书吧。
室内展览空间透视，整个展览空间是一个三角形，顶部是玻璃材质，随着时间的变化可以体会到奇妙的光影变化。
休闲区透视，整个休闲区由一段倾斜的玻璃幕墙围合而成，玻璃幕墙的倾斜度与悬崖的坡度一样。
主入口
N
总平面图 1：1000
流线分析图
设计说明：
本方案选址于青岛某沿海山地地段，建筑矗立在八米高的小悬崖上，有部分横跨在沙滩上，可以饱览城市海景。建筑本身作为海滨公路与沙滩之间的连接体，同时还提供了一些休闲、展览和观景的空间，营造了一个亲水、亲人、和谐的空间。怀抱大海，包融沙滩，形成与大海对话的精神场所。
14.952
7.830
3.572
0.000
-9.852
3-3剖面图 1：300
12.055
6.000
0.450
-1.200
2-2剖面图 1：300
8.948
4.701
0.000
5.050
1.050
1-1剖面图 1：300
壹

站
滨海驿站
——滨海景观大道旅游观景点文化驿站设计
观景轴线分析图
1 人流从主入口直接到达山上观景点
2 人流经过市民活动广场到达海岸悬崖，再到达山上观景点
3 人流从主入口直接到达沙滩
4 人流经主体建筑进入一号观景楼梯
5 人流从市民活动广场直接进入二号观景楼梯
一层平面图 1：300
室外观展区
室内展览区
休闲观景区
市民活动广场
门厅
庭院
主入口
结构分析图
悬挑部分结构体系
室外展览及观景平台承重体系
公共休闲区承重体系
公共休闲区及室内展览区结构，二层墙体与室内展览区的梁连接在一起。
二层钢架结构
观景空间
展览空间
附属功能空间
市民休闲区
办公空间
功能分析图
公共休闲区
卫生间
休息室
办公室
办公室
馆长室
洽谈室
二层平面图 1：300
经济技术指标：
基地面积：2400平方米
建筑面积：1250平方米
建筑密度：35.5%
容积率：43.2%
绿化率：43.5%
贰
西立面图 1：300
南立面图 1：300

2008年全国高等学校建筑学专业
第7届大学生建筑设计作业观摩和评选
优秀作业

作业名称：互动・生长——六班幼儿园设计
作业完成时间：2008年6月
作业时长：8周
作者姓名：周可
指导教师：郝赤彪 解旭东

Selected Excellent Work of
7th Observation and Evaluation of Students' Architectural Design Works in Universities,
National Universities Architecture Speciality,2008

Title: Interction and Growing up—Six-Class Kindergarten
Submitting Time: June 2008
Duration: 8 weeks
Author: Zhou Ke
Instructors: Hao Chibiao, Xie Xudong

教师评语：

建筑整体造型舒展、优美、有序，整体性好，屋顶弧形形体的处理很好地与建筑平面形式相呼应，营造出比较活泼、轻松的空间氛围，切合了幼儿园设计的主题。

建筑功能组织合理，动静分区明确，为孩子们营造出良好的学习生活环境。

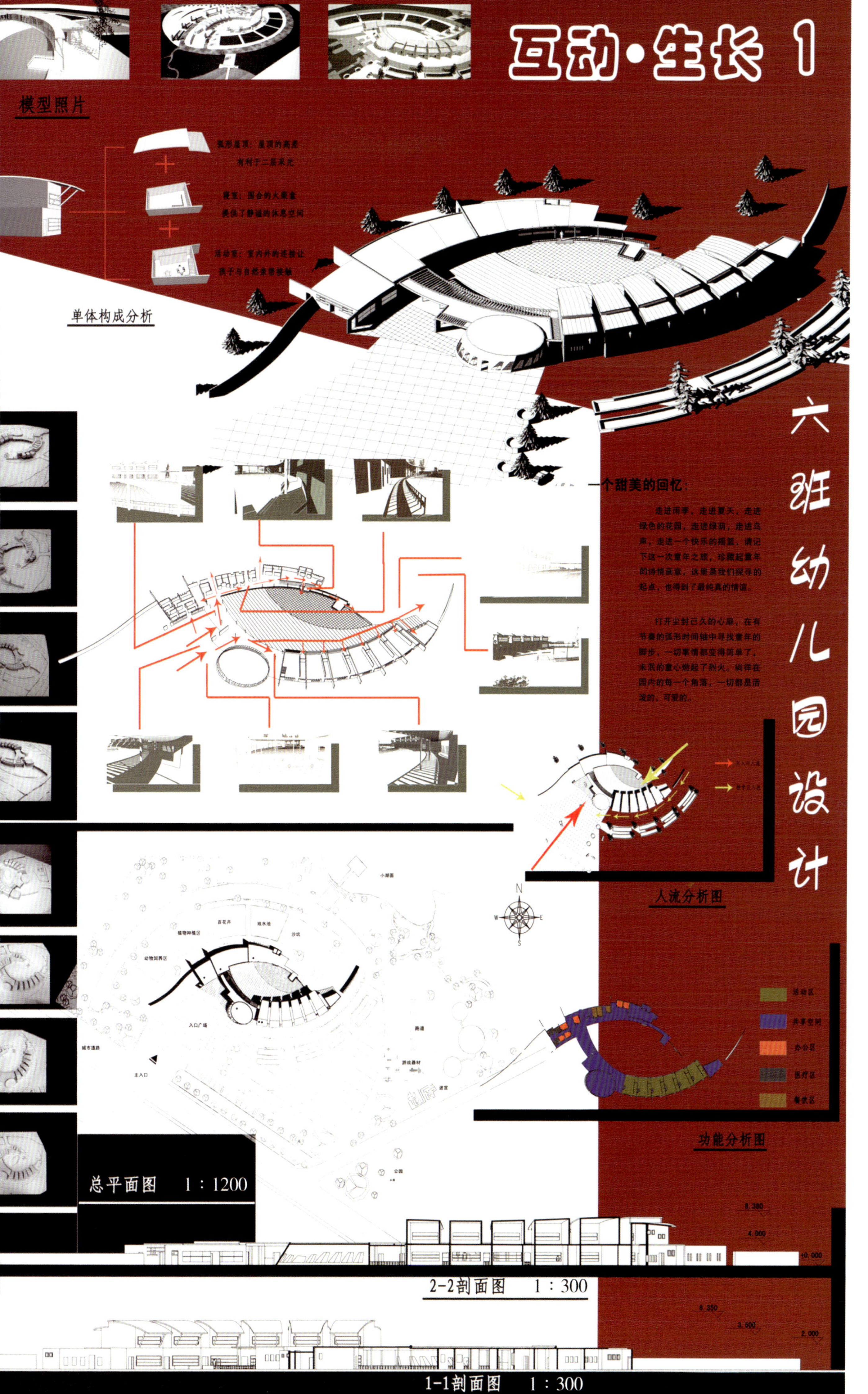
互动·生长 1
模型照片
弧形屋顶：屋顶的高差
有利于二层采光
寝室：围合的火柴盒
提供了静谧的休息空间
活动室：室内外的连接让
孩子与自然亲密接触
单体构成分析
六班幼儿园设计
一个甜美的回忆：
走进雨季，走进夏天，走进绿色的花园，走进绿荫，走进鸟声，走进一个快乐的摇篮，请记下这一次童年之旅，珍藏起童年的诗情画意，这里是我们探寻的起点，也得到了最纯真的情谊。
打开尘封已久的心扉，在有节奏的弧形时间轴中寻找童年的脚步，一切事情都变得简单了，未泯的童心燃起了烈火。徜徉在园内的每一个角落，一切都是活泼的、可爱的。
人流分析图
N
S
W
E
活动区
共享空间
办公区
医疗区
餐饮区
功能分析图
总平面图 1：1200
8.380
4.000
±0.000
2-2剖面图 1：300
8.350
3.500
2.000
1-1剖面图 1：300

二年级

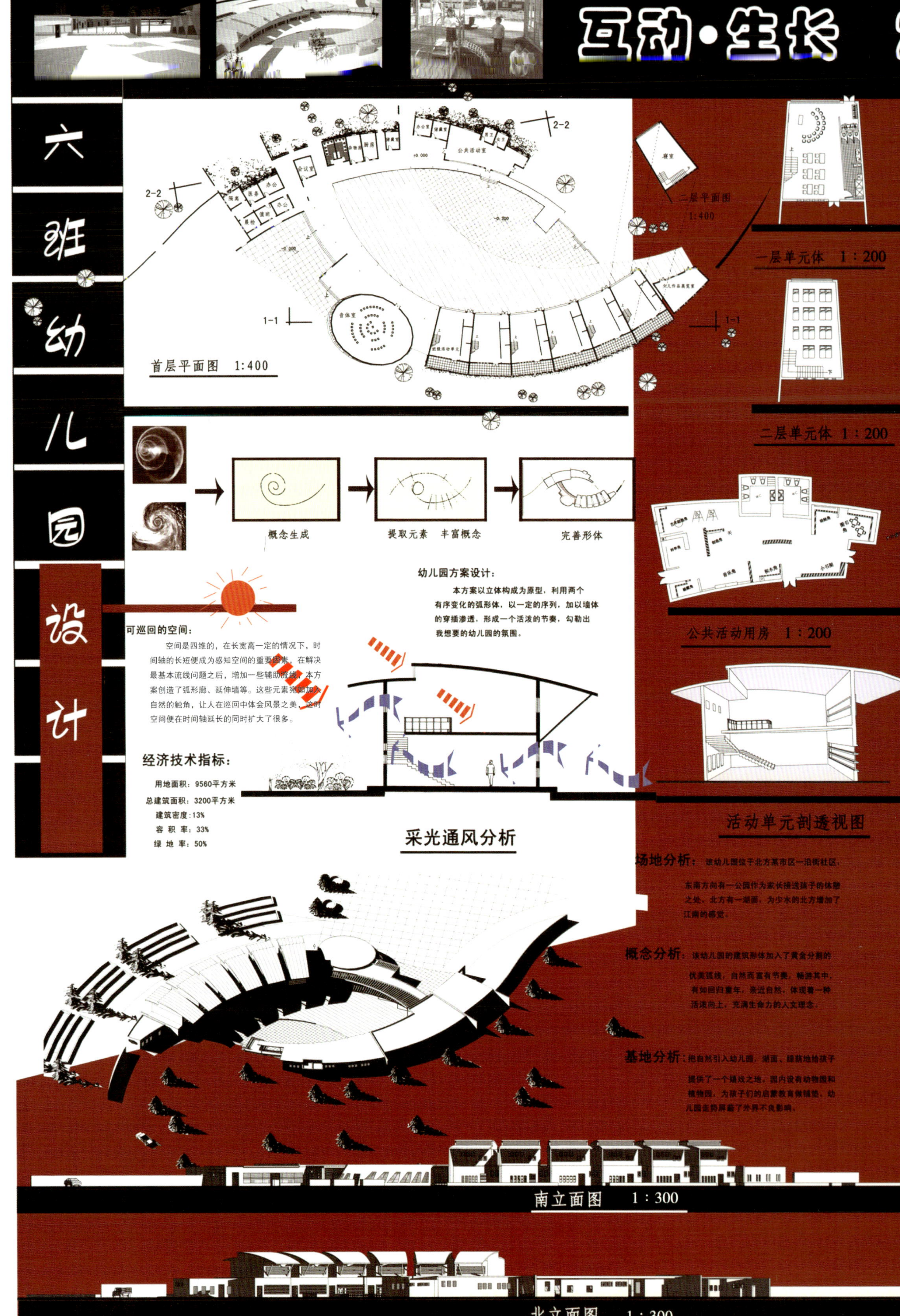

互动·生长
六班幼儿园设计
首层平面图 1:400
二层平面图 1:400
一层单元体 1:200
二层单元体 1:200
公共活动用房 1:200
活动单元剖透视图
概念生成
提取元素 丰富概念
完善形体
幼儿园方案设计：
本方案以立体构成为原型，利用两个有序变化的弧形体，以一定的序列，加以墙体的穿插渗透，形成一个活泼的节奏，勾勒出我想要的幼儿园的氛围。
可巡回的空间：
空间是四维的，在长宽高一定的情况下，时间轴的长短便成为感知空间的重要因素，在解决最基本流线问题之后，增加一些辅助流线，本方案创造了弧形廊、延伸墙等。这些元素宛如加入自然的触角，让人在巡回中体会风景之美，这时空间便在时间轴延长的同时扩大了很多。
经济技术指标：
用地面积：9560平方米
总建筑面积：3200平方米
建筑密度：13%
容积率：33%
绿地率：50%
采光通风分析
场地分析：该幼儿园位于北方某市区一沿街社区，东南方向有一公园作为家长接送孩子的休憩之处。北方有一湖面，为少水的北方增加了江南的感觉。
概念分析：该幼儿园的建筑形体加入了黄金分割的优美弧线，自然而富有节奏，畅游其中，有如回归童年，亲近自然，体现着一种活泼向上，充满生命力的人文理念。
基地分析：把自然引入幼儿园，湖面、绿荫地给孩子提供了一个嬉戏之地，园内设有动物园和植物园，为孩子们的启蒙教育做铺垫，幼儿园走势屏蔽了外界不良影响。
南立面图 1:300
北立面图 1:300

2008年全国高等学校建筑学专业
第7届大学生建筑设计作业观摩和评选
优秀作业

作业名称：新视角——志愿者服务站设计
作业完成时间：2008年1月
作业时长：6周
作者姓名：刘晓蒙
指导教师：郝赤彪 解旭东

Selected Excellent Work of
7th Observation and Evaluation of Students' Architectural Design Works in Universities,
National Universities Architecture Speciality,2008

Title: New Perspective—Volunteer Service Station
Submitting Time: January 2008
Duration: 6 weeks
Author: Liu Xiaomeng
Instructors: Hao Chibiao, Xie Xudong

教师评语：

建筑能够很好地把握基地的环境特征，依山就势，融入环境。
建筑布局紧凑，整体性好，内部功能组织合理，分区明确，流线清晰。
建筑形象体现出较好的环境特色和时代特征。

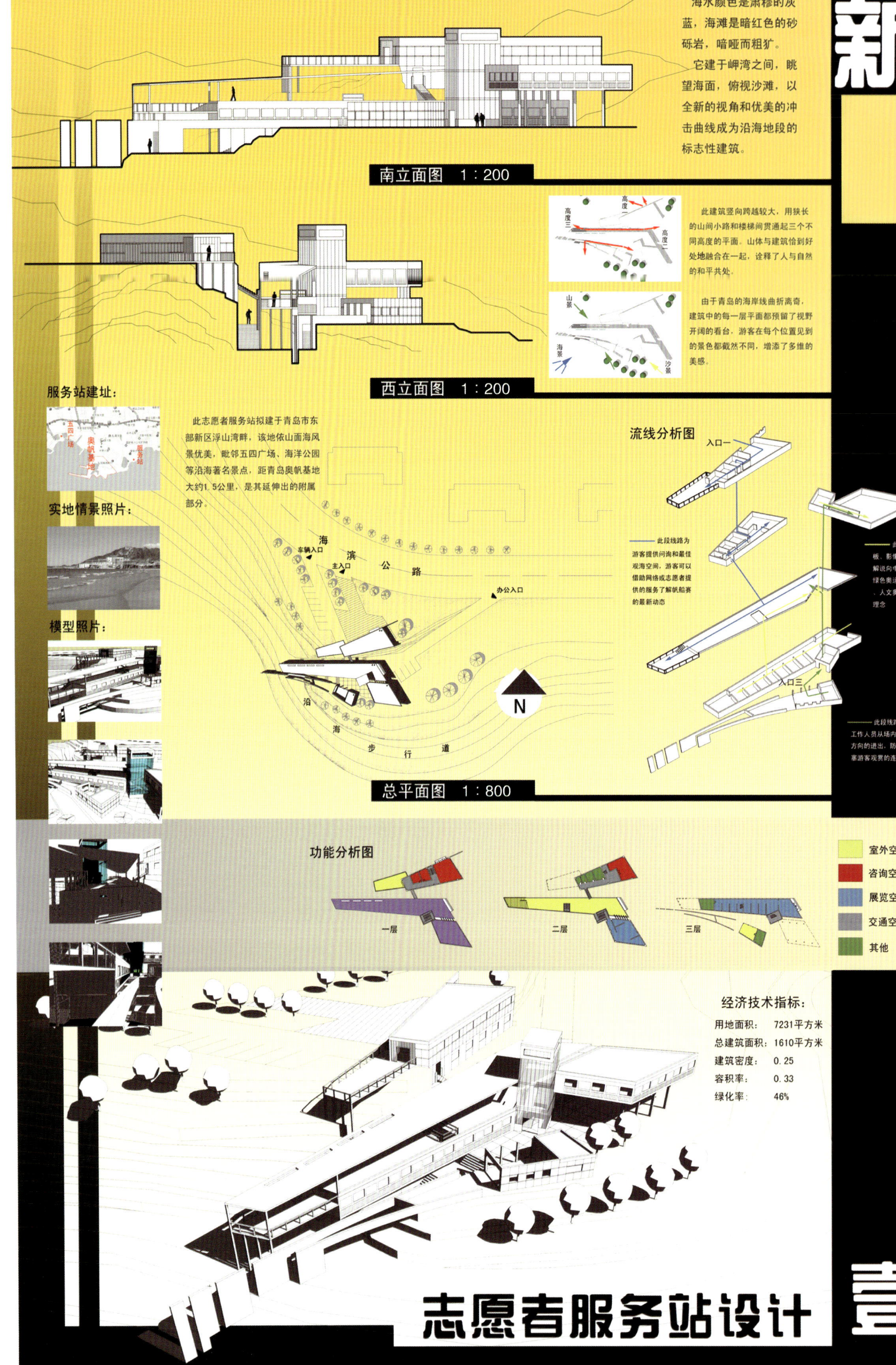
新
海水颜色是肃穆的灰蓝，海滩是暗红色的砂砾岩，喑哑而粗犷。
它建于岬湾之间，眺望海面，俯视沙滩，以全新的视角和优美的冲击曲线成为沿海地段的标志性建筑。
南立面图 1：200
高度一
高度二
高度三
此建筑竖向跨越较大，用狭长的山间小路和楼梯间贯通起三个不同高度的平面。山体与建筑恰到好处地融合在一起，诠释了人与自然的和平共处。
山景
海景
沙景
由于青岛的海岸线曲折离奇，建筑中的每一层平面都预留了视野开阔的看台，游客在每个位置见到的景色都截然不同，增添了多维的美感。
西立面图 1：200
服务站建址：
五四广场
奥帆基地
服务站
实地情景照片：
模型照片：
此志愿者服务站拟建于青岛市东部新区浮山湾畔，该地依山面海风景优美，毗邻五四广场、海洋公园等沿海著名景点，距青岛奥帆基地大约1.5公里，是其延伸出的附属部分。
海
滨
公
路
车辆入口
主入口
办公入口
沿
海
步
行
道
N
总平面图 1：800
流线分析图
入口一
入口三
此段线路为游客提供问询和最佳观海空间，游客可以借助网络或志愿者提供的服务了解帆船赛的最新动态
此段线路
板、影像和志
解说向中外游客
绿色奥运、科技
、人文奥运的
理念
此段线路方便工作人员从场内外各个方向的进出，防止其阻塞游客观赏的连续性
功能分析图
一层
二层
三层
室外空间
咨询空间
展览空间
交通空间
其他
经济技术指标：
用地面积： 7231平方米
总建筑面积：1610平方米
建筑密度： 0.25
容积率： 0.33
绿化率： 46%
志愿者服务站设计
壹

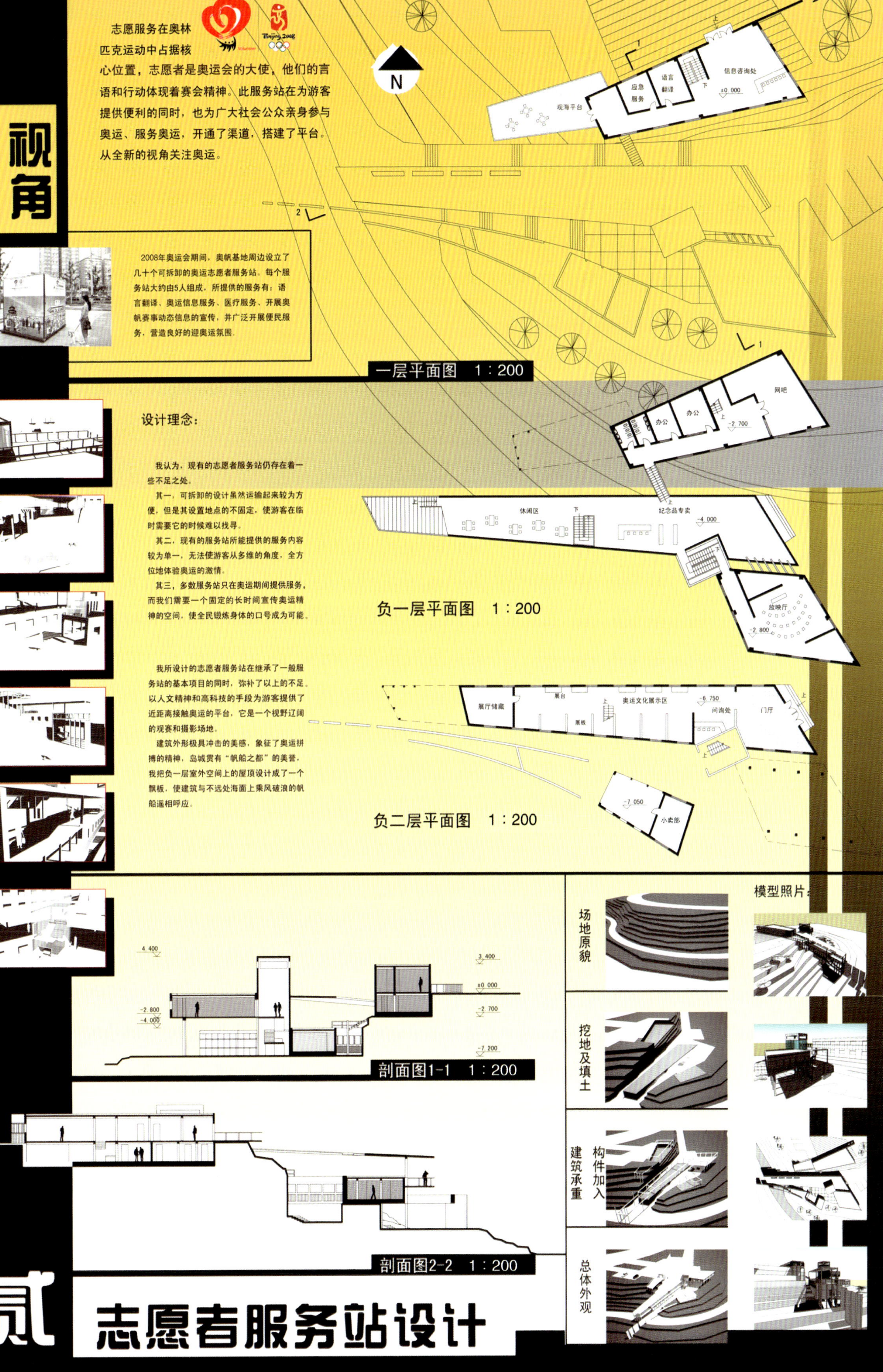
视角
志愿服务在奥林匹克运动中占据核心位置，志愿者是奥运会的大使，他们的言语和行动体现着赛会精神。此服务站在为游客提供便利的同时，也为广大社会公众亲身参与奥运、服务奥运，开通了渠道，搭建了平台。从全新的视角关注奥运。
2008年奥运会期间，奥帆基地周边设立了几十个可拆卸的奥运志愿者服务站。每个服务站大约由5人组成，所提供的服务有：语言翻译、奥运信息服务、医疗服务、开展奥帆赛事动态信息的宣传，并广泛开展便民服务，营造良好的迎奥运氛围。
N
观海平台
应急服务
语言翻译
信息咨询处
±0.000
一层平面图 1：200
设计理念：
我认为，现有的志愿者服务站仍存在着一些不足之处。
其一，可拆卸的设计虽然运输起来较为方便，但是其设置地点的不固定，使游客在临时需要它的时候难以找寻。
其二，现有的服务站所能提供的服务内容较为单一，无法使游客从多维的角度、全方位地体验奥运的激情。
其三，多数服务站只在奥运期间提供服务，而我们需要一个固定的长时间宣传奥运精神的空间，使全民锻炼身体的口号成为可能。
我所设计的志愿者服务站在继承了一般服务站的基本项目的同时，弥补了以上的不足。以人文精神和高科技的手段为游客提供了近距离接触奥运的平台，它是一个视野辽阔的观赛和摄影场地。
建筑外形极具冲击的美感，象征了奥运拼搏的精神，岛城贯有“帆船之都”的美誉，我把负一层室外空间上的屋顶设计成了一个飘板，使建筑与不远处海面上乘风破浪的帆船遥相呼应。
网吧
办公
办公
-2.700
休闲区
纪念品专卖
-4.000
放映厅
-2.800
负一层平面图 1：200
展厅储藏
展台
奥运文化展示区
展板
-6.750
问询处
门厅
-7.050
小卖部
负二层平面图 1：200
4.400
3.400
±0.000
-2.800
-4.000
-2.700
-7.200
剖面图1-1 1：200
剖面图2-2 1：200
场地原貌
挖地及填土
建筑承重构件加入
总体外观
模型照片：
贰
志愿者服务站设计

2008年全国高等学校建筑学专业
第7届大学生建筑设计作业观摩和评选
优秀作业

作业名称：科普体验中心设计
作业完成时间：2008年6月　　作业时长：6周
作者姓名：邵彦　　指导教师：郝赤彪　解旭东

Selected Excellent Work of
7th Observation and Evaluation of Students' Architectural Design Works in Universities,
National Universities Architecture Speciality,2008

Title: Technological Experience Center
Submitting Time: June 2008
Duration: 6 weeks
Author: Shao Yan
Instructors: Hao Chibiao, Xie Xudong

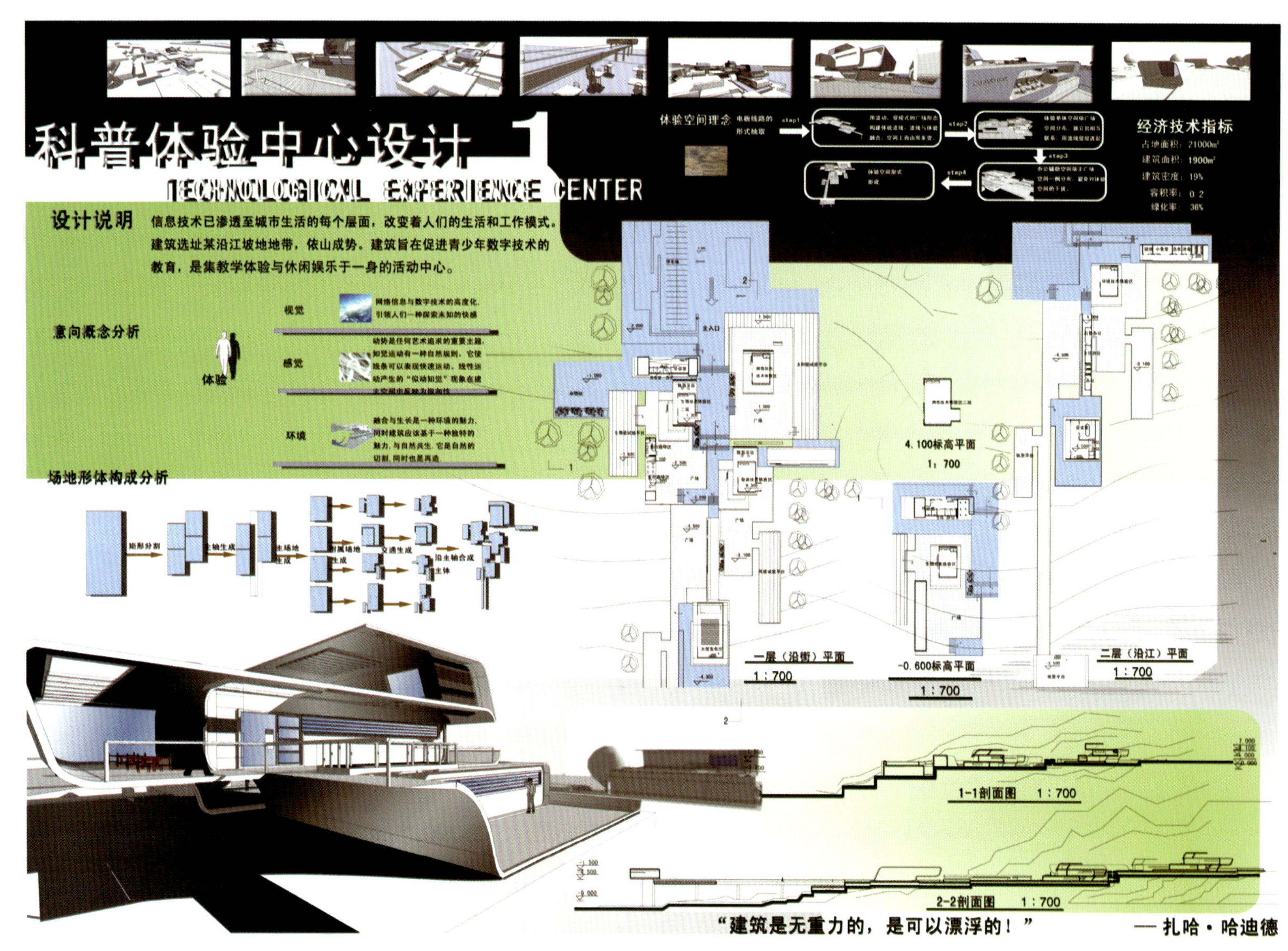

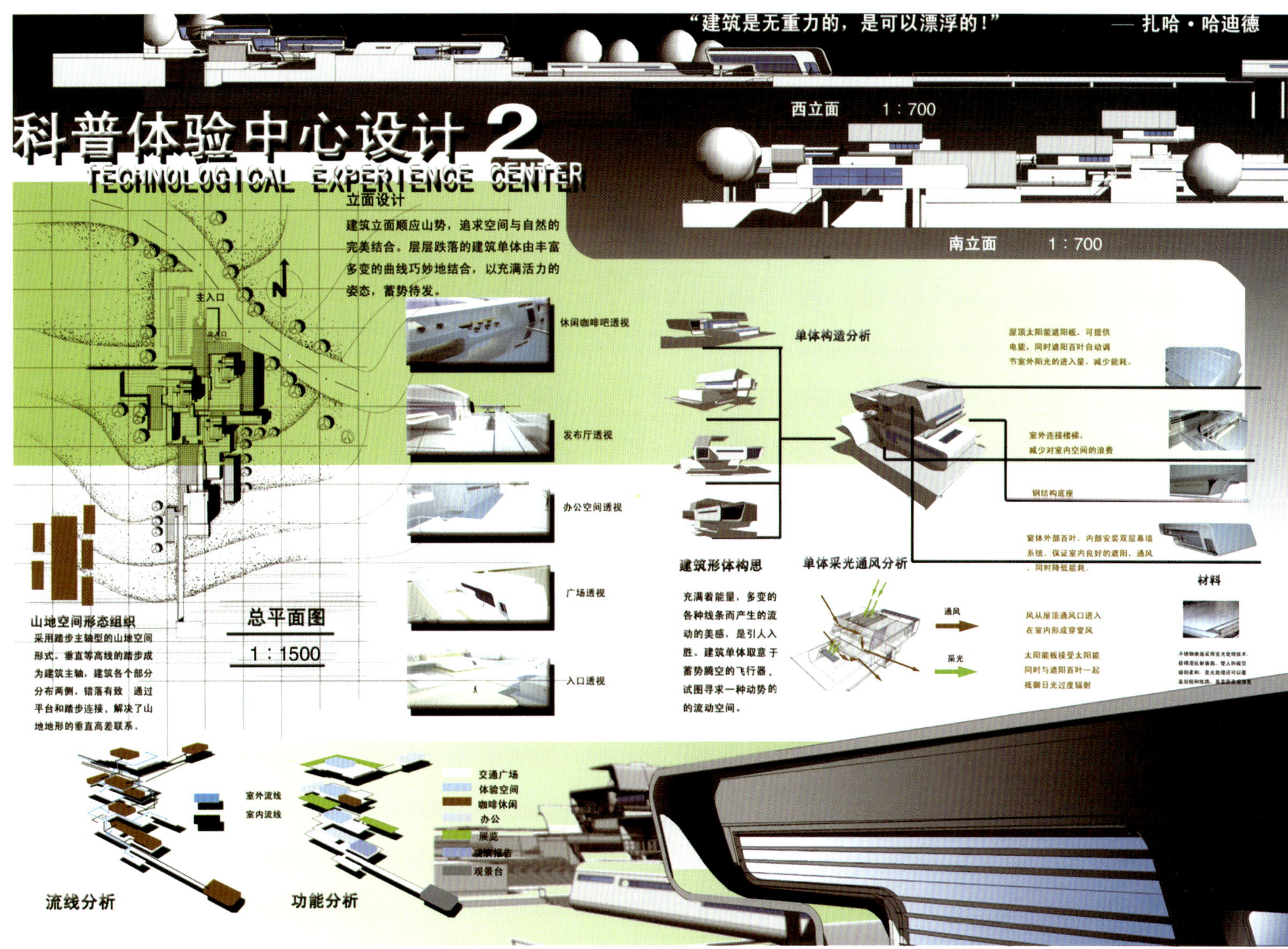

教师评语：

建筑形体很好地把握了山地建筑的环境特征，合理地利用高差关系，营造了丰富的室内外空间。

建筑功能组织合理，分区明确，流线清晰。

建筑形象整体感较好，并具有很强的时代特征，很好地突出了建筑的主题。

2009年全国高等学校建筑学专业
第8届大学生建筑设计作业观摩和评选
优秀作业

作业名称：海草的传承——荣成市海草房民俗博物馆设计　　作业完成时间：2009年8月
作业时长：8周　　作者姓名：褚安东　赵晨　　指导教师：郝赤彪　郝占鹏　解旭东

Selected Excellent Work of
8th Observation and Evaluation of Students' Architectural Design Works in Universities,
National Universities Architecture Speciality,2009

Title: Succession of Seaweed—Rongcheng Seaweed House Folk Custom Museum
Submitting Time: August 2009
Duration: 8 weeks　　Authors: Chu Andong, Zhao Chen
Instructors: Hao Chibiao, Hao Zhanpeng, Xie Xudong

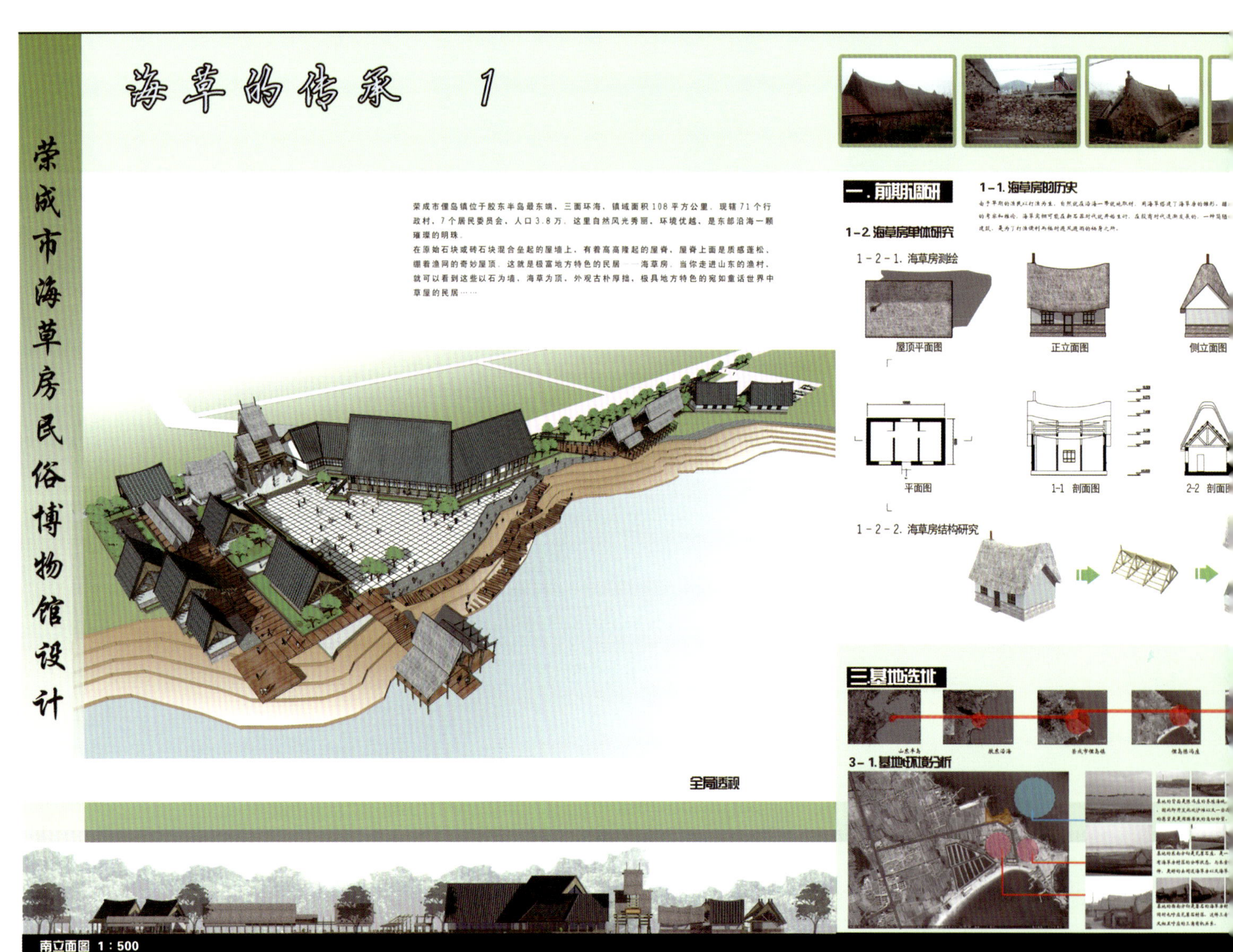

教师评语：

该方案就“旧村落建筑文化遗产的保护与开发”这一命题为我们提供了一个新的诠释的角度。历史特色村落的形成是与其所处的自然环境条件和社会风俗密不可分的，更为重要的是在这一过程中民居也在不断改良变化，传承至今。该方案在保护旧有海草房的前提下，对海草房的现状发展做出了大胆尝试，为海草房的未来拟定了新的模式，将渔民的海草房文化继续传承下去。

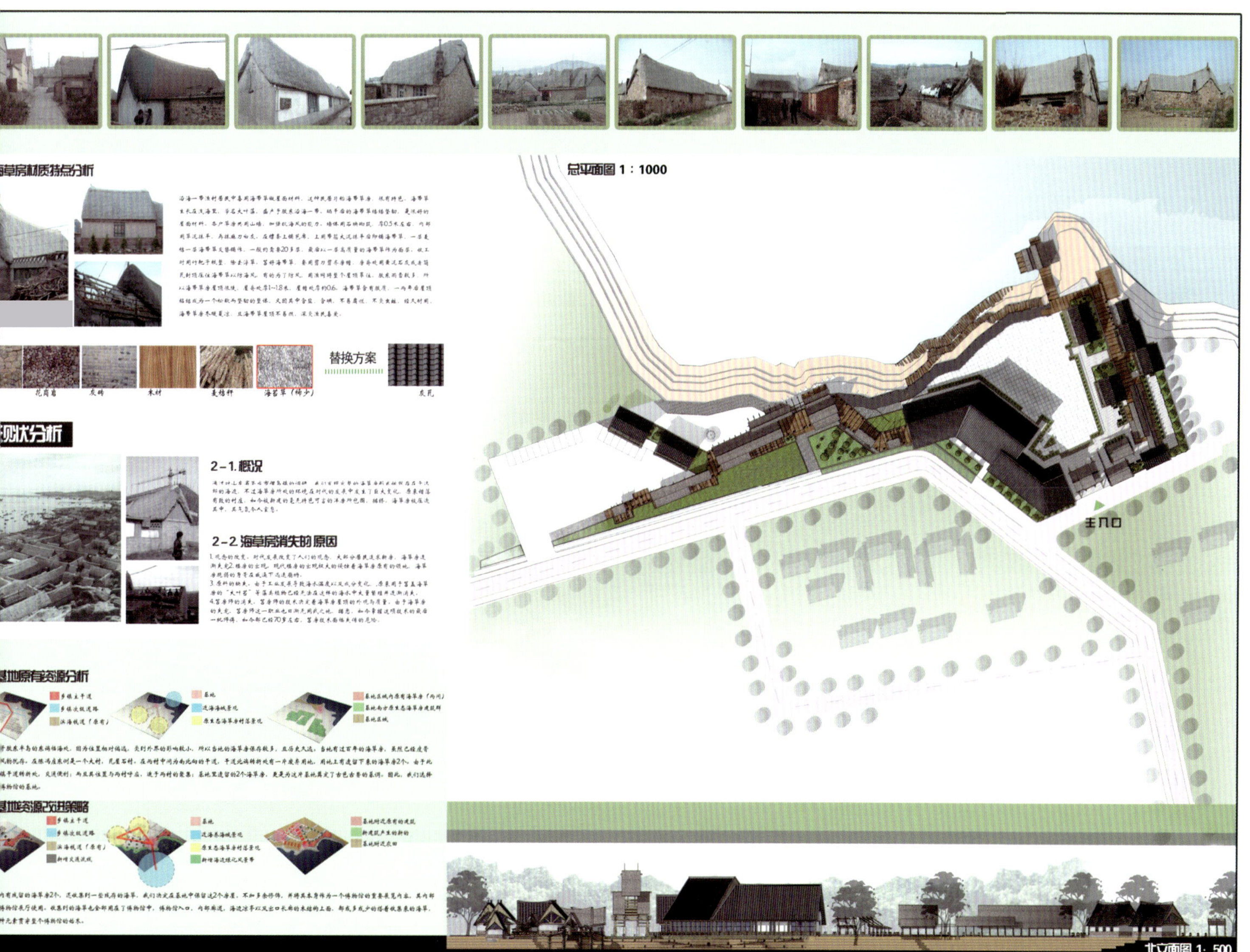

海草的传承 2

设计说明

本方案基地位于山东荣成市俚岛镇，俚岛镇内现有较多的海草房，其中陈冯庄的海草房保存较为完整，是重要的海草房保护区。在陈冯庄的北端平运转折处，是基地的选址位置。

本方案尝试研究了海草房在新条件下的新式表达，把握海草房坡屋顶坡度较大和屋檐外伸形成遮蔽空间2个特点，完成了一个新旧融合的建筑。基地北侧为大海，建筑走势既顺应道路走向趋势，又结合海岸线，充分结合周围环境。设计中充分考虑了对基地中原有内容的利用，保留了基地中原有的2个海草房，并把海草用在基地搭起的廊子廊道上，使整个建筑更加乡土，更加朴素。

博物馆的出现，将引起更多的人对海草房的关注，使人们认识到海草房的独特魅力，同时，随着人们意识的提高，现存的海草也将得到更好的保护，使这种建筑文化也是历史遗产将更加长久的存在下去。而且，这样一个博物馆，给对海草房感兴趣的人们提供了一个交流的平台，使海草房的构造，苫房技术能够得以传承。

经济技术指标

基地面积：12300 m²

建筑面积：2850 m²

容积率：0.23

绿化率：48.8%

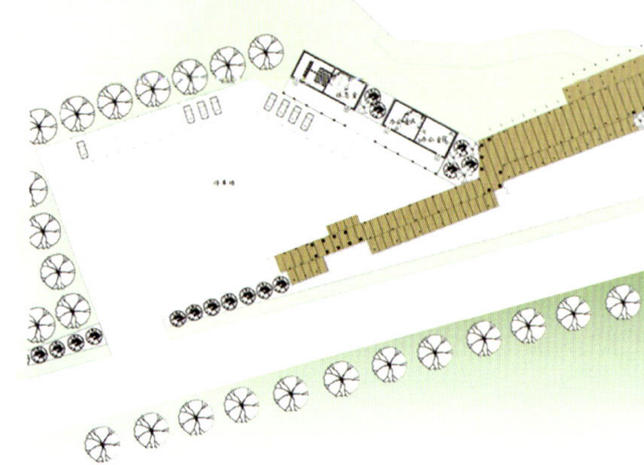

四.建筑主要部分透视

海草房廊道

海草房牌坊

海草新村

建筑主入口的牌坊采用当地木材搭接起来，上铺回收的海草。在设计中，充分考虑了其标志性以及于原有海草房形式的关系，使得牌坊既成为建筑区域的一个制高点，又显得十分和谐。

建筑西侧的海草房廊道颇具特色，其尖尖的顶棚呼应着堆尖和缘的原有海草房形式，简洁明快，廊道的滨海景观和特色小卖为廊道平添了许多生机与活力。

此建筑位于陈冯庄和瓦屋石两村北部，建筑的中心广场十分宽广，此处将成为两村的聚集交流场所。白天，人们到此休息；夜晚，人们在此舞蹈歌唱。东侧的特性小卖以及餐馆使人们的聚集活动更为丰富，几杯凉茶，几盏淡酒，其乐无穷。

建筑中部的大体块是建筑的主要功能部分，宏伟的体块，尖尖的屋顶，阴凉的外廊，行于其中，能使人体会到海草房的韵味。交汇的层次，应对海草房上一簇簇的海草，使新旧建筑产生对话。

五.模型制作过程

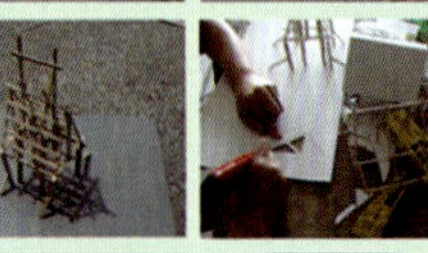

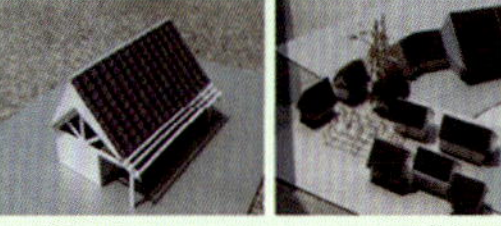

六.局部小透视

海草房的现状令人担忧，由于海草房的原材料日渐稀少，且"苫房师"手艺面临失传的危险，所以传统的海草房形式必定将成为历史，而无法以原貌继续复制下去，所以我们必须探索海草房的新形式。海草房作为胶东乃至全国民居中的一大特色，其形式十分明显，海草房最大特色为堆尖和缘，坡屋顶角度较大，有张力的三角形山墙让人耳目一新，厚厚的海草从屋檐搭下，会形成一个小型遮蔽空间。如果能把这两个特色用新的建筑构造形式的加以表达，就能把握住海草房的内在神态。经过研究，尝试，对于海草房坡屋顶角度大这一特点，我们决定用芦苇代替已经稀少的海草，把坡屋顶房屋的屋角度定在60至80之间，来模仿其形式。至于海草房前段有遮蔽空间这一特点，我们用木材搭起房屋的结构，把实墙后退一个过道的宽度，在房屋前段形成一个外廊，完成了对遮蔽空间的表达。

廊道侧入口

廊道滨海景观

廊道内侧

新村与广场关系

1-1 剖面图 1:500

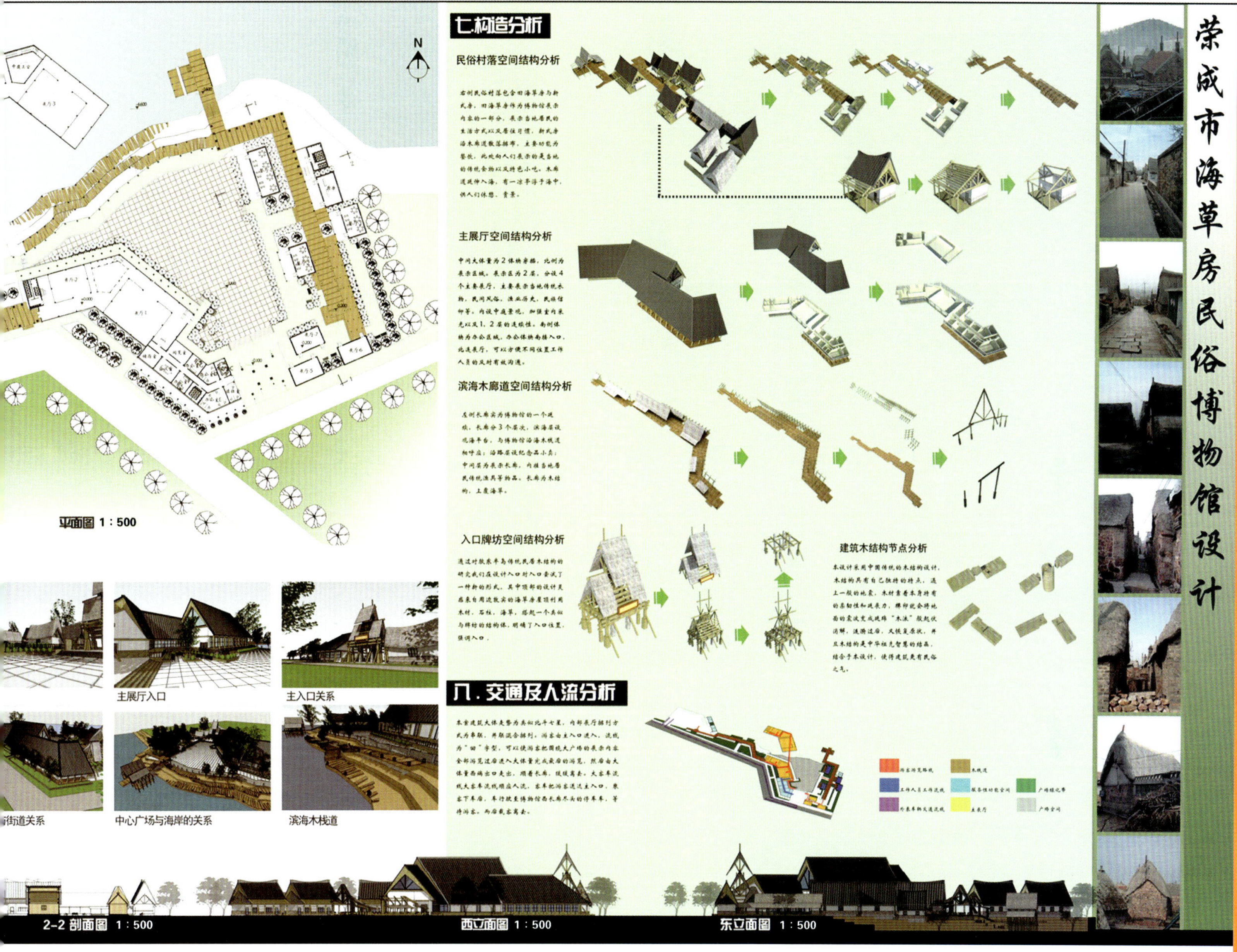
七.构造分析
民俗村落空间结构分析
右侧民俗村落包含旧海草房与新式房，旧海草房作为博物馆展示内容的一部分，展示当地居民的生活方式以及居住习惯，新式房沿木廊道散落排布，主要功能为餐饮，此处向人们展示的是当地的传统食物以及特色小吃。木廊道延伸入海，有一凉亭浮于海中，供人们休憩、赏景。
主展厅空间结构分析
中间大体量为2体块房屋，北侧为展示区域。展示区为2层，分设4个主要展厅，主要展示当地传统木构，民间风俗，渔业历史，民族信仰等。内设中庭景观，加强室内采光以及1、2层的连续性。南侧体块为办公区域，办公体块南接入口，北连展厅，可以方便不同位置工作人员的及时有效沟通。
滨海木廊道空间结构分析
东侧长廊实为博物馆的一个延续，长廊分3个层次，滨海层设观海平台，与博物馆沿海木栈道相呼应；沿路层设纪念品小卖；中间层为展示长廊，内植当地居民传统渔具等物品。长廊为木结构，上覆海草。
入口牌坊空间结构分析
通过对胶东半岛传统民居木结构的研究我们在设计入口时入口尝试了一种新的形式。其中顶部的设计灵感来自周边散落的海草房屋顶利用木材，石柱，海草，搭起一个类似与牌坊的结构体，明确了入口位置，强调入口。
建筑木结构节点分析
本设计采用中国传统的木结构设计，木结构具有自己独特的特点，遇上一般的地震，木材靠着本身特有的柔韧性和延展力，榫卯就会将地面的震波变成跳跃“木浪”般起伏消解，波涛过后，又恢复原状，并且木结构是中华祖先智慧的结晶，结合于本设计，使得建筑更有民俗之气。
八.交通及人流分析
本案建筑大体走势为类似北斗七星，内部展厅排列方式为串联，并联混合排列，游客由主入口进入，流线为“回”字型，可以使游客把围绕大广场的展示内容全部游览过后进入大体量完成最后的游览，然后由大体量西端出口走出，顺着长廊，陆续离去。大客车流线大客车流线顺应人流，客车把游客送达主入口，乘客下车后，车行驶至博物馆西长廊尽头的停车库，等待游客，而后载客离去。
游客游览路线
木栈道
工作人员工作流线
服务性功能空间
广场绿化带
外来车辆交通流线
主展厅
广场空间
荣成市海草房民俗博物馆设计
N
平面图 1：500
主展厅入口
主入口关系
街道关系
中心广场与海岸的关系
滨海木栈道
2-2 剖面图 1：500
西立面图 1：500
东立面图 1：500

2009年全国高等学校建筑学专业
第8届大学生建筑设计作业观摩和评选
优秀作业

作业名称：水墨相生——板桥儿童书画院设计
作业完成时间：2009年6月
作业时长：8 周
作者姓名：史学鹏
指导教师：解旭东 程然

Selected Excellent Work of
8th Observation and Evaluation of Students' Architectural Design Works in Universities,
National Universities Architecture Speciality,2009

Title: Mutual Generation between Ink and Water—Banqiao Children's Painting and Calligraphy Institute
Submitting Time: June 2009
Duration: 8 weeks
Author: Shi Xuepeng
Instructors: Xie Xudong，Cheng Ran

教师评语：

该方案对“历史街区的保护与开发”这一命题作了比较大胆、前卫的解释，构思新颖。建筑整体布局紧凑，整体性好，功能组织自然、有机。

建筑形象的设计中，对建筑的语言符号以中国传统水墨画的意境表现，较有新意。

背景分析

[BA]CKGROUND ANALYSIS]

基地选在潍坊坊子区有着悠久文化底蕴的老城区一侧，这里民俗民风浓厚，一年一度的庙会更是当地的传统节日，但该地区缺乏时代的生活气息，通常的修复已经不能满足时代的要求。

水墨相生

传统包裹下的新生力量

板桥儿童书画院设计

现状思考

[STA]TUS QUO]

面对传统街区里的建筑活动我们往往采[用]传承和颠覆两种手法。

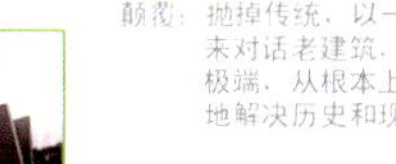

[盖]里 1991　扎哈·哈迪德 1988

颠覆：抛掉传统，以一种全新的姿态来对话老建筑，我认为是一种极端，从根本上说它没能很好地解决历史和现代的传承问题

第五园　苏州博物馆新馆

传承：出发点是好的，但往往演变成利用形式上的统一达到期望的整体效果，这其实已经失去了它最初的理念

我的理解：老城区里的建筑设计应当突破形式上的颠覆或者形似的理解　其实颠覆和传承是可以结合的，传承体现的是对传统的尊重，颠覆体现的是对新生力量的追求，两者结合不仅能体现文脉，又能突出自身特点，从而提升整个地区的建筑品位

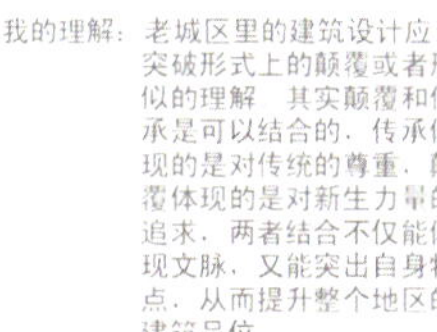

1/3

二年级

3. 传统包裹下的新生力量

[对于建筑，它是受力的
对于孩子们来说，它是生长的 . . .]

3.1. 再生

我把这种新旧建筑固有的矛盾抽象为力——一种外部的压力。压力推动地表的运动，改变着城市的肌理，进而产生了空间，产生了建筑。

平坦完整的地表

一个方向上受力

两个或多个方向上受力

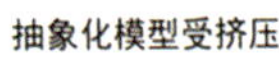

抽象化模型受挤压

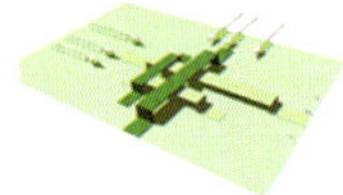

理性化多向受挤压

整理 添加辅助结构

总平面 1:750

N

居民区

嘉禾路

兴

停车场

主入口

内庭院

用地范围

经济技术指标

占地面积：2420 平方米

建筑面积：2760 平方米

基地面积：8400 平方米

容积率： 0.32

绿化率：46 %

[我们可以想象在由地表凸起形成的下层空间中，侧面慢慢长出了树枝，树叶蔓延到了屋顶，被树叶过滤过的阳光洋洋洒洒了整个空间 连绵起伏的“屋顶”同蜿蜒曲折的树枝则构筑了整个幼儿园大空间……

而当我们和孩子们漫步其中时，也许我们会突然发现，那些树干充当了柱子，那些树叶充当了玻璃，而那些起伏的地面充当了遮风避雨的屋面，它们一起把梦想编织成了现实……]

4. 结构设计

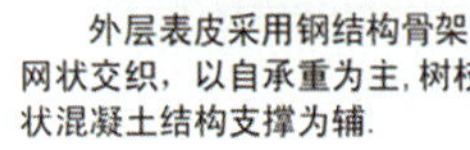

外层表皮采用钢结构骨架，网状交织，以承重为主，树枝状混凝土结构支撑为辅。

外层表皮内部填充

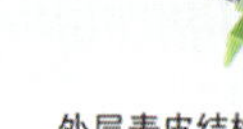

外层表皮结构

3.2. 外表皮

传统青瓦屋面

提取两种主色调

传统写意水墨画

提炼笔触的意境

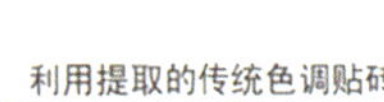

利用提取的传统色调贴砖，用于外表皮的防雨和隔热处理

树枝充满生长活力

抽象出建筑符号

传统建筑结构形式

表皮结构形式

轻质自承重外表皮为构体系的实现提供了可能结构外形更加美观

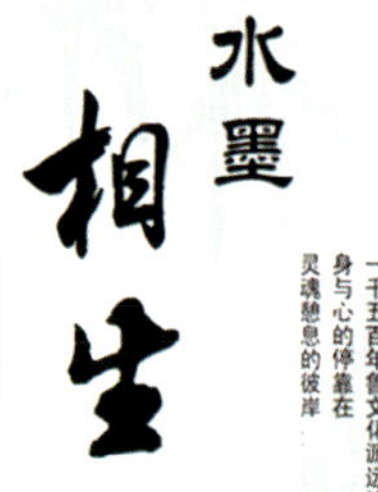

水墨相生

三面临水 八面来风
在水与风的意境中
灵魂浪漫地飞翔
心绪自由地呼吸
湖光山色即是人间天堂
满目风华景致即是最为弥足珍贵的极品
一草一木，一鸟一鱼
一叶一花，一石一桥
一星一月……
一千五百年鲁文化源远流长……
身与心的停靠在
灵魂憩息的彼岸

童趣盎然体现
亲近自然是为掠水相生
享拥一方静谧林色
坐享一份盎然消遣
还习习画风 现古风遗韵
写意无限

6.500
4.200
±0.000

1-1 剖面 1：300

2/3

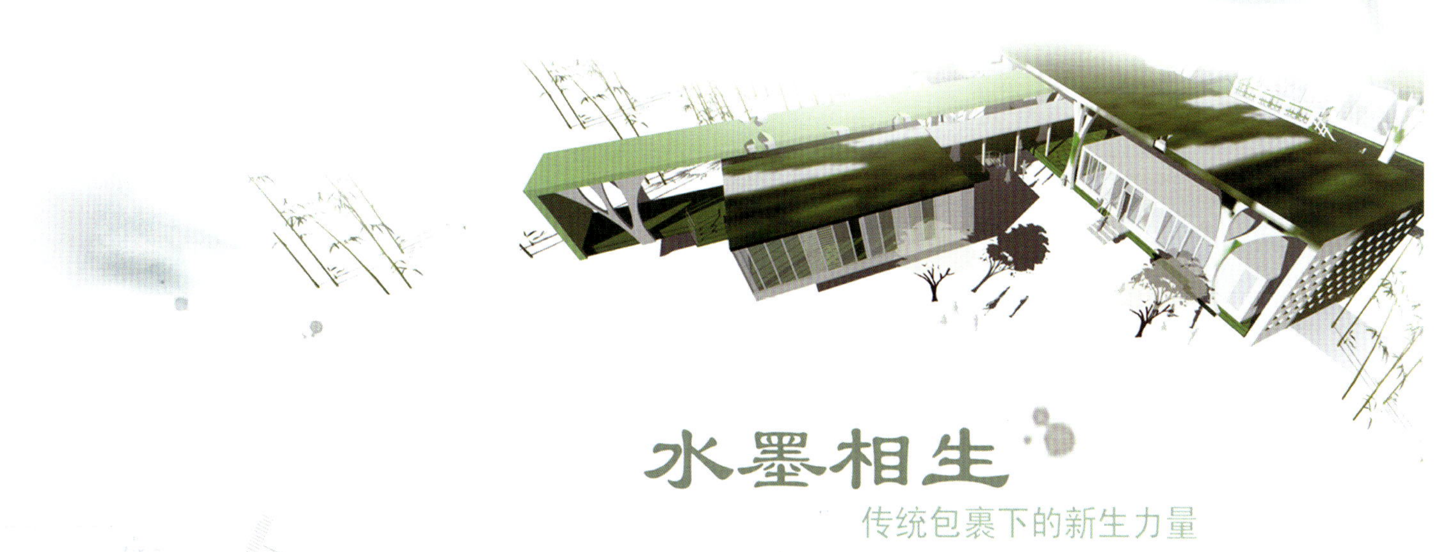

水墨相生

传统包裹下的新生力量

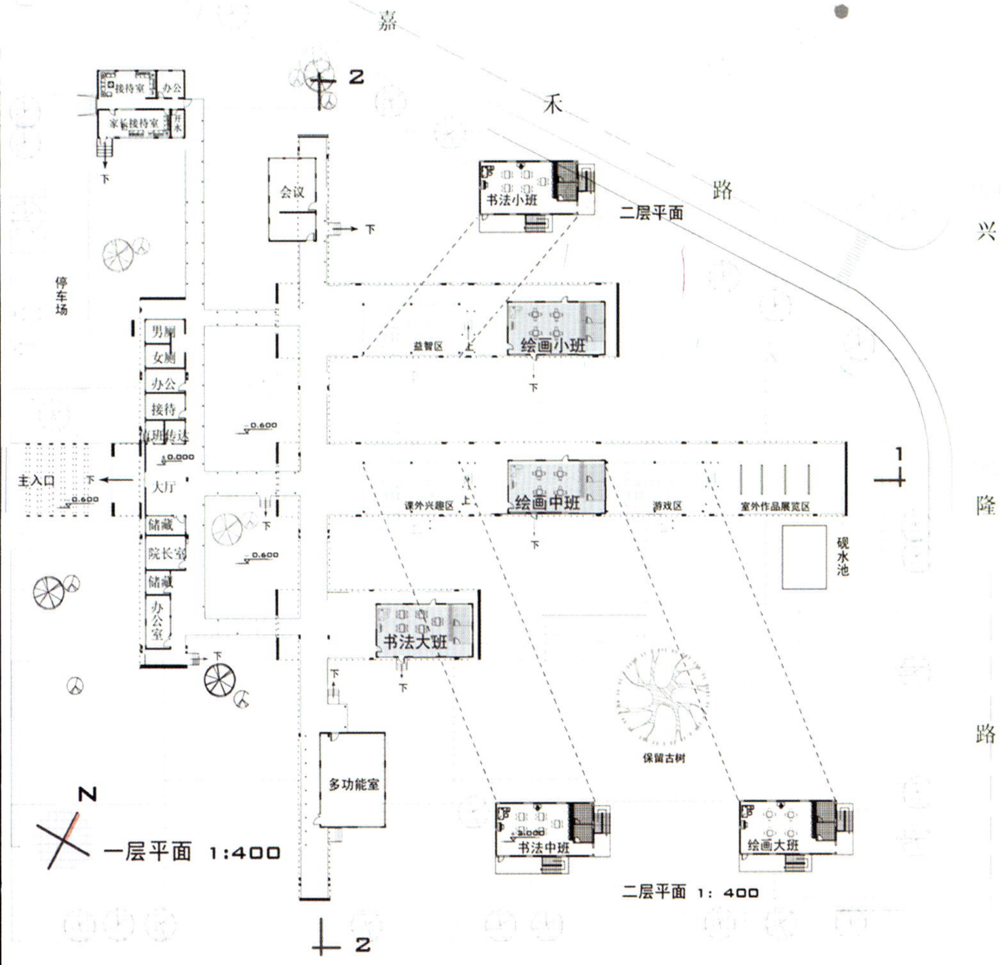

嘉禾路

兴隆路

接待室 办公

家长接待室 开水

停车场

会议

书法小班

二层平面

男厕

女厕

办公

接待

值班传达

大厅

主入口

储藏

院长室

储藏

办公室

益智区

绘画小班

课外兴趣区

绘画中班

游戏区

室外作品展览区

砚水池

书法大班

保留古树

多功能室

书法中班

绘画大班

一层平面 1:400

二层平面 1：400

5．形态架构

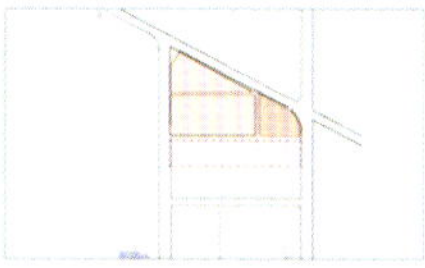

基地形态约束

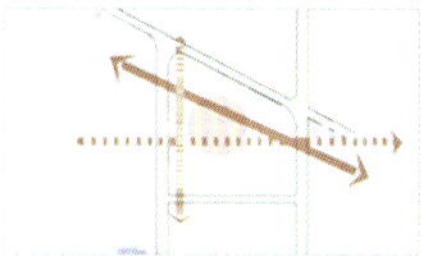

边界围合导向

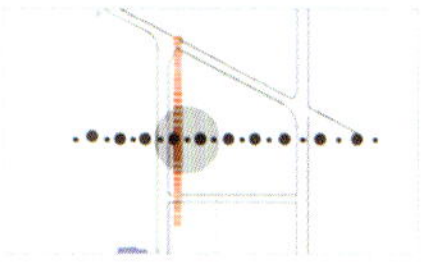

原有轴向元素

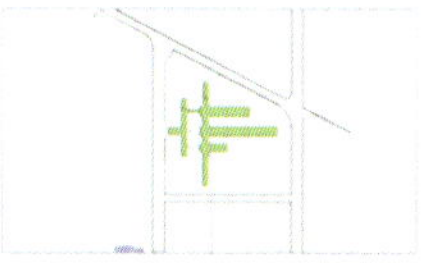

最终形态

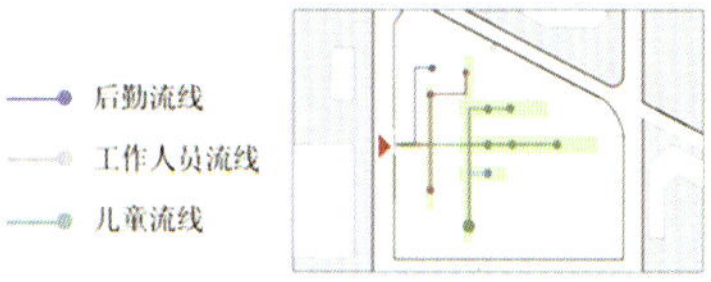

后勤流线

工作人员流线

儿童流线

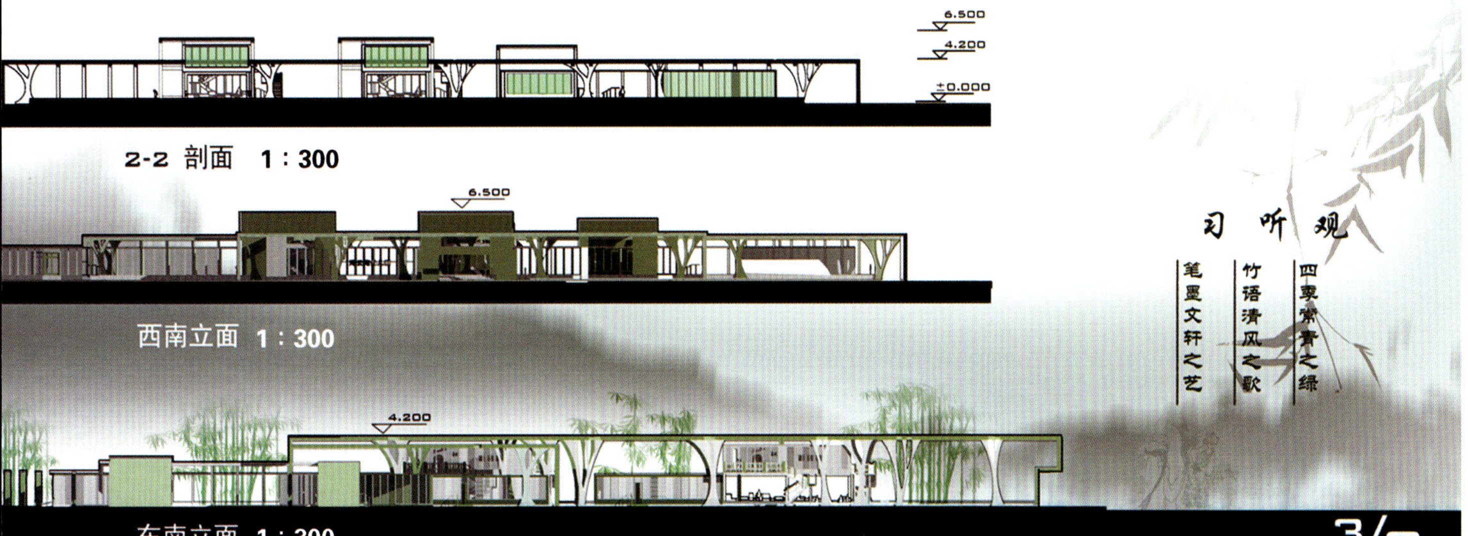

2-2 剖面 1：300

西南立面 1：300

东南立面 1：300

2009年全国高等学校建筑学专业
第8届大学生建筑设计作业观摩和评选
优秀作业

作业名称：稚墨轩院 ——儿童传统文化教育会馆设计 作业
完成时间：2009年6月
作业时长：8 周
作者姓名：戴锦晓
指导教师：解旭东 孙逊 赵海涛

Selected Excellent work of
8th Observation and Evaluation of Students' Architectural Design Works in Universities,
National Universities Architecture Speciality,2009

Title: Ink Pavilion for Childhood—Children's
Education Center of Traditional Culture
Submitting Time: June 2009
Duration: 8 weeks
Author: Dai Jinxiao
Instructors: Xie Xudong, Sun Xun, Zhao Haitao

教师评语：

建筑整体布局比较紧凑，营造了一系列不同层次的交往和休闲城市空间，层次性较好。

建筑形式在对传统建筑语言充分研究的基础上进行了引用与变异，形成既呼应了传统建筑的形式，又体现出一定的时代特征的新传统文化建筑。

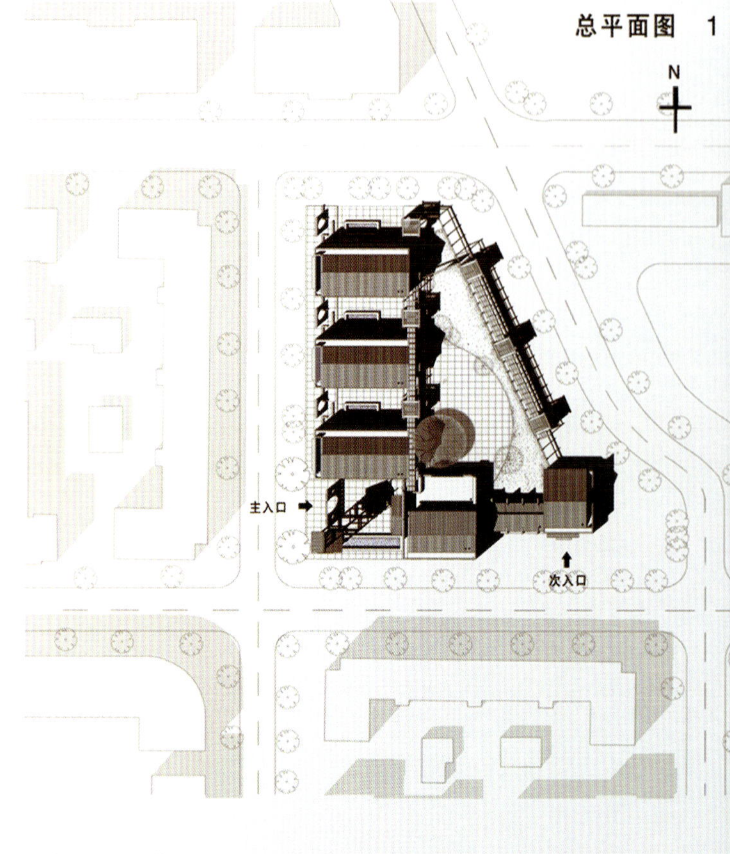

中国传统四艺

书法，又称“中国书法”，是中国特有的一种传统艺术。汉字是中国古代先民智慧的结晶，自古以来学有大成者必精于书法之道，是中国特有的字型艺术。

古琴，亦称瑶琴、玉琴、七弦琴，为中国最古老的弹拨乐器之一，因其清、和、淡、雅的音乐品格寄寓了文人凌风傲骨、超凡脱俗的处世心态。

围棋，在我国古代称为弈，相传已有4000多年的历史。被人们形象地比喻为黑白世界的围棋，将科学、艺术和竞技三者融为一体，几千年来长盛不衰。

国画，又称“中国画”，我国传统绘画。国画在内容和艺术创作上，反映了中华民族的民族意识和审美情趣，“意存笔先，画尽意在”。

基地调研

基地位于中华百艺坊附近，该
为未成年传统艺术爱好者提供交
在此设计为儿童使用的传统艺术
符合区域文脉。

基地附近存在大量古建筑及仿
因此方案应设计成传统建筑风格，
儿童的功能要求使建筑更适合做成

基地的东侧为城市广场，人声
因此本设计东侧做花园，将城市
阻隔，主要功能用房放于西侧。

经济技术指标

建筑面积：2230m²
基地面积：4960m²
建筑密度：26.2%
容 积 率：0.45
绿 化 率：17.4%

儿童传统文化教育会馆设计

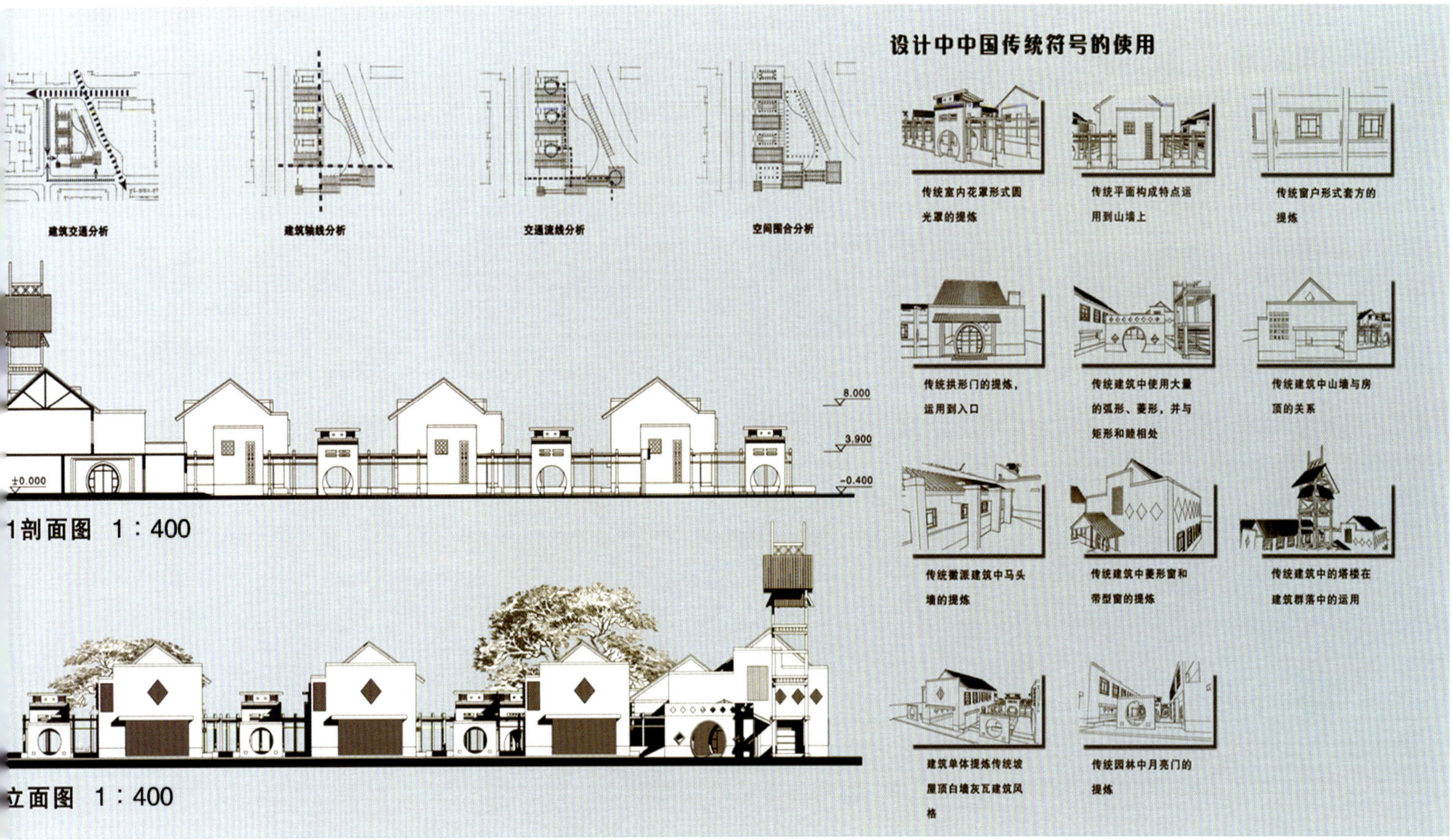

设计中中国传统符号的使用

建筑交通分析

建筑轴线分析

交通流线分析

空间围合分析

传统室内花罩形式圆光罩的提炼

传统平面构成特点运用到山墙上

传统窗户形式套方的提炼

传统拱形门的提炼，运用到入口

传统建筑中使用大量的弧形、菱形，并与矩形和睦相处

传统建筑中山墙与房顶的关系

传统徽派建筑中马头墙的提炼

传统建筑中菱形窗和带型窗的提炼

传统建筑中的塔楼在建筑群落中的运用

建筑单体提炼传统坡屋顶白墙灰瓦建筑风格

传统园林中月亮门的提炼

8.000

3.900

±0.000

-0.400

1剖面图 1：400

立面图 1：400

雅墨轩院

2-1

二年级

一层平面图 1:400

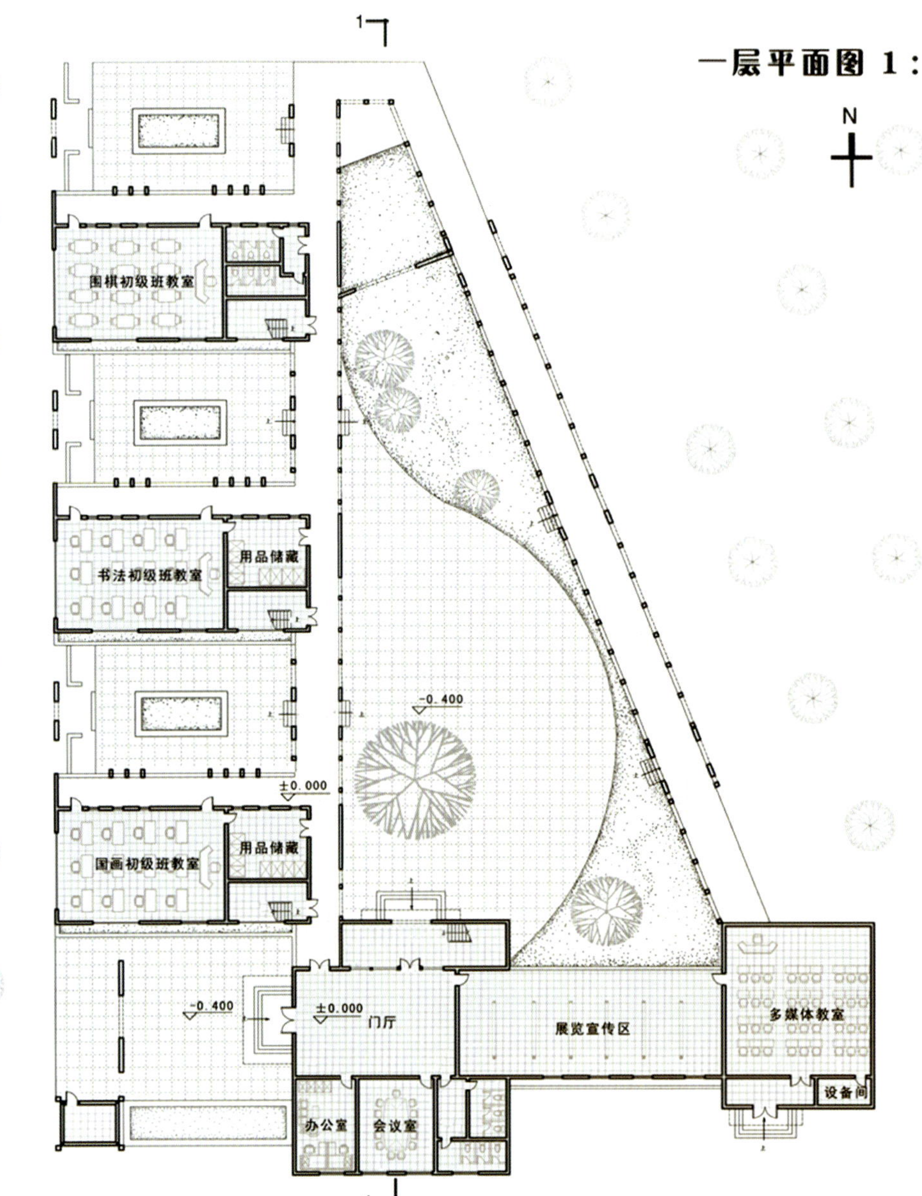

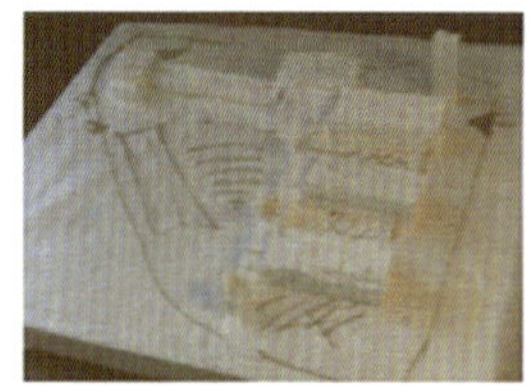

在平面总平的基础上，制作草模，推敲形体构成

方案模型展示

北立面图 1:400

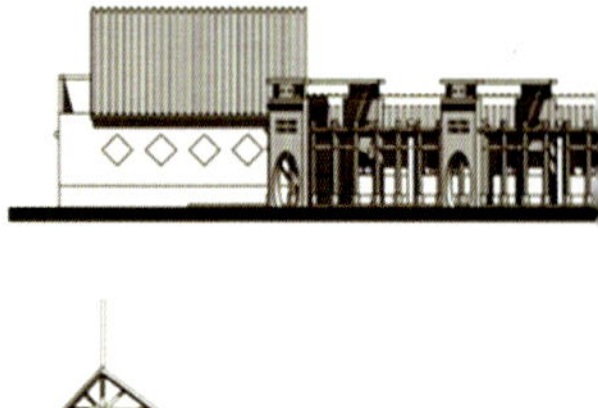

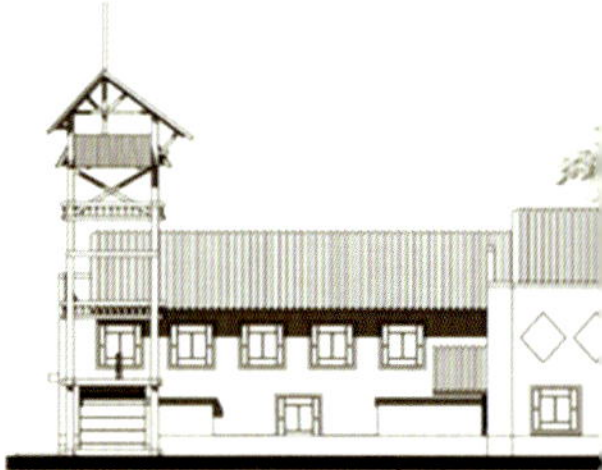

各处局部透视图

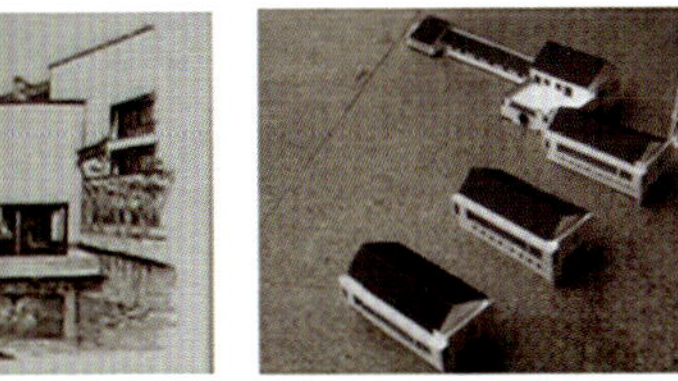
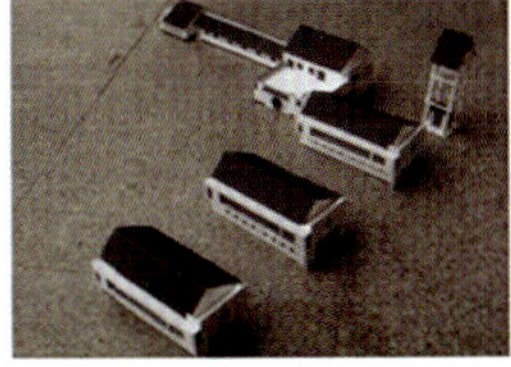

求，确定建

最终确定方案，并制作方案的实体模型

方案生成过程

南立面图 1：400

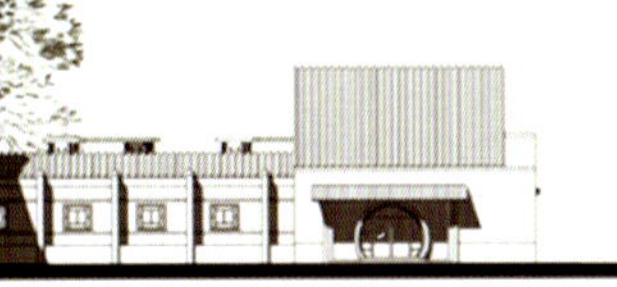

二层平面图 1：400

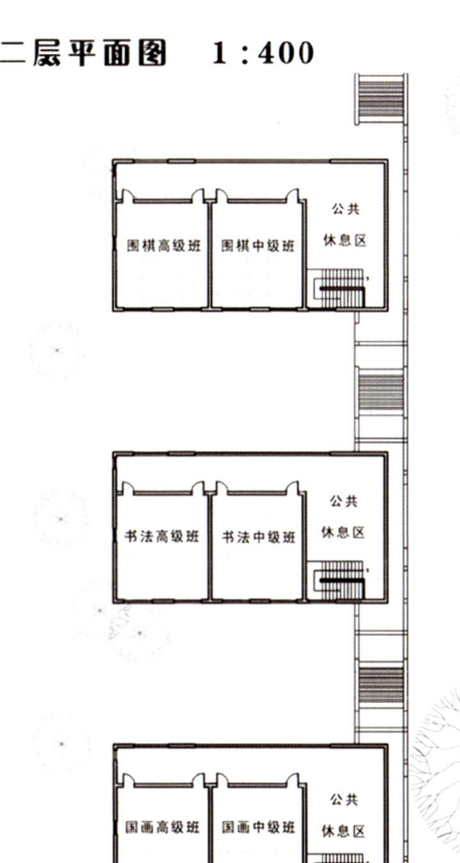

建筑结构与传统结构的探究

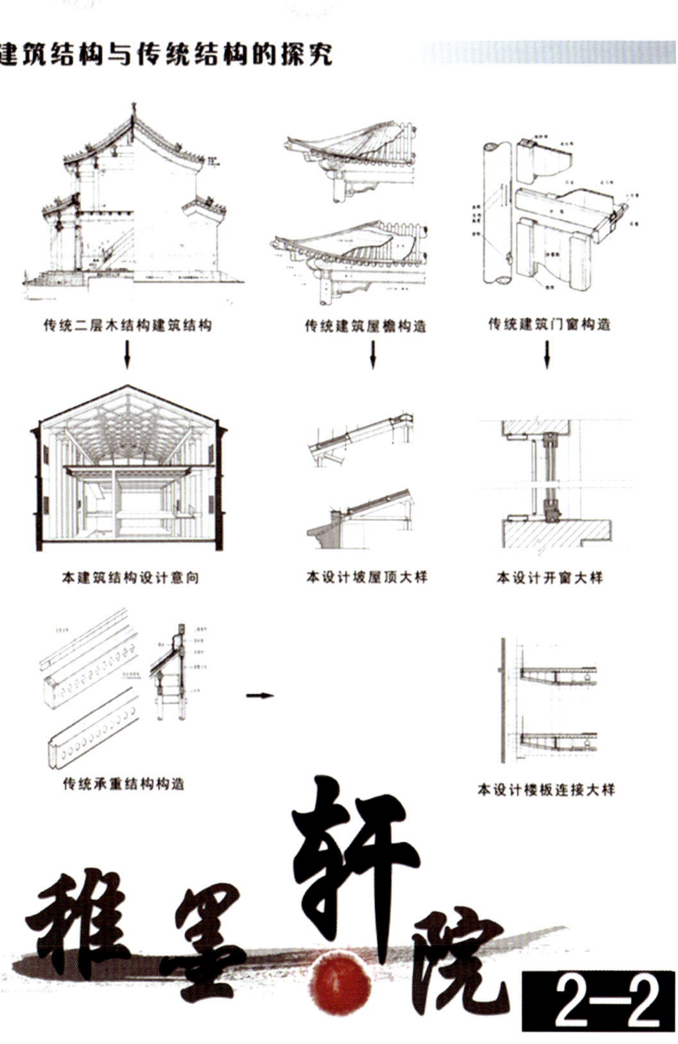

稚墨轩院 2-2

2009年全国高等学校建筑学专业
第8届大学生建筑设计作业观摩和评选
优秀作业

作业名称：文化聚落——沂源县双石屋村儿童普教站设计
作业完成时间：2009年6月
作业时长：8 周
作者姓名：侯正大 仲伟君 张国凡
指导教师：郝赤彪 郝占鹏 解旭东

Selected Excellent Work of
8th Observation and Evaluation of Students' Architectural Design Works in Universities,
National Universities Architecture Speciality,2009

Title: Settlement of Culture—Education Center for Children in Shuangshiwu Village, Yiyuan County
Submitting Time: June 2009
Duration: 8 weeks
Authors: Hou Zhengda, Zhong Weijun, Zhang Guofan
Instructors: Hao Chibiao, Hao Zhanpeng, Xie Xudong

课程作业性质及规模：

为解决贫困山区孩子上学难、学难上的问题，拟在沂蒙山区试验设计一所依托村庄的普教站。

设计要求建筑要尊重当地的建筑文化特色，做到与当地自然生态和谐共生，同时加以现代化的科技设施，满足使用功能上的需求。

教师评语：

建筑布局活泼、紧凑、有机，整体性好。同时结合地形环境特色，营造出一系列积极的室外空间系统，建筑很好地融入到地形环境中。

建筑内部空间组织丰富，功能组织分区明确，流线清晰。

建筑形象设计深入，多种建筑材料的综合运用，有鲜明的地域特色和较好的时代特征。

1 沂源县双石屋村儿童普教站设计 文化 文化聚落

双石屋，沂河源头的村子，山水纵横，交通闭塞。这里曾经是沂蒙文化的发祥地，醇厚的民情，孕育了一代代沂源人…然而在当今社会主义新农村快速建设时，大山之中却依然信息闭塞。

如今形式多样的文化下乡在全国各地农村如火如荼地开展着，在农村的露天演出，上千人观看已不罕见，足见农民对文化之渴望、文化下乡之及时。

然而——仅仅把文化送下乡是不够的。

送戏、送书、送电影、送科技，对农民来说仅仅是一种“喂食”式的帮助，送什么，农民就被动地接收什么，因此导致农民从文化的表现形式到文化种类都不能由自己选择，针对性不强。蜻蜓点水式的“送文化下乡”已远远不能满足当代农民对文化的需求，只有弘扬建设农民自己的乡土文化，才是解决农村文化困境的有力手段。

于是——变“送”文化为“种”文化。

真正意义上的农村文化应让农民唱主角。农民自办文化承载着农民对生活深刻的认识，蕴涵着农民独特而又深具哲理的心理特征，在今天以及将来都必然成为推动农村文化事业发展的主要动力。“星星之火可以燎原”。“种”下去的文化火种,必然日益影响和带动着农村文化的发展。

面对这个深山中的村子，面对着同样渴望知识的孩子和农民，我们深深地感觉到，他们需要一所这样的小学：

它是开放的，是共享的，是面向整个山村的，是以小学的形式承载和发展双石屋村的文化的——共享校园。

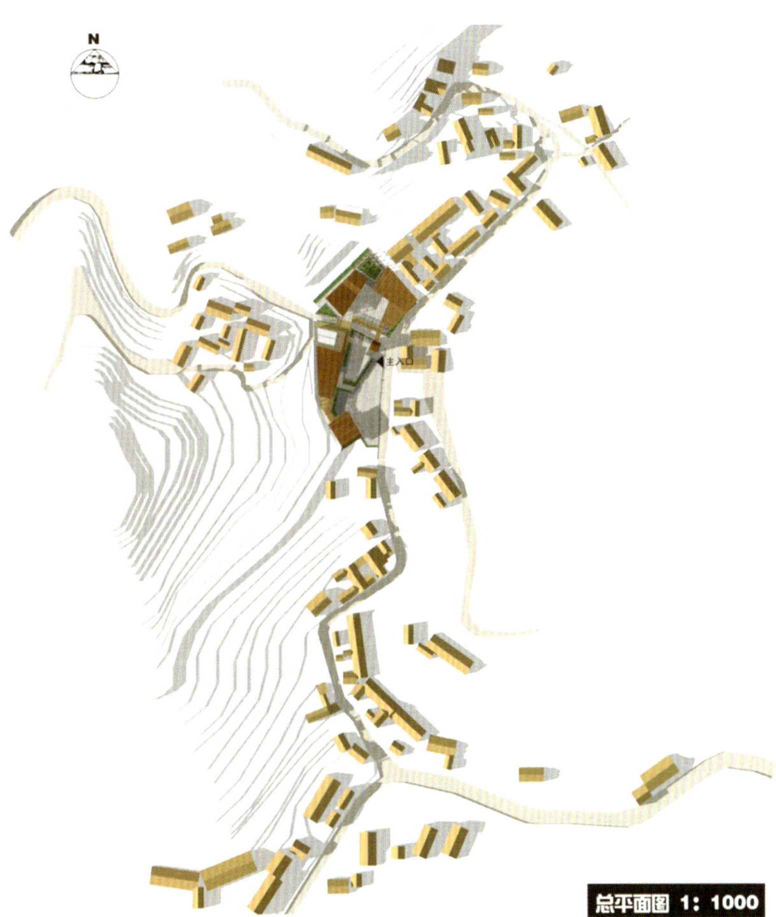

总平面图 1：1000

溯源沂蒙文化■

承载沂源历史■

建设社会主义新农村■

经济技术指标

用地面积：2130 m²

建筑面积：1100 m²

占地面积：890 m²

容 积 率：0.51

绿 化 率：32%

2 沂源县双石屋村儿童普教站设计调研 文化聚落

前期实地调研
领悟设计主旨
思考普教站设计方向

区位分析

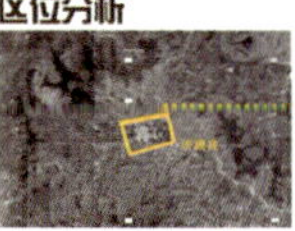

山东省沂源县地处鲁中山区腹地，位于东岳泰山东部，沂蒙山区西北部边缘，淄博市最南端，因是山东第一大河---800里沂河的发源地而得名，是山东省平均海拔最高的县。县域东西长55.6公里，南北宽52.2公里，总面积1636平方公里，辖9镇4乡。

三岔乡位于沂源最北部，海拔800米以上地势险峻，沟壑幽深。人多地少，人均9分田3亩山，当地人的经济来源以种茶为主。

地理气候分析

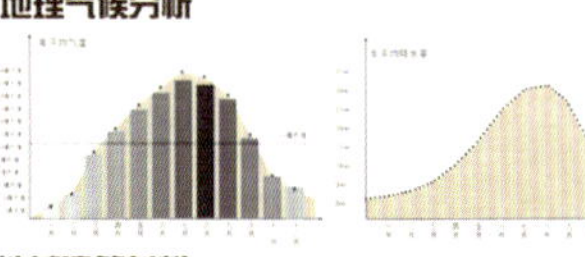

该地属温带季风区域大陆性半湿润气候，四季分明，年平均气温11.9℃，无霜期189天，平均日照时数2660.6小时，年平均降雨量720.8mm。

地域建筑材料

该地区拥有丰富的石材资源，包括花岗岩、石英石、长石、蛭石、焦宝石、紫晶石、石灰石等。其中花岗岩储量达2亿立方米。

该地林业资源比较丰富，活立木蓄积量达400万亩，其中包括很大比例的速生丰产林。森林覆盖率达66%左右。

调研钢笔速写

材质分析

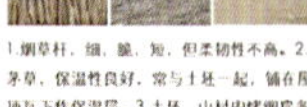

1.烟草杆，细，脆，短，但柔韧性不高。2.茅草，保温性良好，常与土坯一起，铺在屋顶瓦下作保温层。3.土坯，山村内烤烟房多用土坯墙围护，干燥性好，但易遭虫蛀。

1.石料加工为片状，不明显分层。2.石料加工规格较准确，分层砌筑，缝隙用砂浆填平。3.石料加工较粗，规格大小各异，排列不规则。4.石料加工较粗，规格大小各异，排列不规则，缝隙用砂浆填平。5.石料按大小加工为块状与片状，两种石材混砌，块状大石点缀于片状石砖中。

基地现状

基地选址处是山村内唯一的较大开阔空地，目前被村民开垦出梯台种蔬菜，晒粮食和堆放垃圾。

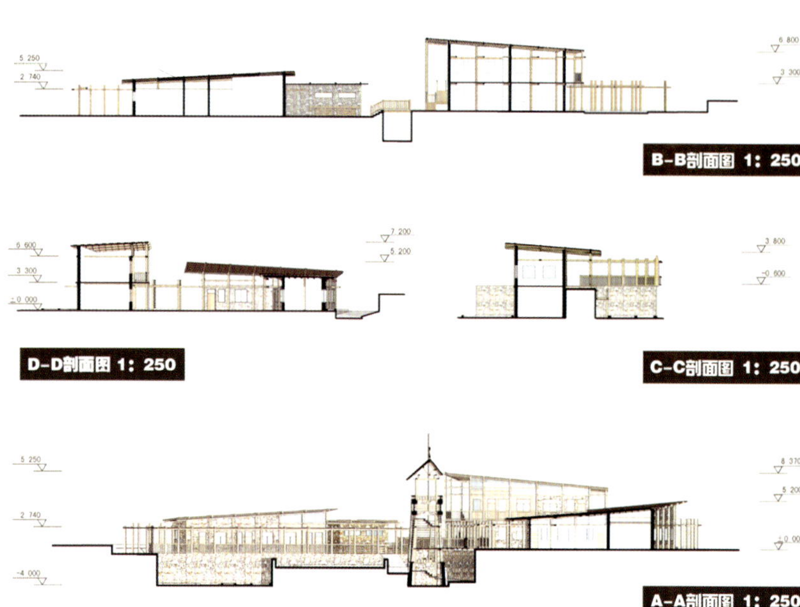

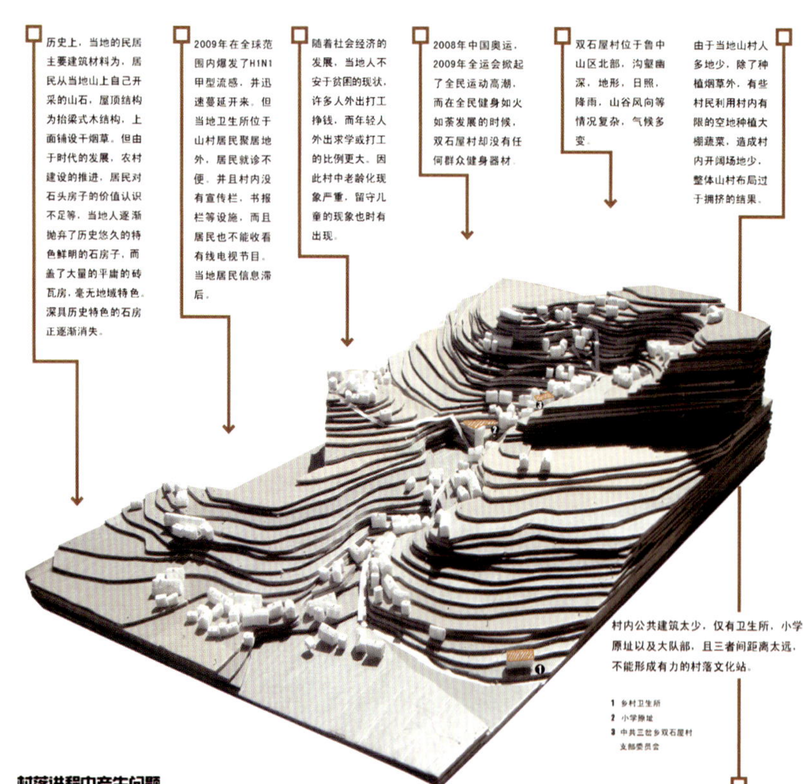

历史上，当地的民居主要建筑材料为，居民从当地山上自己开采的山石，屋顶结构为抬梁式木结构，上面铺设干烟草。但由于时代的发展，农村建设的推进，居民对石头房子的价值认识不足等，当地人逐渐抛弃了历史悠久的特色鲜明的石房子，而盖了大量的平庸的砖瓦房，毫无地域特色。深具历史特色的石房正逐渐消失。

2009年在全球范围内爆发了H1N1甲型流感，并迅速蔓延开来。但当地卫生所位于山村居民聚居地外，居民就诊不便。并且村内没有宣传栏，书报栏等设施，而且居民也不能收看有线电视节目。当地居民信息滞后。

随着社会经济的发展，当地人不安于贫困的现状，许多人外出打工挣钱，而年轻人外出求学或打工的比例更大。因此村中老龄化现象严重，留守儿童的现象也时有出现。

2008年中国奥运，2009年全运会掀起了全民运动高潮，而在全民健身如火如荼发展的时候，双石屋村却没有任何群众健身器材。

双石屋村位于鲁中山区北部，沟壑幽深，地形，日照，降雨，山谷风向等情况复杂，气候多变。

由于当地山村人多地少，除了种植烟草外，有些村民利用村内有限的空地种植大棚蔬菜，造成村内开阔场地少，整体山村布局过于拥挤的结果。

村内公共建筑太少，仅有卫生所，小学原址以及大队部，且三者间距离太远，不能形成有力的村落文化站。

1 乡村卫生所
2 小学原址
3 中共三岔乡双石屋村支部委员会

村落进程中产生问题

3 沂源县双石屋村儿童普教站设计 基地策略与空间情结 文化聚落

解读共享空间■
深度基地分析■
确定开放性设计意向■

资源与能源的和谐利用

该设计充分考虑到环保和运营成本问题，设计初便考虑将能源和资源的循环利用。布置沼气设备，并以沼气池为中心设计一系列相关建筑。将这一部分定义为校园服务区域，供气供暖。

在建筑形式上，利用了一定的被动节能方式。例如，将传统的屋檐加以处理，使其在夏季能够有效地避免太阳直射，与墙面绿化共同达到遮阳效果。夏季利用室外的热压与风压，将室内的热空气排到室外，使室内通风良好。冬季夯土石墙可以很好地保温隔热。依次节约能源，达到与自然和谐的目的。

资源与能源循环利用图

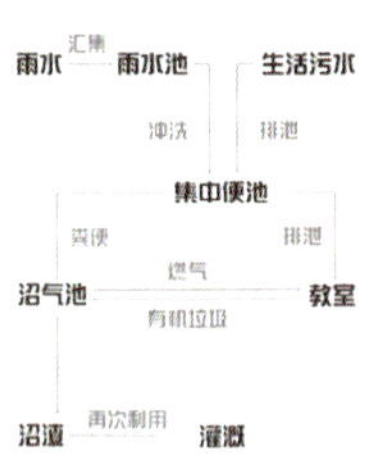

基地概况分析

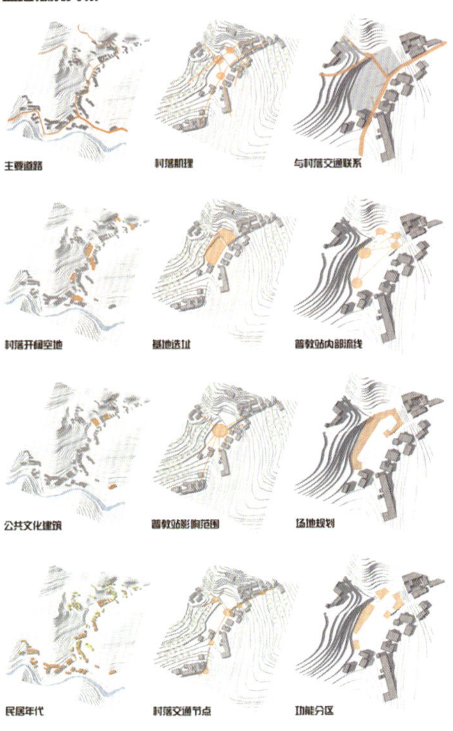

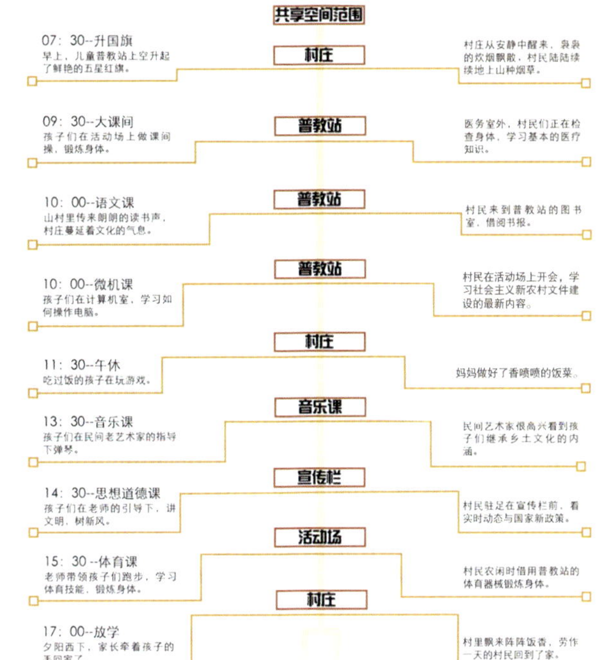

解读共享空间

作为村落中的普教站，不但有普及教育的责任，还担负着推动整个村落文化前进的任务。为使普教站成为双石屋村的文化中心，并最大化其影响范围，我们提出学生和村民可以共同使用普教站，即普教站成为村落的共享空间。

调研发现，需要文化的不仅是学龄学生，年轻人出外打工或上学，他们有更高层次的文化需求，中年人操持家庭，在农务和家务上他们需要一定的科学指导，老年人在家中孤独寂寞，这也为他们提供了休闲和学习的空间。

南立面图 1：250

东立面图 1：250

模型照片

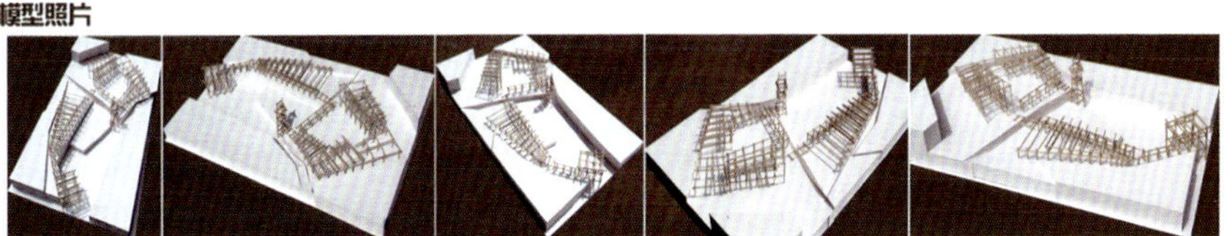

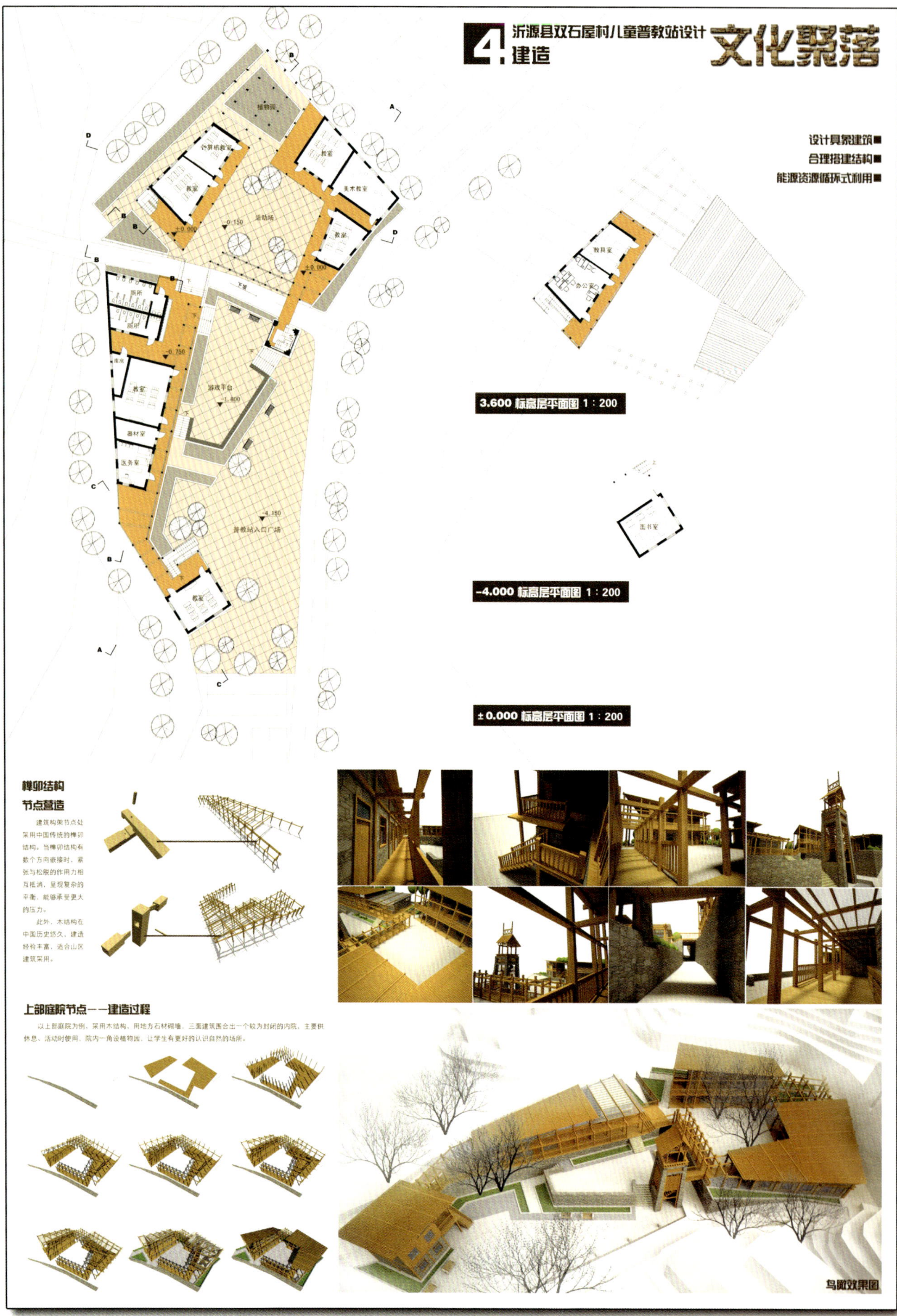
4 沂源县双石屋村儿童普教站设计 建造
文化聚落
设计具象建筑■
合理搭建结构■
能源资源循环式利用■
植物园
计算机教室
教室
美术教室
活动场
厕所
库房
游戏平台
器材室
医务室
普教站入口广场
教具室
办公室
图书室
3.600 标高层平面图 1 : 200
-4.000 标高层平面图 1 : 200
±0.000 标高层平面图 1 : 200
榫卯结构
节点营造
建筑构架节点处采用中国传统的榫卯结构。当榫卯结构有数个方向嵌接时，紧张与松脱的作用力相互抵消，呈现复杂的平衡，能够承受更大的压力。
此外，木结构在中国历史悠久，建造经验丰富，适合山区建筑采用。
上部庭院节点——建造过程
以上部庭院为例，采用木结构，用地方石材砌墙，三面建筑围合出一个较为封闭的内院，主要供休息、活动时使用，院内一角设植物园，让学生有更好的认识自然的场所。
鸟瞰效果图

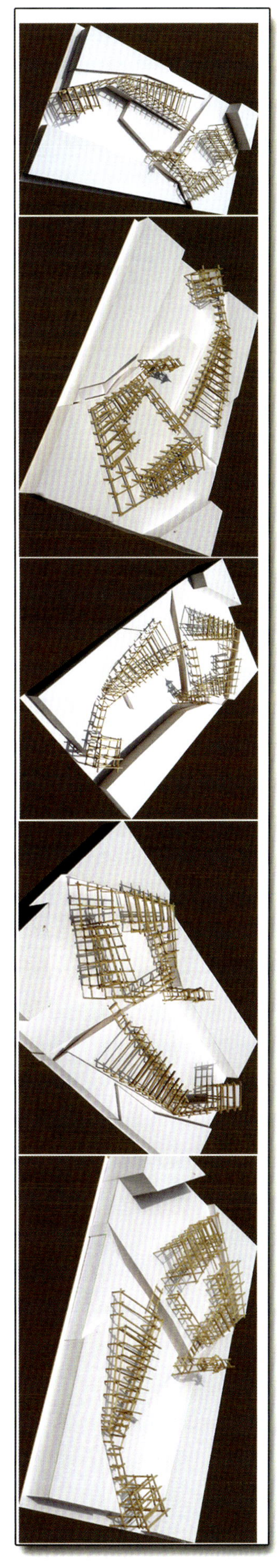

2006年全国高等学校建筑学专业
第5届大学生建筑设计作业观摩和评选
优秀作业

作业名称：竹文化展示中心设计
作业完成时间：2006年5月
作业时长：10周
作者姓名：席伟东
指导教师： 毕胜 郝赤彪

Selected Excellent Work of
5th Observation and Evaluation of Students' Architectural Design Works in Universities,
National Universities Architecture Speciality,2006

Title: Center of Folk Custom
Submitting Time: May 2006
Duration: 10 weeks
Author: Xi Weidong
Instructors: Bi Sheng，Hao Chibiao

教师评语：

建筑设计体现了该生较好的探索精神，建筑设计通过对南方竹林特点的分析和提炼，形成了方案的主导设计思想，同时结合现代的结构设计理念，形成了方案的整体造型风格，体现了传统与现代的有机结合。自由形体与方形主体的穿插结合，增强了方案的灵活性，同时也增强了方案的表现力。对建筑采光、通风方面的思考，也体现了该生对方案的理解深度。

修竹满山
绿荫环径
风吹影舞
芳馨清逸
新城区
总平面图 1:500
基地面积：6825 m²
建筑面积：3951.6 m²
建筑密度：32.6%
容 积 率：0.58
绿 化 率：43.5%
车行入口
办公入口
主入口
城市公园
步行街
旧城区
通往莫干山“大竹海”
保留民居
水乡小城在岁月的洗礼下略显苍老
边沿的旧城区也被刻上了时间的烙印
随着意识的提高，古老的建筑焕发生机
新城区迅速崛起，水乡风貌依旧
环境分析
周围环境反映城市的发展过程
环境的时间和空间序列在基地中汇聚
追求视线的可达性并避免不利视觉景观
水缸拉近建筑与民居在时间和空间上的距离
“竹林”自然地成为了城市公园的“建筑小品”
提供开敞的空间
考虑光照和通风的影响
创造出有别于底层空间的视觉感受
引入地域性建筑符号
从整体上考虑结构要求
基地选址在浙江德清县，这是一个典型的江南水乡小城，境内有江南第一名山——莫干山。竹，是莫干山“三胜”之冠，以其品种之多、品位之高、覆盖面积之大列于全国之首、世界之最。景区及外围区有连片竹林127平方公里，有诗云：“竹径数十里，供我半月看。”“竹”带动了城市手工业、旅游业、农业的发展，对人们的物质生活和精神生活起着非常重要的作用。
基地的位置正处于城市时间和空间上最核心的位置，见证着城市发展的变迁：西南面是城市公园（理解为城市最原始的状态）；南面是小桥流水，古朴民居；东面是在某种状态下形成的拥挤不堪、略显破败的旧城区；而北面则是规划严谨，如火如荼建设中的新城区。这是城市发展的一个序列，并在基地周围呈环状。
65
CENTER OF FOLK-CUSTOM
文化展示中心环境等同
看到竹子，人们自然想到它不畏逆境、不惧艰辛、中通外直、宁折不屈的品格，这是一种取之不尽的精神财富，也正是竹子特殊的审美价值所在。没有哪一种植物能够像竹子一样对人类的文明产生如此深远的影响，我们把竹子给人类物质文明和精神文明带来的作用和影响，称为竹文化。竹文化内涵十分丰富和独特，影响着中国人的审美观和审美意识以及伦理道德，对中国文学、绘画艺术、工艺美术、园林艺术、音乐文化、宗教文化、民俗文化的发展，有着极其重要的促进作用。
当所处这环形最中央时，这个时空的序列愈加清晰。在这里盖房子，它不该牵强地属于其中任何一环，因为现在建得已无法回到过去的时间，在空间尺度上也今非昔比了。但如果想片面地强调建筑从环境中脱颖而出，又只能造成环境的混乱与建筑在环境中的孤立境地。正由于这种特殊性和地域性，运用非建筑的手法，将环境等同，把时间、空间交织在一方“青青竹林”中，“竹林”形成了如同人们在公园中自由散步的连续空间，提供开放互动的视野景观，让这样的景色在开放性的场所中会聚，成为整座城市的交往空间，周遭的一切都在这溶解。
我看环境，是城市的变迁
环境看我，一方竹林

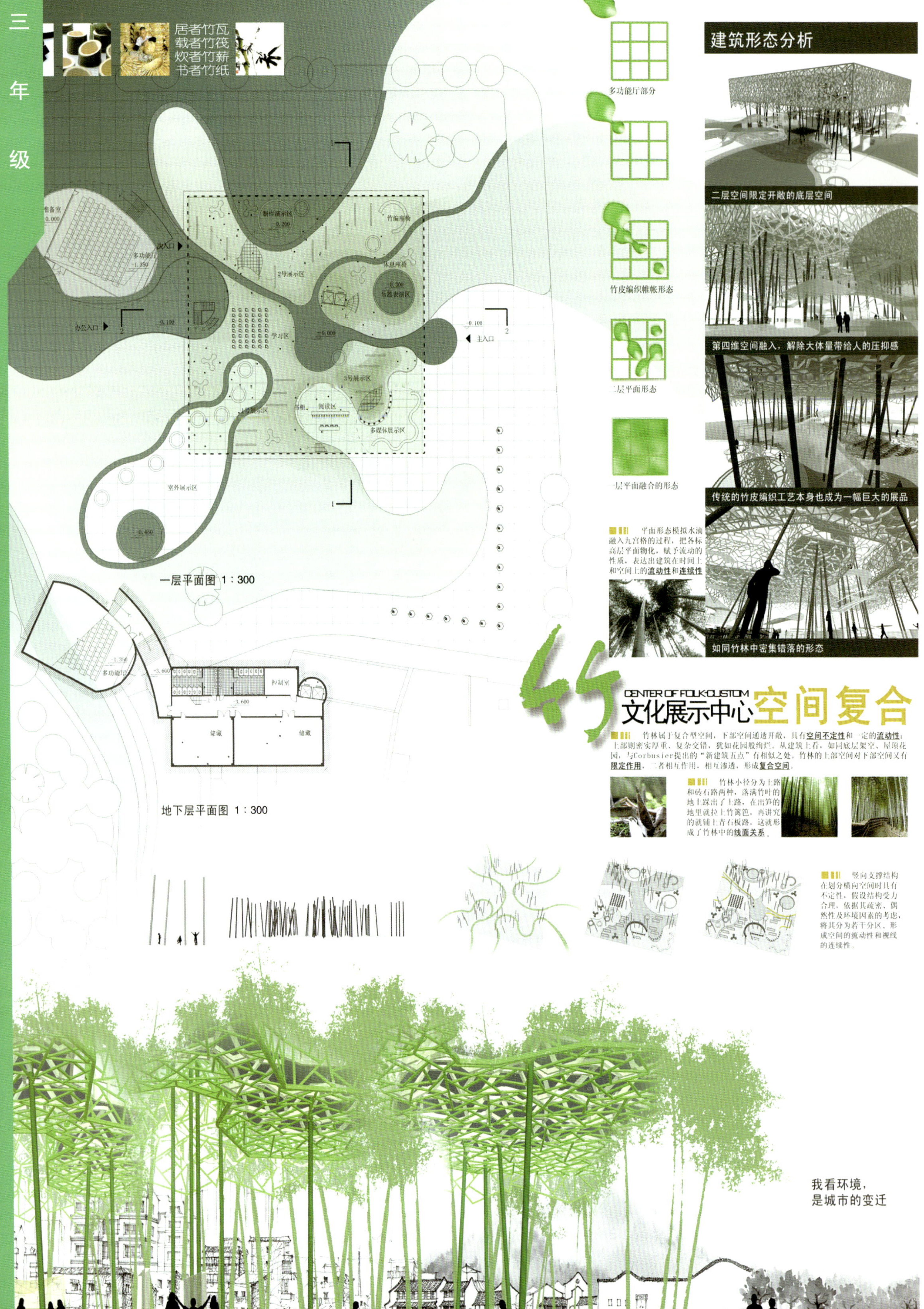
居者竹瓦
载者竹筏
炊者竹薪
书者竹纸
建筑形态分析
多功能厅部分
竹皮编织帷帐形态
二层平面形态
一层平面融合的形态
二层空间限定开敞的底层空间
第四维空间融入，解除大体量带给人的压抑感
传统的竹皮编织工艺本身也成为一幅巨大的展品
如同竹林中密集错落的形态
平面形态模拟水滴融入九宫格的过程，把各标高层平面物化，赋予流动的性质，表达出建筑在时间上和空间上的流动性和连续性
一层平面图 1：300
地下层平面图 1：300
45
CENTER OF FOLK-CUSTOM
文化展示中心空间复合
竹林属于复合型空间，下部空间通透开敞，具有空间不定性和一定的流动性；上部则密实厚重、复杂交错，犹如花园般绚烂。从建筑上看，如同底层架空、屋顶花园，与Corbusier提出的“新建筑五点”有相似之处。竹林的上部空间对下部空间又有限定作用，二者相互作用，相互渗透，形成复合空间。
竹林小径分为土路和砖石路两种，落满竹叶的地上踩出了土路，在出笋的地里就拉上竹篱笆，再讲究的就铺上青石板路，这就形成了竹林中的线面关系。
竖向支撑结构在划分横向空间时具有不定性，假设结构受力合理，依据其疏密、偶然性及环境因素的考虑，将其分为若干分区，形成空间的流动性和视线的连续性。
我看环境，
是城市的变迁

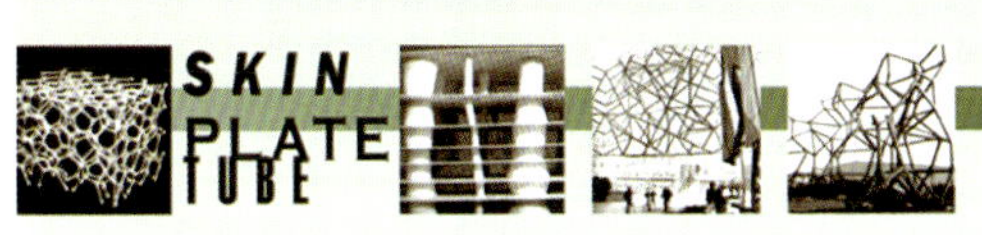

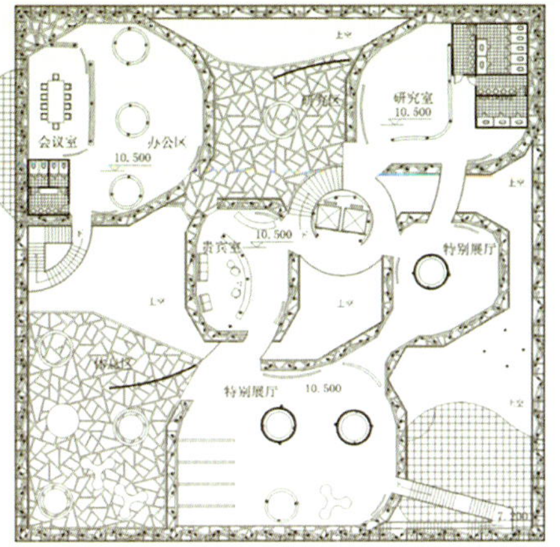

二层平面图 1：300

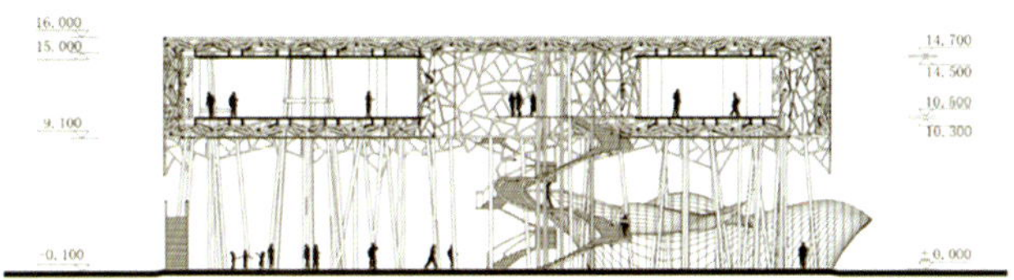

1-1 剖面图 1：300

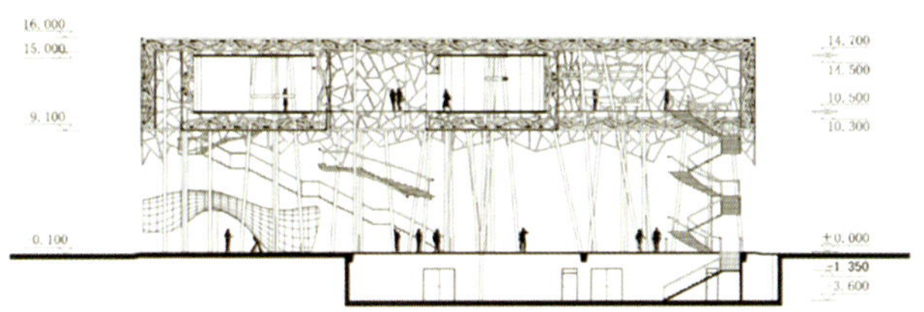

2-2 剖面图 1：300

运用特别设计的**母板**，可旋转90度任意拼接，可在实际施工中实现工业化生产与预制安装

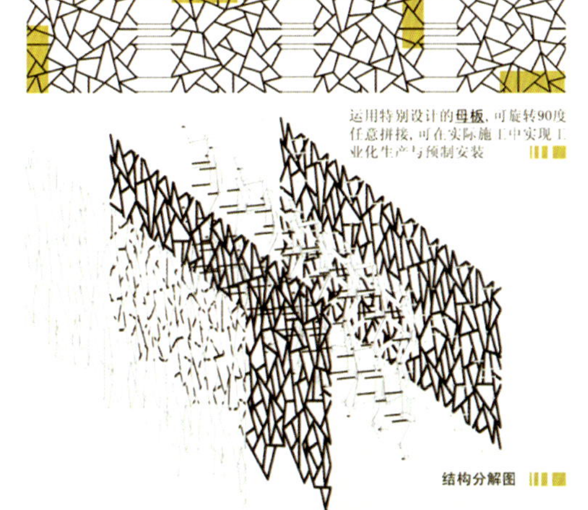

结构分解图

竹 CENTER OF FOLK-CUSTOM 文化展示中心结构技术

考虑到特殊展品的展出条件和要求及相关的**使用功能**，就需要一部分私密性较强的空间，就形成了竹林中的上部空间，如同竹叶，伸向空中，紧密地交织在一起。

引入江南的**地域性符号**——花格窗，使之成为建筑表皮（skin），从而改变了人们在二层空间往外看的视觉感受，出现了朦胧的江南水乡的**映像视觉**。

建筑表皮（skin）作为**次结构**与空间网架的**主结构**共同受力，与成组的竖向支撑结构（tube）、构造钢楼板（plate）成为一整套承重受力系统。

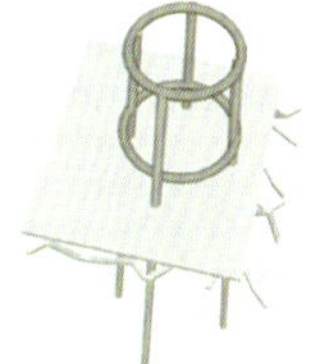

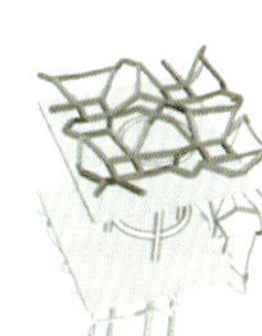

环境看我，一方竹林

北立面图 1：250

西立面图 1：250

2006年全国高等学校建筑学专业
第5届大学生建筑设计作业观摩和评选
优秀作业

作业名称：老城新生——青岛中山路商业旅游区8#地块改造设计
作业完成时间：2006年5月
作业时长：8周
作者姓名：石新羽
指导教师：毕胜 郝赤彪

Selected Excellent Work of
5th Observation and Evaluation of Students' Architectural Design Works in Universities,
National Universities Architecture Speciality,2006

Title: Old Town, New Space—The Remould Design of the 8th Block of Zhongshan Road in Qingdao
Submitting Time: May 2006
Duration: 8 weeks
Author: Shi Xinyu
Instructors: Bi Sheng, Hao Chibiao

教师评语：

设计中体现了明确的城市设计理念，新建筑的设计风格与旧建筑协调一致，并体现出自身的时代印记。设计着重考虑了供人滞留的设施（如供休憩的台阶）和活动场景。

新建建筑物与该历史街区的整体风貌相适应，建筑、空间取得与历史街区的连续，包括历史的延续性、空间和街区界面的连续性以及功能的连续性。

青岛中山路商业旅游区8#地块改造设计

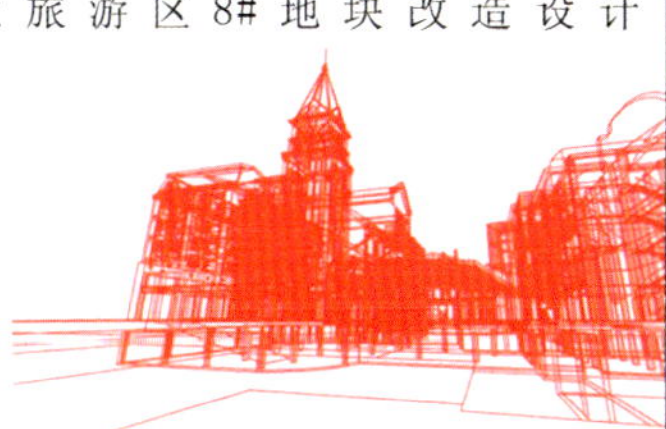

老城新生

OLD TOWN NEW SPACE I

The Remould Design of the 8th Block of Zhongshan Road in Qingdao

Introduction / 项目介绍

Location & Background / 区位与背景

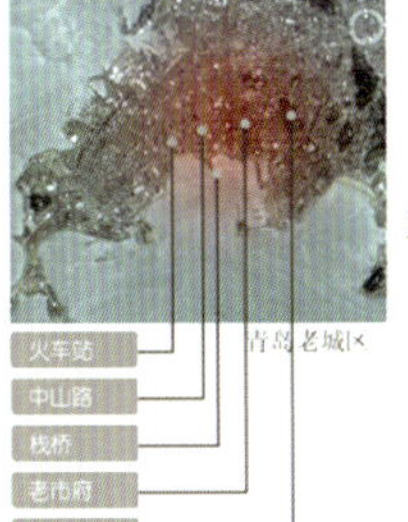

美丽的青岛　蔚蓝的大海　欧韵的老城区

青岛原为小渔村，鸦片战争后，清内阁批准青岛设防，为青岛建置之始。1897年、1914年、1938年先后被德国及日本（两次）占领。青岛成为我国与西方碰撞与交流的一个关键点，青岛的发展成为中国近现代史的一个“缩影”。

青岛这片土地上遗留着的蕴涵着浓郁欧洲文化色彩的建筑，记录的是一种历史的真实，也铭刻了一段痛苦的记忆，是这座城市及全人类共同的宝贵遗产。

Zhongshan Road / 中山路

百年商业老街　“一条路就是一本书”

中山路全长1500米，是拥有百年历史的商业走廊，她与青岛城市历史的进程同步，堪称青岛的“母脉”。

随着青岛城市化和工业化的进程，城市空间开发沿海岸线不断向东推进，原集聚中山路的市场要素逐渐被分流、吸走，中山路逐年衰退，呈现相对萧条的状态。
中山路商业区是一个亟待复兴的区域。

Guangxi Road / 广西路

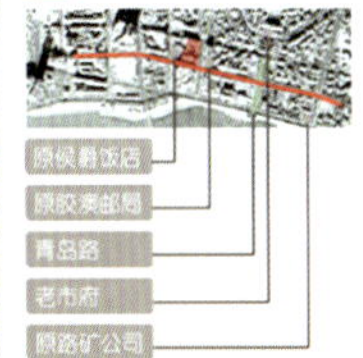

广西路原名“亨利亲王大街”，全长1565米，在许多青岛人的心中是较有记忆的一条马路。德占时期，在这条路的两侧留下了许多优秀的建筑，其后又陆续地兴建了一些在青岛较有影响的建筑，使这条路成为传承青岛建筑文脉的有特色的一条马路。
广西路是德国殖民时期最早完成的街道之一，由于当时在建筑设计方面并没有对艺术风格进行严格的限制，胶州总督 oskarvon truppel 认为新的城市应强调德国民族特性以及与中国城市的差异，新城内的建筑风格应具有鲜明的德国风格。因此，世纪之初的广西路就成了德国设计师们张扬激情、展示个性的建筑试验场。这其中较为著名的建筑有胶澳帝国邮政局、拉尔兹红十字药店、侯爵庭院饭店、吉利百货公司等。

Situation Analysis / 场所分析

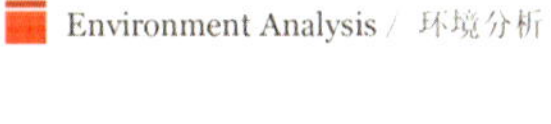

Environment Analysis / 环境分析

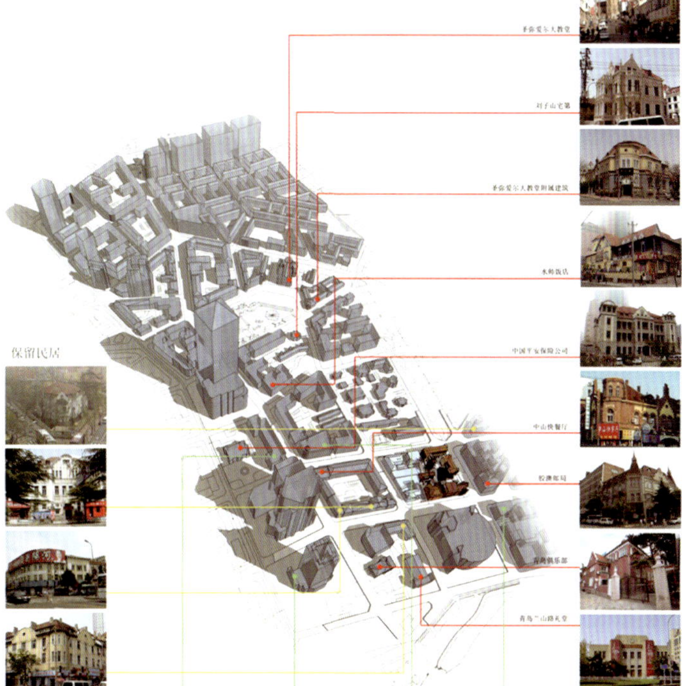

Site Analysis / 场地分析

MAIN PLAN　1:500

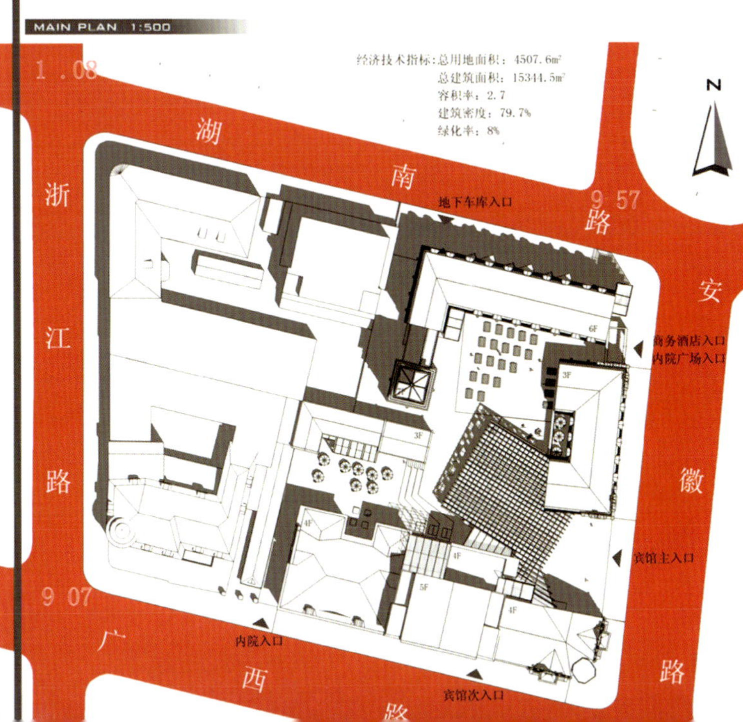

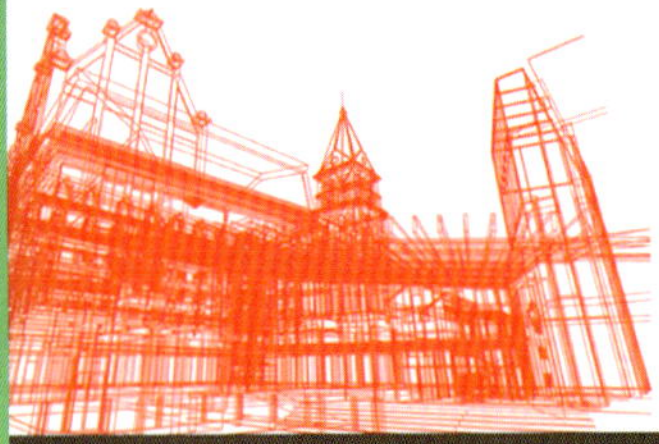

老城新生

OLD TOWN NEW SPACE II

The Remould Design of the 8th Block of Zhongshan Road in Qingdao

SECOND FLOOR PLAN 1:300

FRIST FLOOR PLAN 1:300

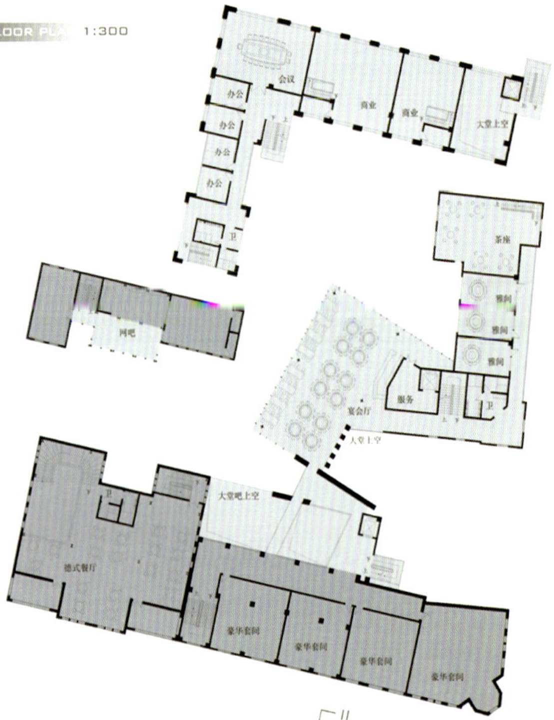

Existent Promblem / 现状问题

Public / 公共空间

缺少公共空间　没有提供足够的供旅游人群活动、停留、游戏的公共场所，个体建筑由于功能和设计的不合理，往往将应该成为旅游人群的公共或至少是半公共空间占为己有，地块内建筑群落所围合的城市空间缺乏梳理、开敞与相互联系，内院的环境质量差

Continuity / 连续性

缺少整体风貌设计　新建筑在建筑形态、体量、风格、色彩等方面与整个中山路历史街区的风貌不协调，破坏了整体的建筑特色和完整性

Building / 建筑物

老建筑大多存在建筑质量差、缺乏必要维护的问题　需要进行加固、改造和重新建造，基础设施不完备，在使用上达不到现代化的使用要求

Traffic / 交通

缺少静态停车位置　机动车道干扰了人的步行延续性

Principle & Concept / 原则和态度

Collage / 拼贴

拼贴城市理论　"城市是一个博物馆"，城市更新是在旧的城市肌理中像编织一样植入新建筑，从而新旧建筑并存，新建筑既要与旧建筑协调，又要在未来的历史中（历史的连续性）留下自身时代印记

Continuity / 连续性

处于历史街区的新建建筑物应与该历史街区的整体风貌相适应，建筑、空间应在符合时代特征、留下时代印记的同时取得与历史街区的连续，包括历史的延续性，空间和街区界面的连续性以及功能的连续性等

Public / 公共空间

作为旅游为主体的城市环境，空间的开放性是一个重要的指标：它不同于一般的空地或绿地，需要有人的活动和行为发生，所以需要有使人滞留的设施（如供休憩的台阶）和活动（如集会、节日、游行等）空间

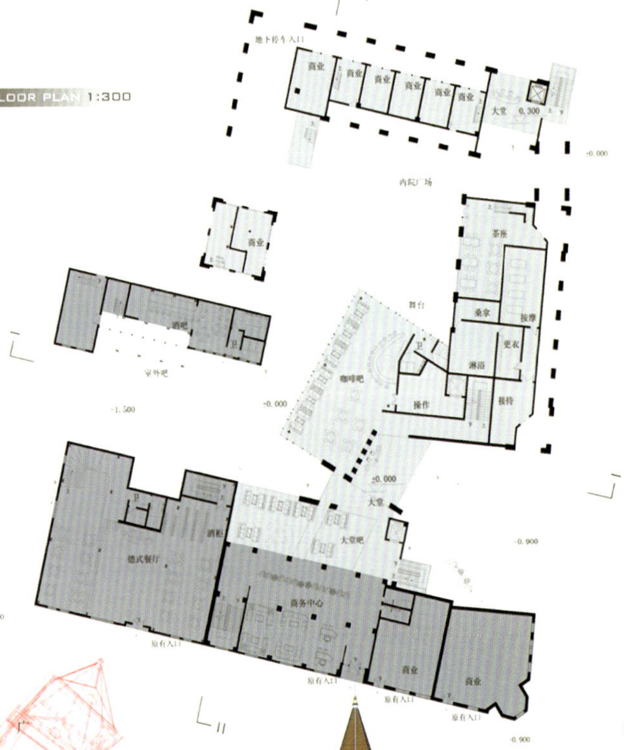

UNDERGROUND FLOOR PLAN 1:300

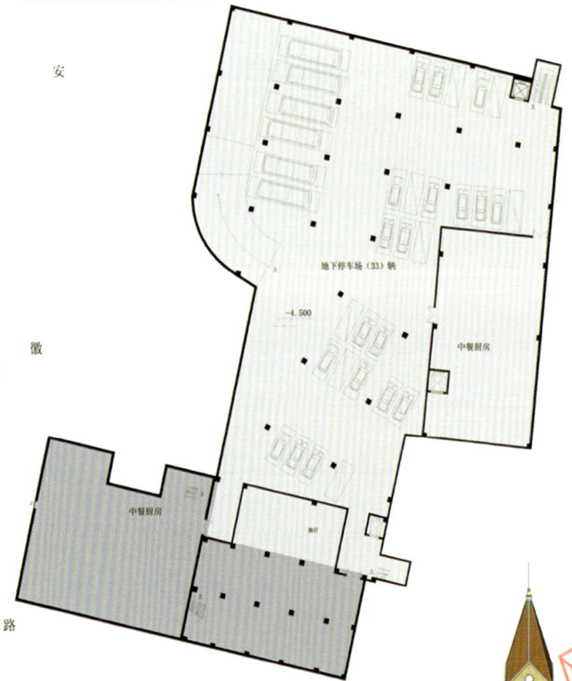

安徽路

西

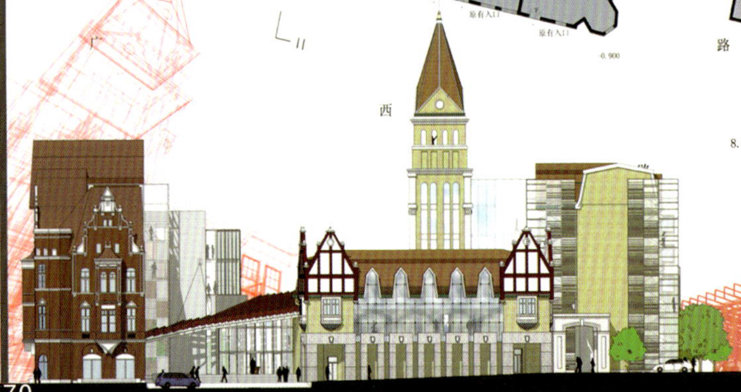

EAST ELEVATION 1:300

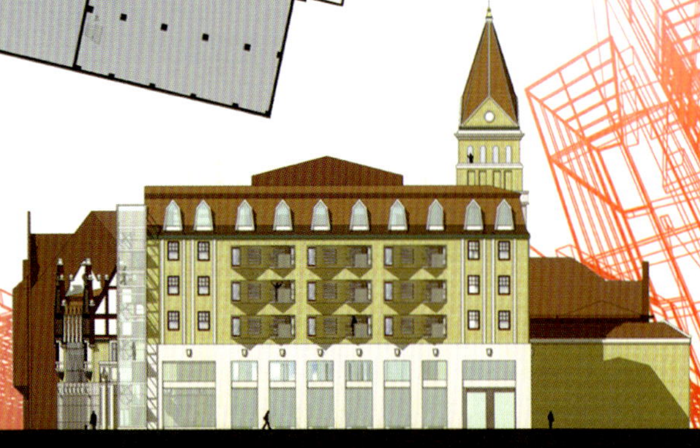

NORTH ELEVATION 1:300

老城新生

OLD TOWN NEW SPACE III

The Remould Design of the 8th Block of Zhongshan Road in Qingdao

Design Process / 设计过程

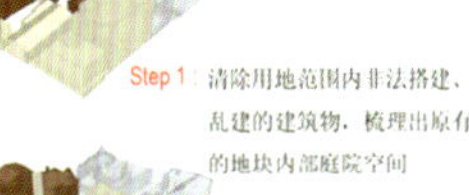

Step 1 清除用地范围内非法搭建、乱建的建筑物，梳理出原有的地块内部庭院空间

Step 2 利用符合区域整体风貌、体现时代特征、延续原有建筑体量的临街建筑，围合内部庭院空间

Step 3 加入欧式塔楼，统领地块，形成视觉中心，营造欧韵广场氛围，取得与区域风貌的连续性

Step 4 从功能出发，利用现代手法对部分保留建筑进行改造和加建，使其满足现代化使用要求

Step 5 利用现代化处理手法的建筑体，连接原有与新建建筑物，形成酒店入口空间，并产生新旧建筑的强烈对比

FIFTH FLOOR PLAN 1:300

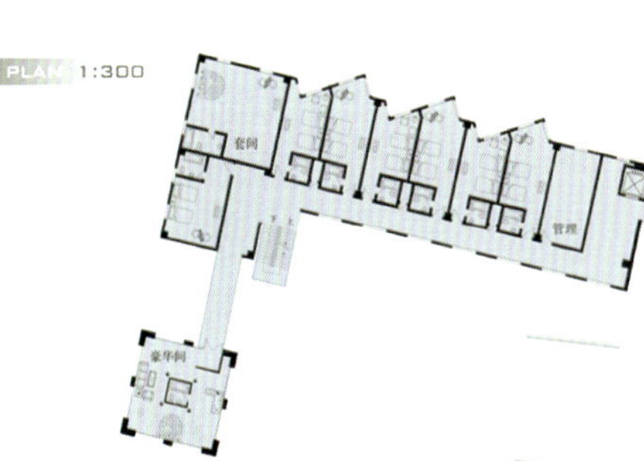

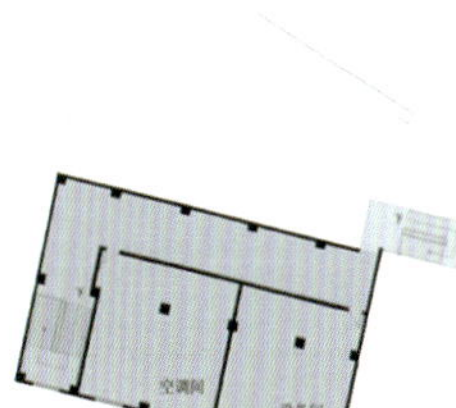

THIRD FLOOR PLAN 1:300

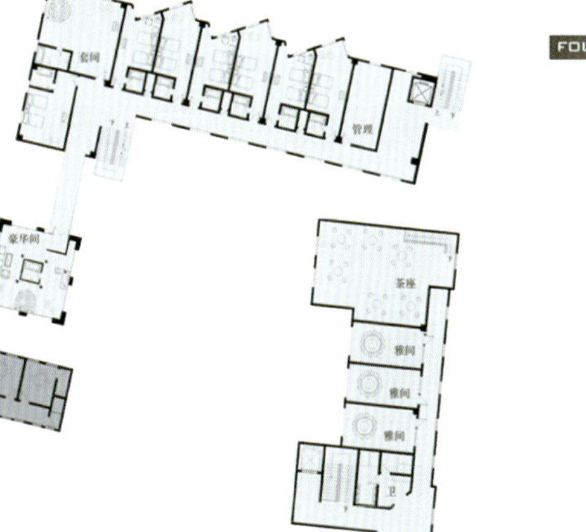

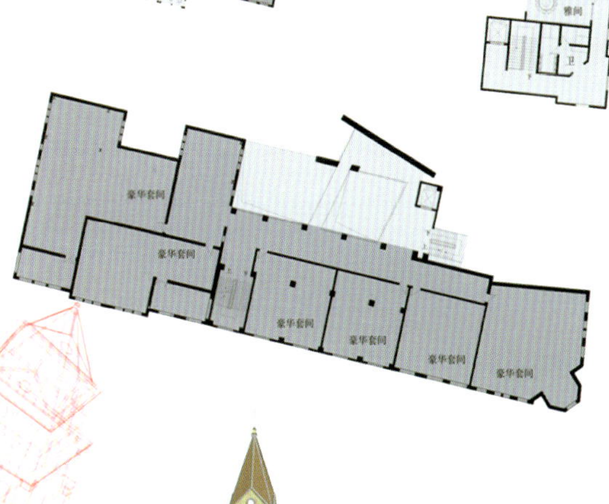

FOURTH FLOOR PLAN 1:300

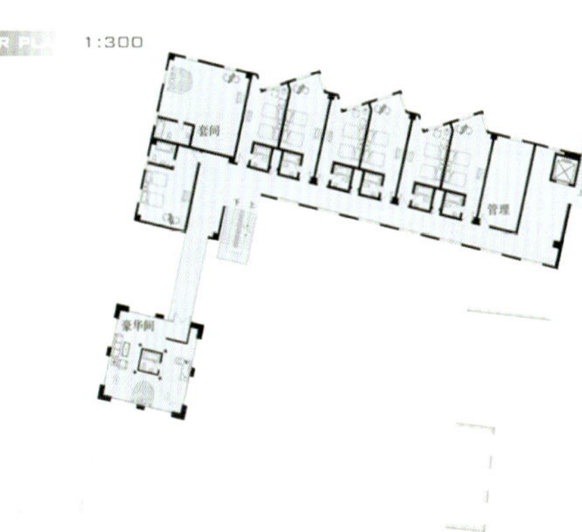

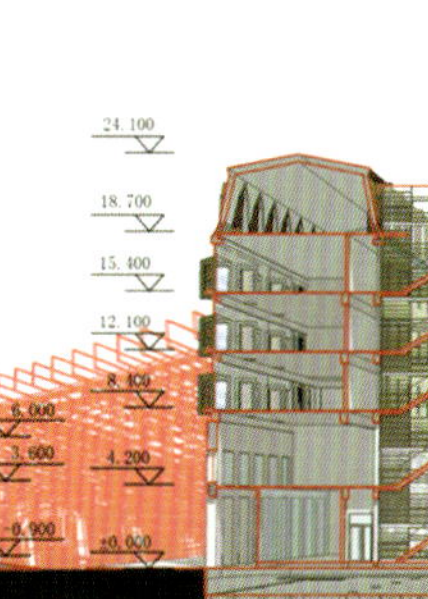

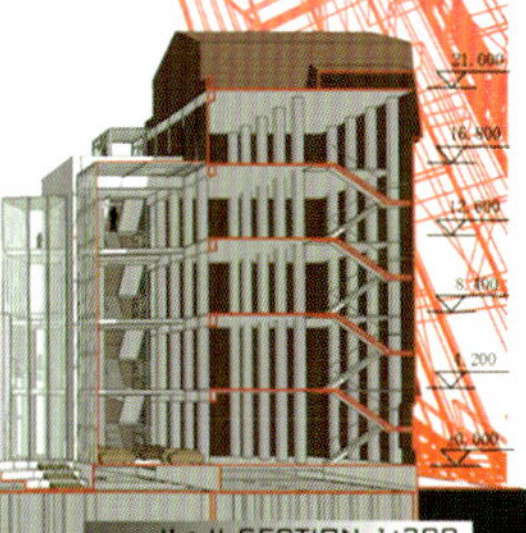

I - I SECTION 1:300

II - II SECTION 1:300

全国高等学校城市规划专业指导委员会主办
2007全国大学生城市规划优秀作业评选
三等奖

作业名称：井田 MALL——青岛市四方旧工业城区更新（海云步行文化商业街区城市设计）
作业完成时间：2007年8月
作业时长：10周
作者姓名：张国栋　张磊
指导教师：郝赤彪　许从宝　解旭东

Third Prize of the 2007 National Students' Design Competition of Urban Planning by China Urban Planning Education Commitee

Title: "#" Shape Mall—Urban Regeneration Design for Haiyun Temple Block in Old Industrial Area in Sifang District,Qingdao.
Submitting Time: August 2007
Duration: 10 weeks
Authors: Zhang Guodong, Zhang Lei
Instructors: Hao Chibiao, Xu Congbao, Xie Xudong

教师评语：

调研内容翔实，对于用地范围内的历史文化和现状问题分析全面。

改造目的明确，功能置换井然有序，建筑群落整体把握得当。

技术指标完善，量表清晰准确。

旧工业城区更新
步行文化商业街区城市设计
建筑质量
一类建筑
二类建筑
三类建筑
建筑使用性质
居住建筑
商业建筑
公共建筑
工业建筑
保护建筑
现状建筑分析
建筑年代
20世纪70年代以前建造
1970年—1980年建造
1980年—1990年建造
1990年—2000年建造
2000年建造
建筑高度
规划范围
1-3层建筑
4-6层建筑
7-8层建筑
9层及以上建筑
相关学科知识在设计中的应用
近500年历史的海云庵
青岛传统民居
近代工业厂房
糖球会举办现场
城市学角度
从城市学纵向发展角度考虑，海云庵地区的建筑包含了明代、民国、建国 50 年代、70、80年代及 90 年代的建筑，发展历史较悠久，形式多样，但布局较混乱，与城市肌理和城市结构形态不协调。
与城市整体形象协调
延续城市肌理
准确职能定位
提供公共活动空间
从城市发展的横向角度考虑
1. 海云庵地区建筑肌理与城市肌理和城市结构形态格格不入。
2. 从整个地区在城市中的职能方面分析，海云庵现主要服务周边居民，随着四方机厂外迁，这将成为城市居住中心，将需要配套公共服务设施，帮设计的过程中要充分考虑此区域历史轨迹的体现，并对它的职能和作用进行准确定位。
向周围环境释放废物质
社会生态学
城市作为亚原生生态圈中重要的组成部分，城市在不断地从环境中汲取物质的同时向周围的环境释放消费物。在达到这两者平衡的情况下，才能实现整个城市环境以及社会生态的平衡。
海云庵民俗文化区
高新产业文化区
商业文化区
海洋文化区
外来文化区
奥运文化区
文化学
文化属和无形遗产，基地内有代表中国传统文化的海云庵，有代表西方文化的基督教堂，也有代表中国近代工业文化的晶华玻璃厂，步行街设计中要做好具有历史价值的文化遗址的保留和非物质文化遗产的传承，在保留的基础上对其文化遗产进行进一步开发。
城市设计中，引入公共生活、多元经济为主体的“井田”商业区，是对传统文化和生活的现代演绎。
现状空间节点
人的活动行为
挑战
1 如何充分利用当地民俗文化的主要资源，既满足众多人口带来的消费压力，又平衡人们要求公共空间环境得到改善的目的，将是步行街改造过程中的关键因素。
2 步行街区改造后如何进行景观设计和地上、地下空间的有机衔接。
3 改成步行街区以后如何缓解杭州路等城市干道的交通压力，同时又不影响南北向穿越该区域的竖向交通，将成为一个重点关注的内容。
青岛渔村
基督教堂
糖球雕塑
玻璃厂烟囱
井田空间
昨天
今天
明天
戏台
海云庵
海云庵广场
玻璃厂厂房
MALL

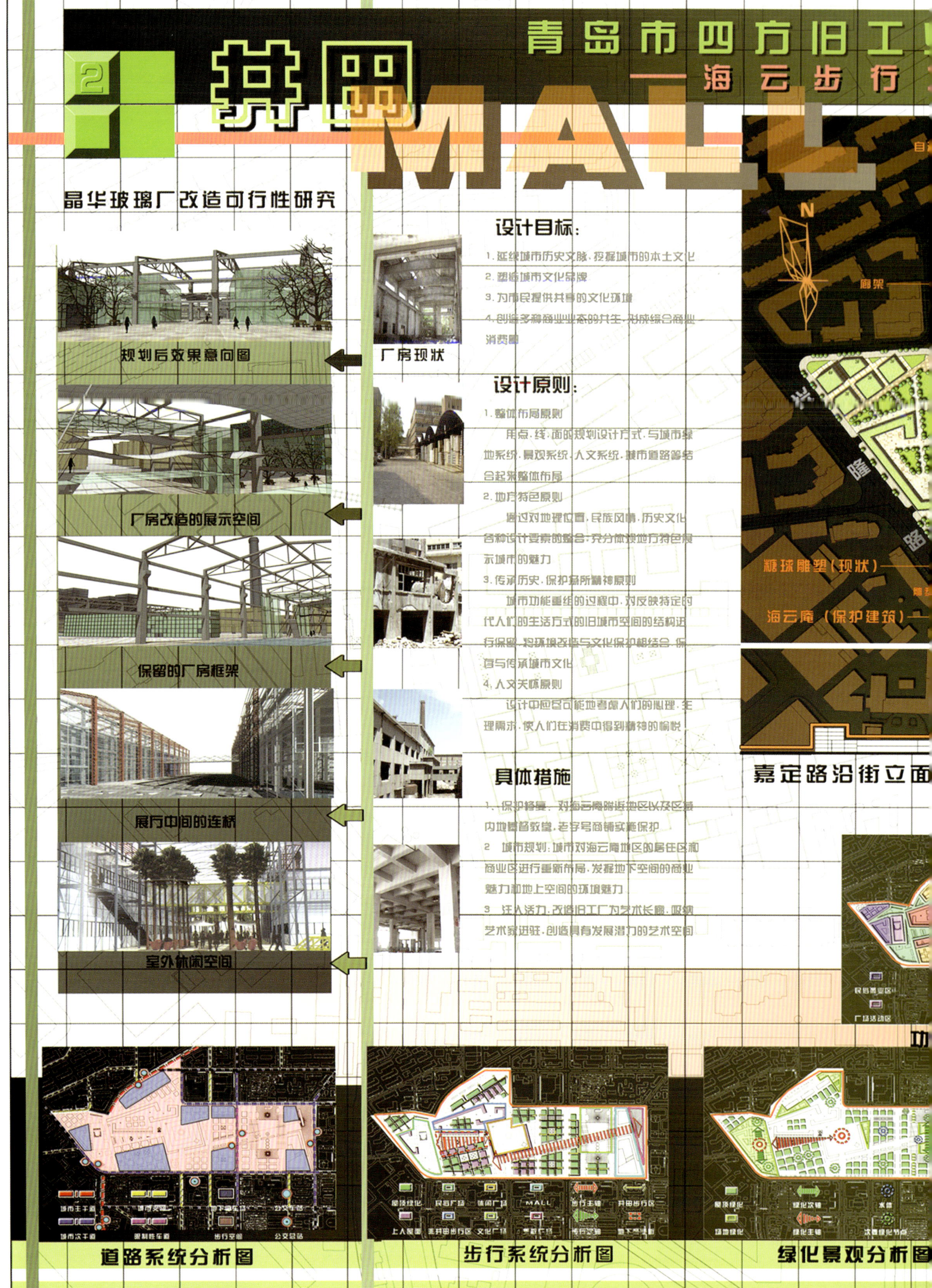

青岛市四方旧工
——海云步行
2
拼图
MALL
晶华玻璃厂改造可行性研究
规划后效果意向图
厂房现状
厂房改造的展示空间
保留的厂房框架
展厅中间的连桥
室外休闲空间
设计目标：
1. 延续城市历史文脉，挖掘城市的本土文化
2. 塑造城市文化品牌
3. 为市民提供共享的文化环境
4. 创造多种商业业态的共生，形成综合商业消费圈
设计原则：
1. 整体布局原则
用点、线、面的规划设计方式，与城市绿地系统、景观系统、人文系统、城市道路等结合起来整体布局
2. 地方特色原则
通过对地理位置、民族风情、历史文化各种设计要素的整合，充分体现地方特色展示城市的魅力
3. 传承历史、保护场所精神原则
城市功能重组的过程中，对反映特定时代人们的生活方式的旧城市空间的结构进行保留，将环境改造与文化保护相结合，保存与传承城市文化
4. 人文关怀原则
设计中应尽可能地考虑人们的心理、生理需求，使人们在消费中得到精神的愉悦
具体措施
1. 保护修复：对海云庵附近地区以及区域内地標、教堂、老字号商铺实施保护
2 城市规划：城市对海云庵地区的居住区和商业区进行重新布局，发掘地下空间的商业魅力和地上空间的环境魅力
3 注入活力，改造旧工厂为艺术长廊，吸纳艺术家进驻，创造具有发展潜力的艺术空间
N
廊架
兴隆路
糖球雕塑（现状）
海云庵（保护建筑）
嘉定路沿街立面
居住着安区
广场活动区
道路系统分析图
城市主干道
城市次干道
限制性车道
步行空间
公交总站
步行系统分析图
屋顶绿化
民俗广场
休闲广场
MALL
步行主轴
步行空轴
上人屋面
地下空间
绿化景观分析图
屋顶绿化
场地绿化
绿化主轴
水体

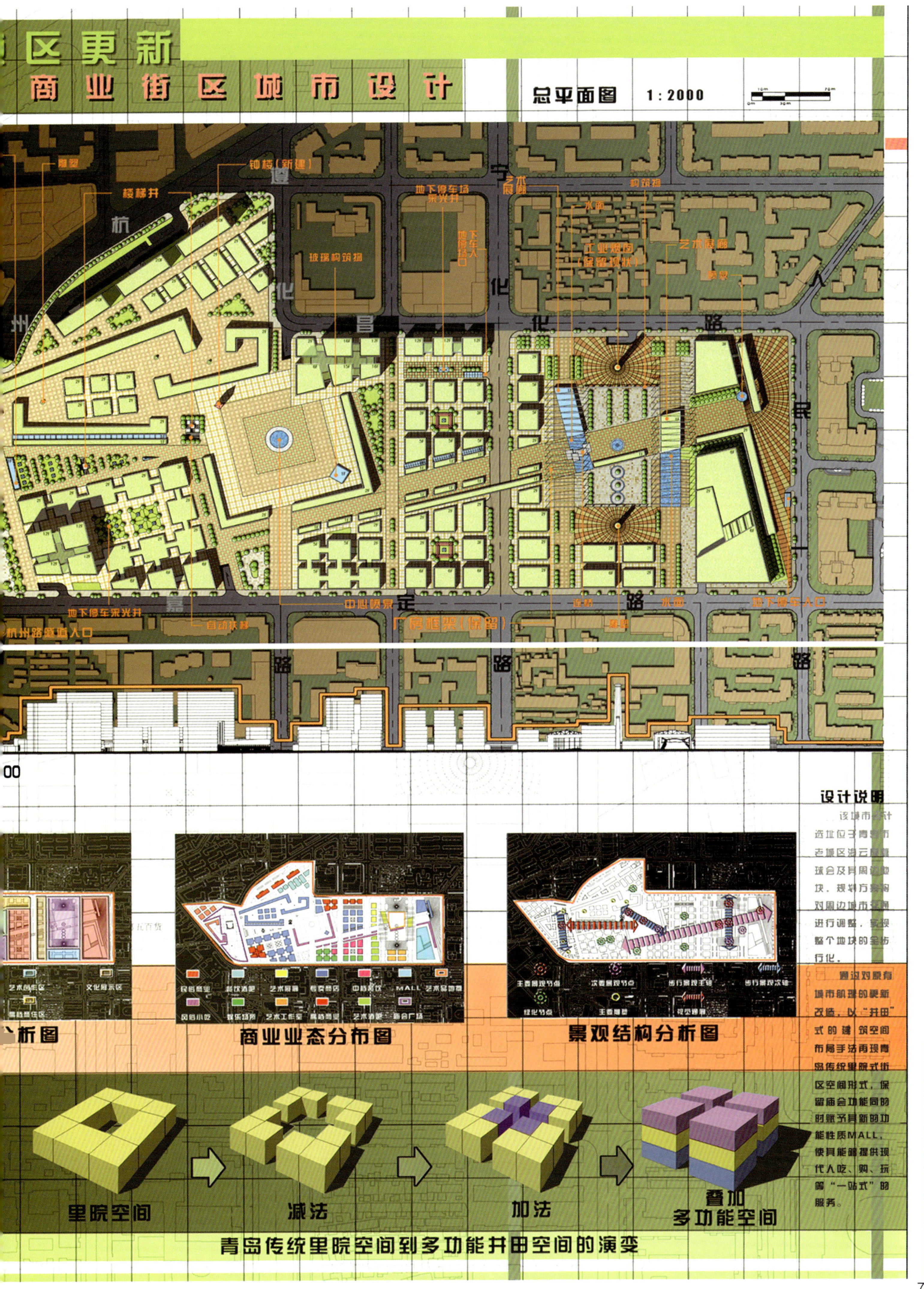

区更新
商业街区城市设计
总平面图 1:2000
雕塑
钟楼（新建）
楼梯井
地下停车场采光井
艺术展廊
构筑物
水面
玻璃构筑物
工业烟囱（保留现状）
艺术展廊
景观
中心喷泉
地下停车场采光井
自动扶梯
杭州路隧道入口
厂房框架（保留）
连桥
水面
地下停车场入口
杭州路
昌化路
宁化路
人民路
延安路
遵化路
嘉定路
析图
商业业态分布图
景观结构分析图
里院空间
减法
加法
叠加
多功能空间
青岛传统里院空间到多功能井田空间的演变
设计说明
该城市设计选址位于青岛市老城区海云庵商会及其周边地块，规划方案对周边城市交通进行调整，实现整个地块的全步行化。
通过对原有城市肌理的更新改造，以“井田”式的建筑空间布局手法再现青岛传统里院式街区空间形式，保留庙会功能同时赋予其新的功能性质MALL，使其能够提供现代人吃、购、玩等“一站式”的服务。

青岛市四方旧工
——海云步行
井田
MALL
消费心理学在设计中的应用
被调查消费者心目中最关心的消费内容
58%
50%
39%
39%
产品
氛围
服务
引导意识
被调查不同年龄消费者的平均消费频率
20岁以下
20—30岁
30—40岁
40—50岁
50岁以上
关于规划地块中如何更高效地为周边市民创造合理的消费场所的问题，前期通过现场采访、问卷调查等方式对现状人群的消费能力、内容、频率等进行
并发现了现存的问题及其解决方式。
现场调研
2万以下 23%
4万～6万 31%
6万以上 31%
2万～4万 38%
被调查消费者在2007年的消费预算情况
消费心理学认为：顾客的购买动机有感情动机、理智动机和惠顾动机之分。感情动机又分情绪动机和情感动机，情绪动机具有冲动性；情感动机是消费者精神风貌的反映，具有稳定性。理智动机是对商品进行了解、分析、比较后产生的，具有客观性、周密性。惠顾动机是顾客对特定商店、厂家或品牌特殊的信任和偏好，它是感情动机与理智动机两者结合的产物。
购物、饮食满足人们的物质需求；文化娱乐满足人们的精神需求，另一个重要功能是为人们提供公共交往的场所，其是城市商业中心不可或缺的组成部分。
根据人在消费中扮演的角色分为：
1. 参与性质的——卡拉OK，打球
2. 旁观性质的——看演出，听音乐会
根据娱乐发生的场合分为：
1. 室内的——设施功能
2. 室外的——空间尺度、铺地、气候
结论：规划中通过设计三个室外广场和各种档次的文化艺术娱乐场所，为人们提供各类室内外公共场所，以满足现代人的精神需求。
消费问题调查结果
不同性别消费心理差异：
1. 女性消费的计划性强，男性消费的目的性强。
2. 女性消费通常较犹豫，男性消费通常较果断。
3. 女性结伴消费的心理比男性强。
不同年龄段消费心理差异：
2. 中年人以实用性消费为主，较忙碌、压力大、精力有限，对参与性活动兴趣较小。
3. 老年人以休息、感受、交往为主，伴少量购物。
结论：规划商业区中，充分考虑各人群的消费心理和习惯，通过功能组织搭配，让男女都能在各种消费活动中得到心理满足，在室内外通过环境设计，为各个年龄段的人群提供交往空间。
购物是商业区最经常的活动，包括随机性购物和目的性购物。
购物心理主要表现在：
1. 接近商品的心理：人们买东西，不仅希望看到其形状、颜色、大小，也希望能了解更多的信息。
2. 选择比较的心理：在买任何商品之前，通常都有个选择比较的过程，尤其在买中高档商品时。
结论：规划中的同类商店应相邻或接近布置，方便顾客选择比较，有利于保证客源充足稳定，达到“双赢”效果。规划的MALL应采用深受消费者欢迎的开架售货和自主购物方式。
现状地块城市
昌化路沿街立面图
海云庵民俗商贸广场
从西面鸟瞰规划地块
井田商业休闲空间
楔形广场休闲空间
现状建筑形体鸟瞰
规划建筑形体鸟瞰
现状线形商业空间
规划组团商业空间
井田建筑屋顶空间

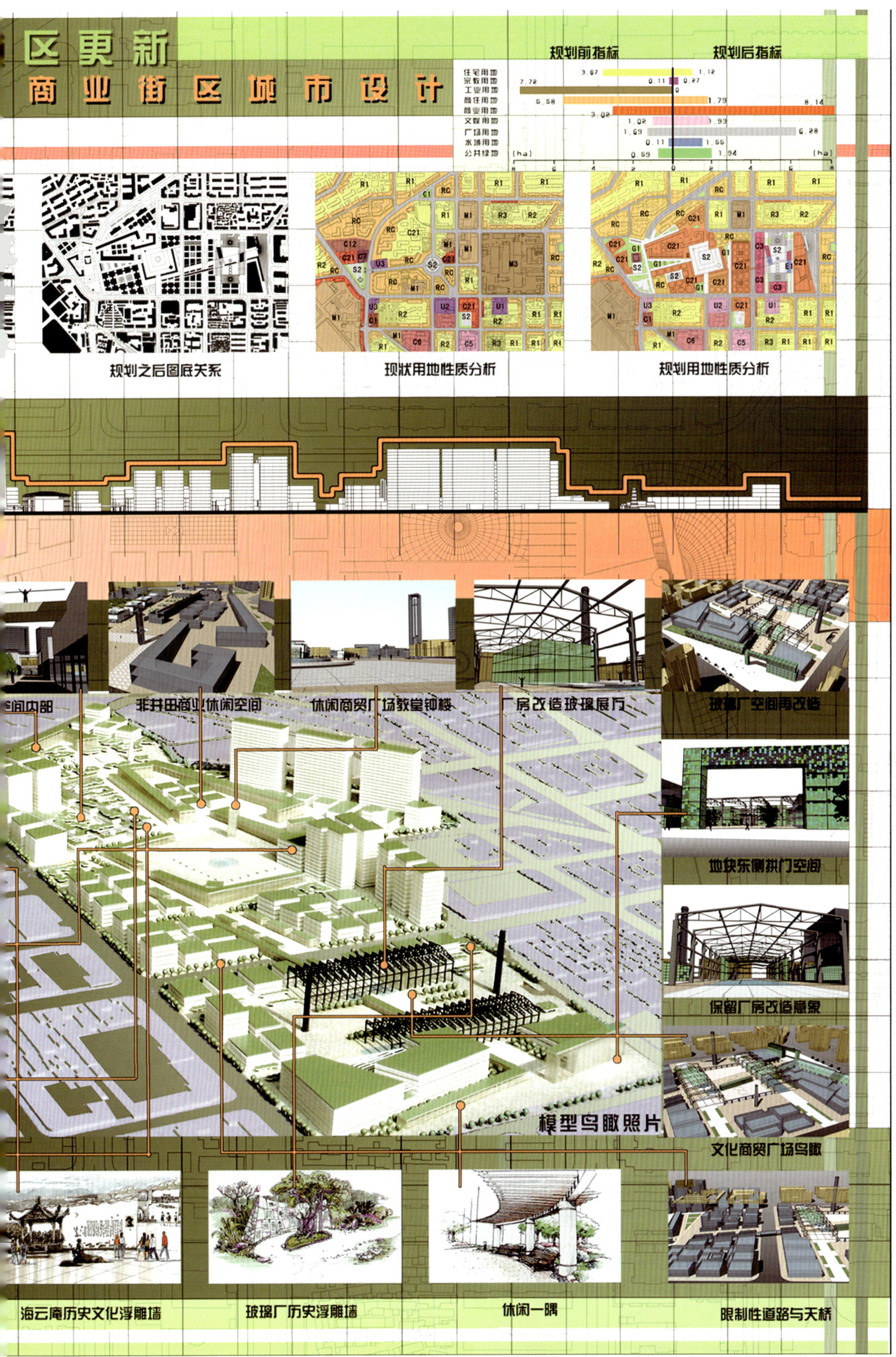
区更新
商业街区城市设计
规划前指标
规划后指标
住宅用地 3.67 1.12
宗教用地 0.11 0.27
工业用地 7.72 0
商住用地 5.58 1.79
商业用地 3.02 8.14
文娱用地 1.02 1.93
广场用地 1.69 6.28
水域用地 0.11 1.55
公共绿地 0.59 1.94
(ha)
(ha)
规划之后图底关系
现状用地性质分析
规划用地性质分析
间内部
非井田商业休闲空间
休闲商贸广场教堂钟楼
厂房改造玻璃展厅
玻璃厂空间再改造
地块东侧拱门空间
保留厂房改造意象
模型鸟瞰照片
文化商贸广场鸟瞰
海云庵历史文化浮雕墙
玻璃厂历史浮雕墙
休闲一隅
限制性道路与天桥

井田MALL

青岛市四方旧工业……——海云步行……

步行街立体空间分析

规划模型

屋顶绿化层

上人屋面层

地面绿化层

地面步行层

地下空间层

屋顶绿化技术的应用

屋顶绿化优化环境、治理大气污染、既节约用地、节省能源、节俭开支，又是建筑和园林绿化艺术、人类与大自然的有机、有效的结合，可以收到生态、景观、环保、节能和造福人民等多项长远的综合效益。

屋顶绿化

无土草坪

无土草坪实例

屋顶绿化技术指标

1. 使用无土轻型草坪毯，在硬地板上培植，去留打卷即可，以高羊毛、早熟禾种植的草坪毯耐践踏。
2. 做好阻根防水系统，选用既防水、又有阻根、防穿刺性的防水材料。
3. 铺装保湿毯，保持营养基质水分。
4. 铺装蓄排水通气板，改善植物根部与基质的通气状况。
5. 放置过滤膜，防止人工合成基质颗粒随水流失。
6. 铺设轻质合成营养基质。
7. 为充分利用雨水资源，结构层里的蓄排水层同时具有积蓄雨水的作用。
8. 为避免由于风的影响造成较大植物倒伏或受损，进行必要的植物固定操作。

6000
5000
4000
3000
2000
1000
0
节约70%能源
无屋顶绿化　有屋顶绿化
建筑空调耗能（千瓦/时）

100
80
60
40
20
无屋顶绿化　绿化70%　绿化100%
空气中CO_2含量

联合国环境署的研究表明，如果一个城市屋顶绿化率达70%以上，城市上空二氧化碳含量将下降接近80%，热岛效应将会彻底消失。

模型照片

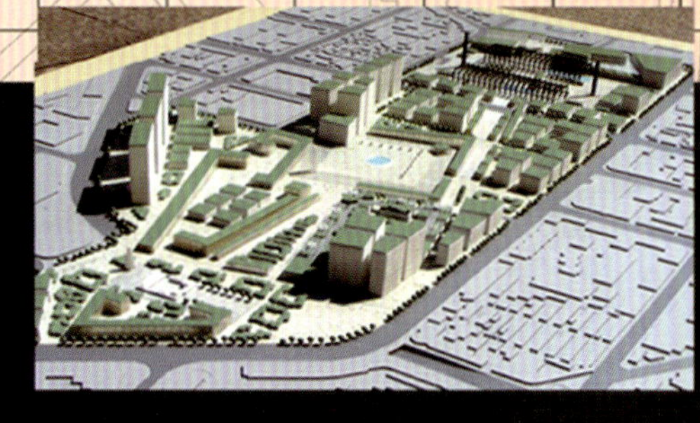

高空鸟瞰图

低空鸟瞰图

井田商业空间

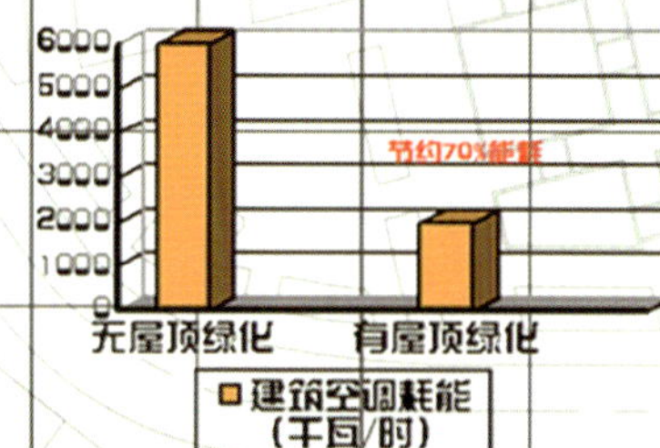

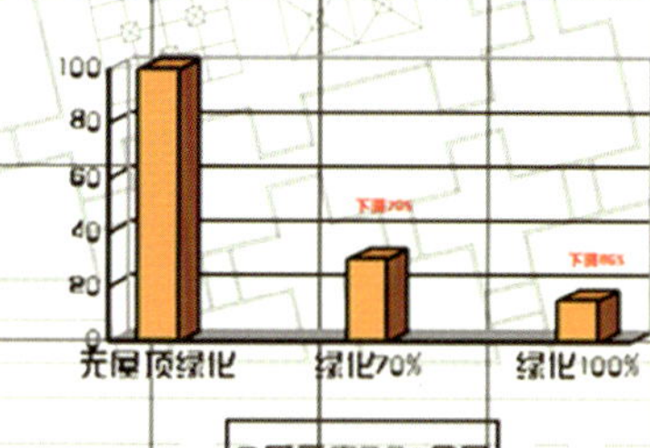

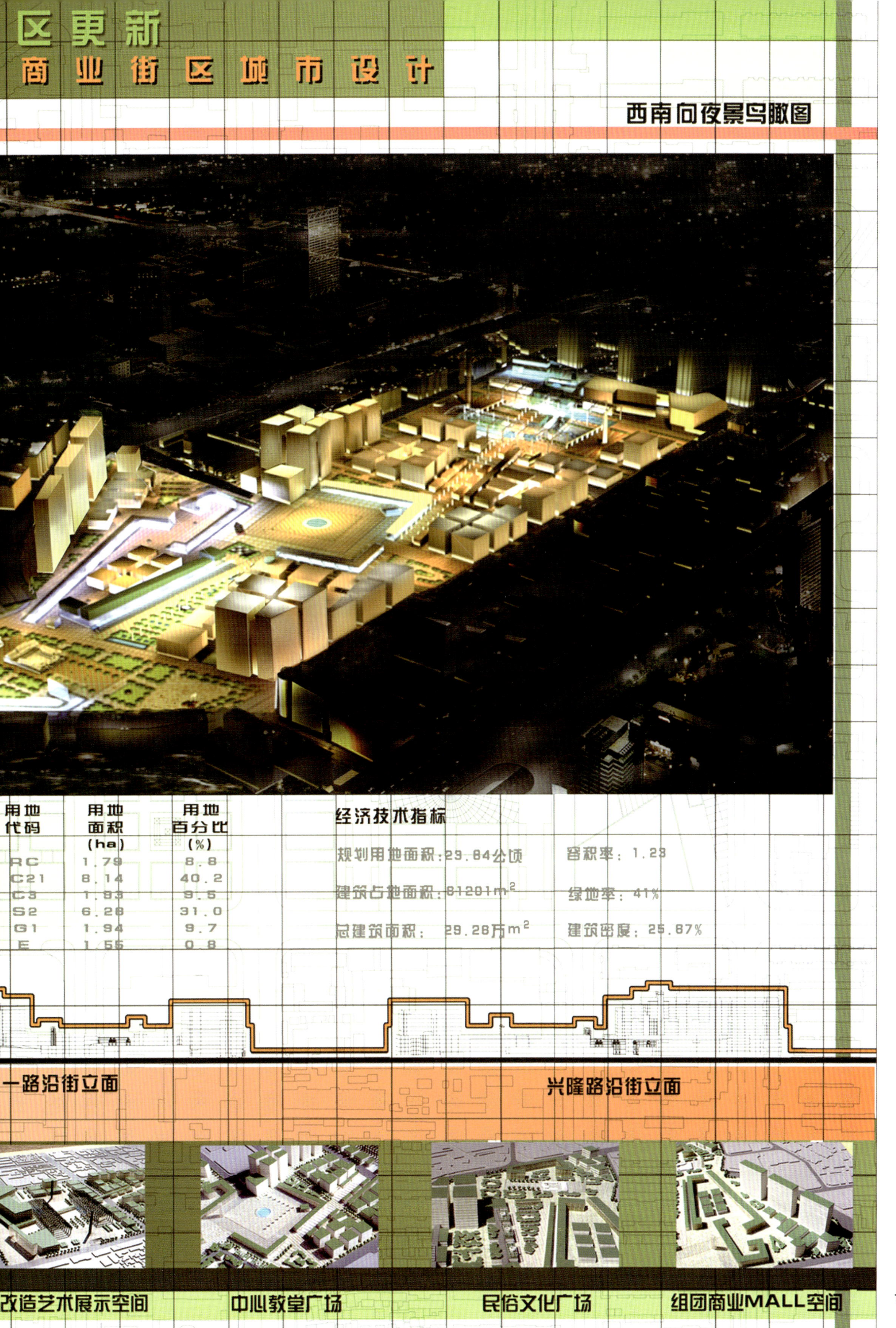

区更新

商业街区城市设计

西南向夜景鸟瞰图

用地代码	用地面积 (ha)	用地百分比 (%)
RC	1.79	8.8
C21	8.14	40.2
C3	1.93	9.5
S2	6.28	31.0
G1	1.94	9.7
E	1.55	0.8

经济技术指标

规划用地面积：29.84公顷　　容积率：1.28

建筑占地面积：81201m^2　　绿地率：41%

总建筑面积：　29.28万m^2　　建筑密度：25.87%

一路沿街立面

兴隆路沿街立面

改造艺术展示空间　　中心教堂广场　　民俗文化广场　　组团商业MALL空间

全国高等学校城市规划专业指导委员会主办

2007全国大学生城市规划优秀作业评选

三等奖

作业名称：里院——青岛市四方旧工业城区更新（海云步行文化商业街区城市设计）

作业完成时间：2007年8月

作业时长：10周

作者姓名：曹 凯　徐 飞

指导教师：郝赤彪　许从宝　解旭东

Third Prize of the 2007 National Students' Design Competition of Urban Planning by China Urban Planning Education Commitee

Title: "Liyuan"—Urban Regeneration Design for Haiyun Temple Block in Old Industrial Area in Sifang District,Qingdao.

Submitting Time: August 2007

Duration: 10 weeks

Authors: Cao Kai, Xu Fei

Instructors: Hao Chibiao, Xu Congbao, Xie Xudong

教师评语：

调研内容翔实，资料考据充分。对于用地范围内的历史文化传统进行了深入的分析。

对于用地性质的理解较为透彻，不同性质用地的建筑更新形式选择较为合理。

分析图表达充分，能够较为清晰地展示城区更新的变化过程。

青岛市 四方旧工业城区更新
海云步行文化商业街区城市设计
青岛目前主要商业街区
9.58
9.38
5.37
青岛 民俗
基地背景介绍
建筑多样性
功能多样性
文化多样性
海云庵现状
嘉禾路现状
居住区内部
基督教堂
旧厂房内部
工厂内部
里院内部
海云广场与嘉禾路间的过街天桥
海云广场现状
杭州路
倒闭后的钨钢厂
现状分析
文化方面：1. 中华百艺坊的体量与海云庵很不协调 2. 建于1935年的基督教堂在该地区拥有很高的人气，但是周围随意加建的房子挤占了其应有的活动广场 3. 基地内里院的保护及利用 4. 嘉禾广场是该地区仅有的几处公共活动场地之一，局促的空间显然难以满足附近居民要求
商业方面：1. 作为连接海云广场和嘉禾路的主要通道，人行天桥缺少必要的人性化设计
海云庵文化广场
嘉禾路步行街现状
2. 海云广场周围公交站点缺少必要的引导设施 3. 嘉禾路商业街没有形成有规模的商业
厂房改造：1. 倒闭后的钨钢厂影响了区域的整体形象 2. 残破的工业厂房如何再生利用是该地区改造面临的一大问题 3. 晶华玻璃厂2006年倒闭后闲置的大面积空间为建设城市广场提供了条件 4. 工厂的烟囱如何改造利用是工厂改造的重点问题
晶华玻璃厂现状
BLOCK INSERT
地块整合
现状地块图
地块整合图
步行道路整合图
文化·传统 商业·多功能 置换·艺术
海云庵
里院区
工厂区
现状用地统计表
用地类型 | 占地面积(ha)
住宅用地 | 3.67
宗教用地 | 0.11
工业用地 | 7.72
商住用地 | 5.58
商业用地 | 3.02
文娱用地 | 1.02
广场用地 | 1.69
水域用地 | 0.11
公共绿地 | 0.59
居民对现有公共空间评价
现有商业经营状况分析
基地内现有商业规模分析
基地内现有商业类型分析
1

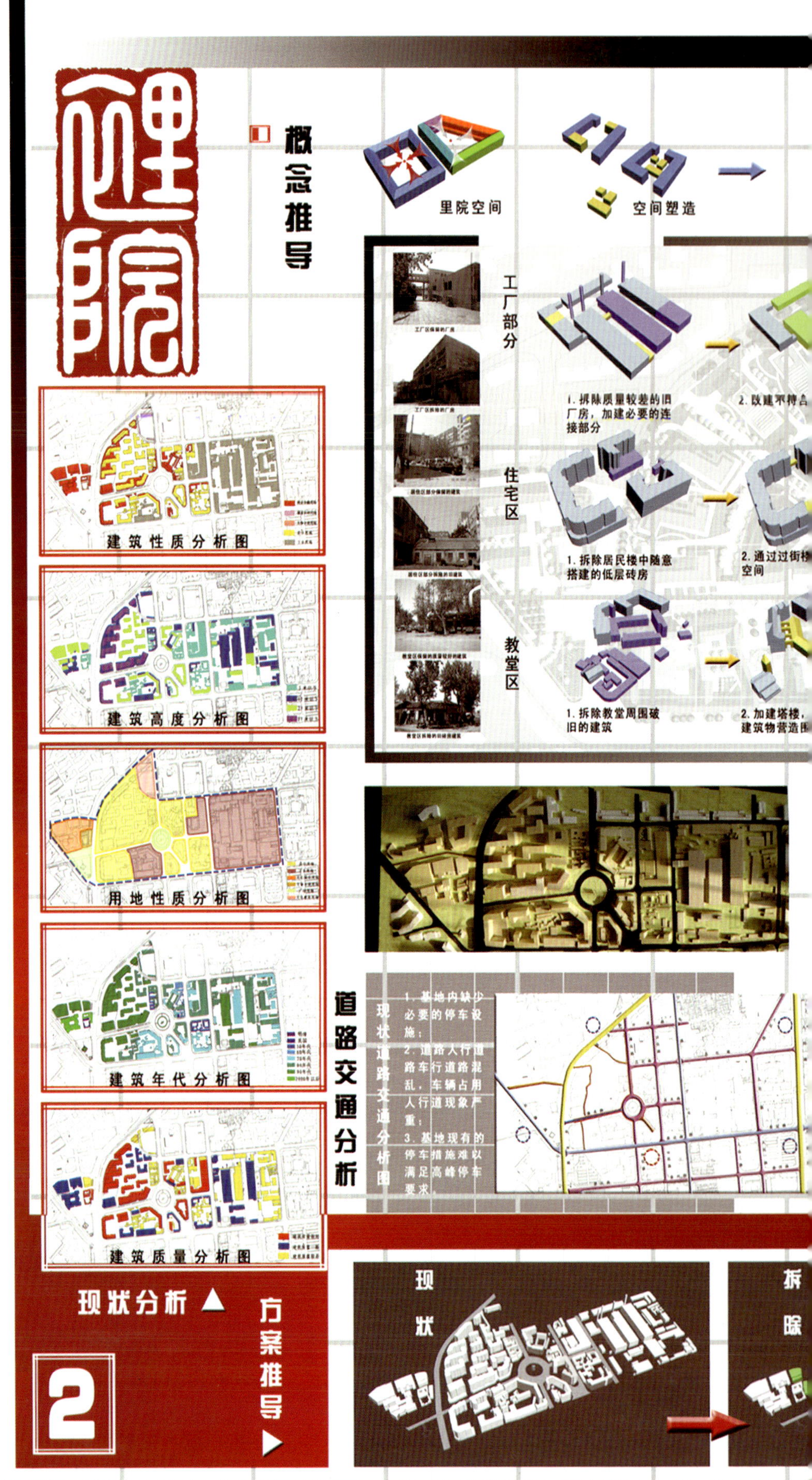
里院
概念推导
里院空间
空间塑造
工厂部分
1. 拆除质量较差的旧厂房，加建必要的连接部分
住宅区
1. 拆除居民楼中随意搭建的低层砖房
教堂区
1. 拆除教堂周围破旧的建筑
建筑性质分析图
建筑高度分析图
用地性质分析图
建筑年代分析图
建筑质量分析图
道路交通分析
现状道路交通分析图
1. 基地内缺少必要的停车设施；
2. 道路人行道路车行道路混乱，车辆占用人行道现象严重；
3. 基地现有的停车措施难以满足高峰停车要求
现状分析
2
方案推导
现状

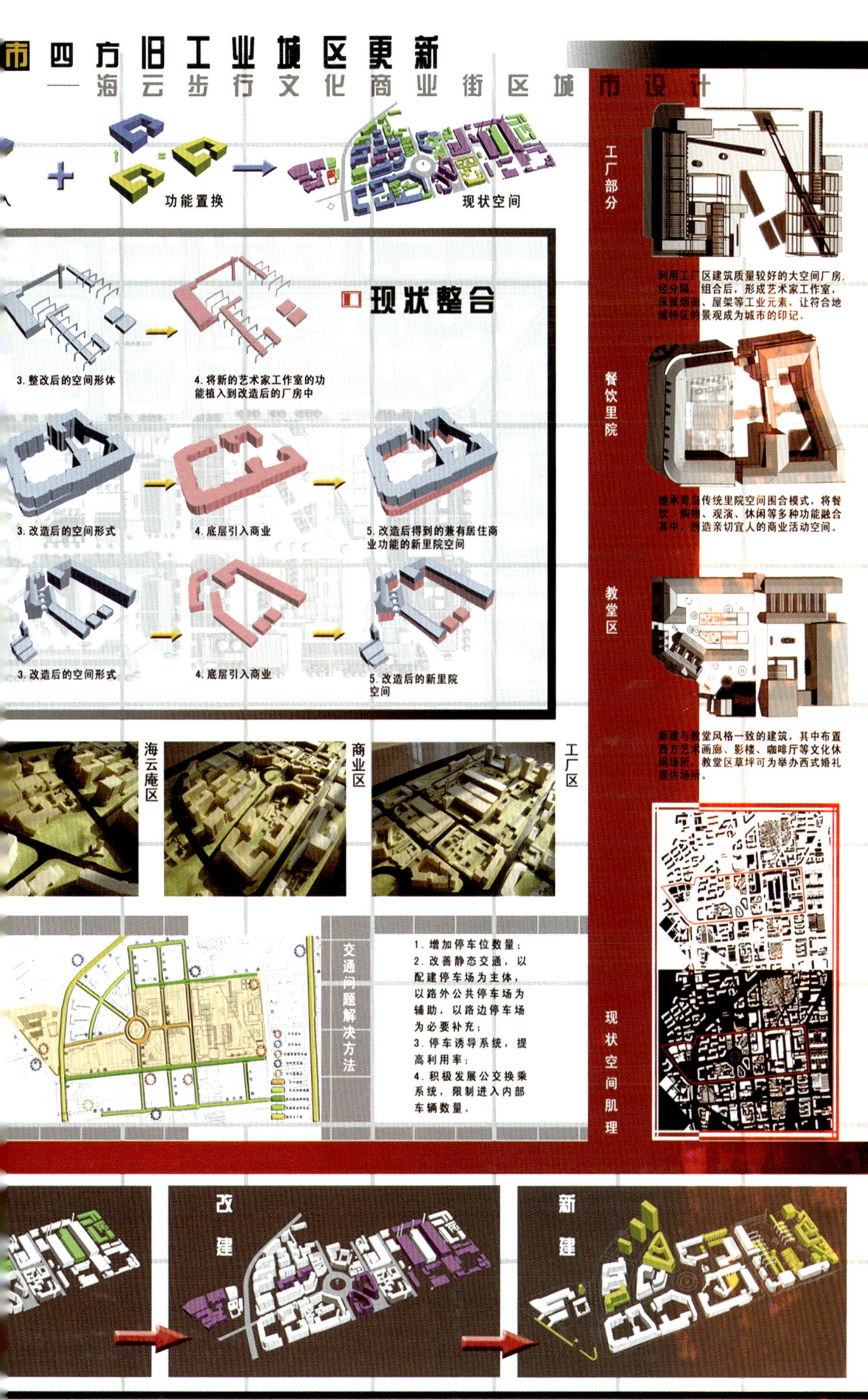
市 四方旧工业城区更新
——海云步行文化商业街区城市设计
功能置换
现状空间
现状整合
3. 整改后的空间形体
4. 将新的艺术家工作室的功能植入到改造后的厂房中
3. 改造后的空间形式
4. 底层引入商业
5. 改造后得到的兼有居住商业功能的新里院空间
3. 改造后的空间形式
4. 底层引入商业
5. 改造后的新里院空间
海云庵区
商业区
工厂区
交通问题解决方法
1. 增加停车位数量；
2. 改善静态交通，以配建停车场为主体，以路外公共停车场为辅助，以路边停车场为必要补充；
3. 停车诱导系统，提高利用率；
4. 积极发展公交换乘系统，限制进入内部车辆数量。
工厂部分
利用工厂区建筑质量较好的大空间厂房，经分隔、组合后，形成艺术家工作室，保留烟囱、屋架等工业元素，让符合地域特征的景观成为城市的印记。
餐饮里院
继承青岛传统里院空间围合模式，将餐饮、购物、观演、休闲等多种功能融合其中，创造亲切宜人的商业活动空间。
教堂区
新建与教堂风格一致的建筑，其中布置西方艺术画廊、影楼、咖啡厅等文化休闲场所，教堂区草坪可为举办西式婚礼提供场所。
现状空间肌理
改建
新建

三

年

级

理院
色彩分析 红、黄、绿
红色代表热情，形成欢快、热烈的感官视觉享受。
黄色代表古典情调，形成典雅、风尚的感官视觉享受。
绿色代表生命，形成自然、安详的感官视觉享受。
材质界面 砖石、钢、玻璃
采用传统砖石材料保存城市记忆，引入钢构玻璃元素创造城市新地标。
砖石：砖墙、瓦顶、石墙、石柱、石路
钢构：钢柱、钢架、铁艺
玻璃：幕墙、橱窗、老虎窗
商业步行街布置示意图
骑楼形成室内外交融的灰空间，有利于商业活动进行。广告牌安放只限于一二层，垂直于墙面布置，以避免遮挡建筑。充分利用骑楼内橱窗布置广告，形成热闹的商业气氛。
景观意向
建筑特色
空间分析
流动空间
院落空间
N
0 20 40 80m
杭
州
路
嘉
民俗展览馆
海云庵
海云庵民俗文化广场
长廊
小吃街院
餐饮里院

用地平衡表

代码	用地性质		面积（ha）	比例（%）
R	居住用地		7.14	29.95
C	公共设施用地		9.12	38.26
		商业金融用地	6.64	27.86
		宗教活动用地	0.71	2.98
		文教体育用地	1.77	7.42
S	道路广场用地		6.71	28.15
G	绿化用地		0.87	3.64
	城市建设用地		23.84	100%

艺术创作
城市的个性和特性
取决于城市的体型
结构和社会特征，
因此不仅要保存和维护
好城市的历史遗迹和古迹，
而且还要继承一般的文化传统。
一切有价值的说明社会和
民族特性的文物必须保护起来，
保护历史遗址和古建筑必须同
城市建设过程结合起来，以保证这些文物
具有经济意义并继续具有生命力，
在考虑再生和更新历史地区的过程中应把优
秀设计质量的当代建筑物包括在内。
《马丘比丘宪章》
步行街入口
海云广场
空中走廊
夜景意象
规划后南立面
4

青岛市 四方旧工业城区更新
—海云步行文化商业街区城市设计
宗教活动
商业活动
购物消费
规划模型照片
鸟瞰图
态技术处理：
等的建设使城市不透水地面面积快速增长，屋面、
路面等不透水表面的径流系数一般取0.9，雨水
地下水的过度开采形成地下漏斗区，青岛市降雨
.5mm，具有雨水收集的可行性。
区应用雨水回渗利用系统，收集降雨用于日常用
直接渗入地下，减少地表径流，既补充地下水，
网负担。
透明铺地，将技术展示于人，在创造景观的同时
了保护生态的思想。
雨水回渗利用流程图
中水冲厕
冷却水
消防用水
干式渗井
湿式渗井
补充城市地下水
渗水砖示意

2008年全国高等学校建筑学专业
第7届大学生建筑设计作业观摩和评选
优秀作业

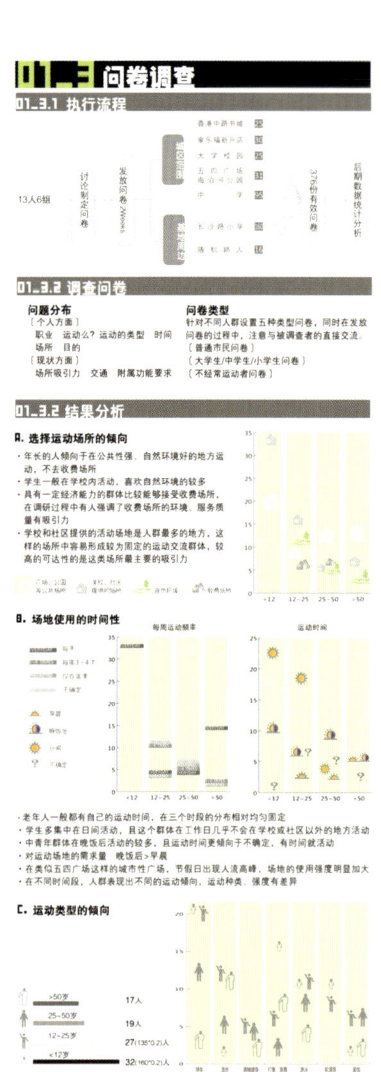

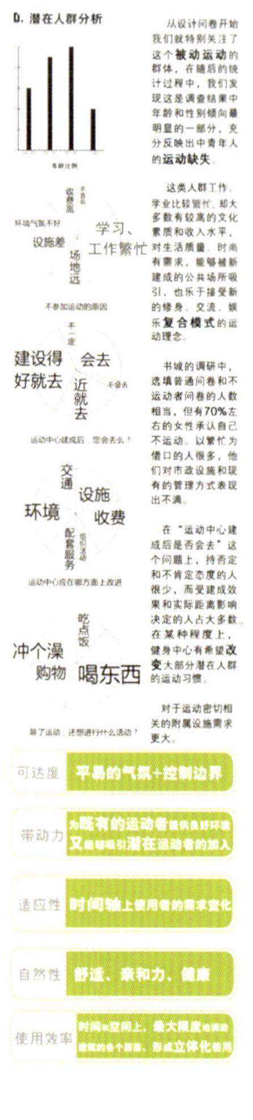

PAN-SPORTS|MOVEMENT|CAMPAIGN|
Civil Sports Center as Landscape and Process
泛运动
作为景观和过程的全民健身中心
INVESTIGATION
Question the Situation
调研
提问现

作业名称：全民健身运动中心设计
作业完成时间：2008年7月
作业时长：8周
作者姓名：沈思 刘明昊 黄睿
指导教师： 王少飞 徐强

Title: Civil Sports Center
Submitting Time: July 2008
Duration: 8 weeks
Authors: Shen Si, Liu Minghao, Huang Rui
Instructors: Wang Shaofei, Xu Qiang

教师评语：

（1）设计者针对命题对现场及周边地段进行踏勘和问卷调查，把任务书的要求进行了调整和深化，反映了学生专业学习的主动性和创造性。

（2）设计能够从城市的宏观角度把握建筑的流线组织、整体造型以及空间环境，对城市和现状环境作出了有支撑的回应。

（3）设计上注重空间的引导、渗透、转折以及空间节点的营造，创造了丰富的室内外动态和静态空间形态。

（4）表现完整细致，构图协调均衡，充分表达了设计的构思立意和设计过程。

03_1 屋面设计

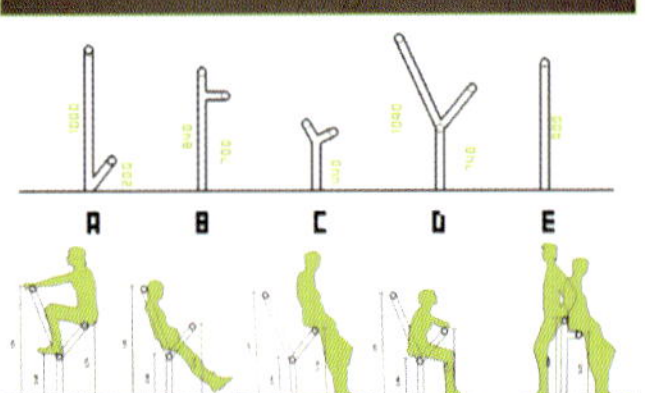

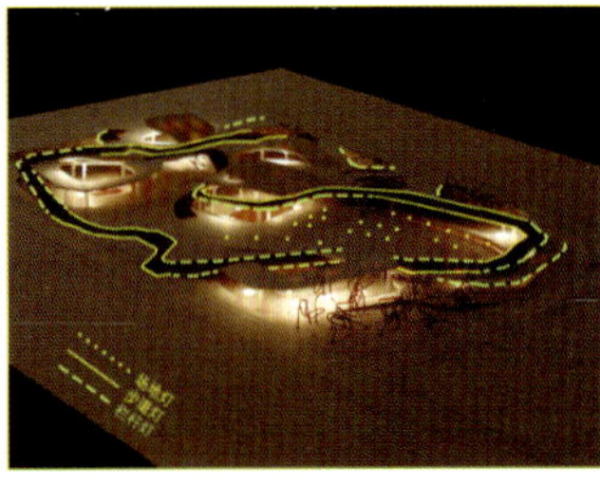

[屋面设计]

整个建筑的屋面高低起伏，营造出一种“**拟自然**”的氛围。大部分屋面结合基地高差作为可上人设计，人们在其上活动、观景、休息……这便要求屋面具备一些类似室外广场等活动场地的功能和设施。

03_1.1 室外设施

为使屋面室外空间更加完整和简洁，将室外的照明、休息、活动和防护设施有机组合改变，**整合**成多种极具特色的室外家具和设施。

A. 休息座椅

休息座椅并非单独设置，而是结合屋面的**起伏和肌理层次**，自然延伸形成，给人以置身自然之感。

面向小学和幼儿园的部分可供等待接送孩子上学的家长使用，具有更多的实际意义。

同时由于屋面肌理起伏部分又兼具**通风和采光**的功能，所以整个屋面的各种功能也被有机地整合为一体，彼此关联，共同作用。

B. 组合栏杆

为使建筑各个部分利用的**最大化和立体化**，在本方案中室外场地的栏杆不仅有围护和安全功能，而且兼具各种**休息**、**活动**的功能。

在不同的功能分区，采用不同类型的栏杆，共分A、B、C、D、E五类，除围护作用外，还具有坐、倚、靠、扶、压腿等功能。

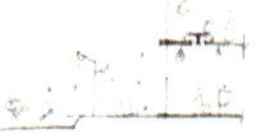

03_2.3 照明

建筑室外顶面的夜间照明采用多种形式，除室外运动场地以外，以**间接照明**为主，自然、柔和。

室外场地采用**专用照明设施**以及**广场灯**，屋面照明包括步道侧面的**LED灯**，栏杆上附属的照明灯，楼梯踏步侧面的**低灯**，屋顶肌理采光口所渗透出的**室内灯光**以及局部的补光的**庭院灯**等。

03_2.4 室外家具

位于半室外的棋牌区，为机动可变区域，家具采用可随意移动和拼装的“**单位椅**”。两把椅子可拼装为一个小桌，多个小桌可拼装为较大的桌子，以供多人使用。当场地有其他用途时，桌椅可全部移走。

03_2 屋顶系统

[屋顶系统示意图]

03_2.1 屋顶设想

将承重与功能结构合并包裹在一起，从而使用者在外面看来屋顶是一个平滑、柔和，富有变化，同时兼具各种功能的系统和体系。

03_2.2 功能延伸

将一部分**通风**、**采光**等功能加入到屋顶的体系当中，并与屋面的肌理相结合，同时产生一些新的功能，如：夜间，光线透出采光窗渗透到室外，能起到**照明**的作用，而且有较好的视觉艺术效果。

[肌理] [心理] [技术]

将屋面**肌理**、**起伏**变化与室内外功能与交流相结合。

提高人与建筑的**亲近性**，使用尽量**简化**的建筑语汇。

将屋顶的承重结构与**通风** | **采光** | **电气设备**（照明等）| **空调工程** | **供、排、储水**……能体集中组合，包裹在屋顶体系中。

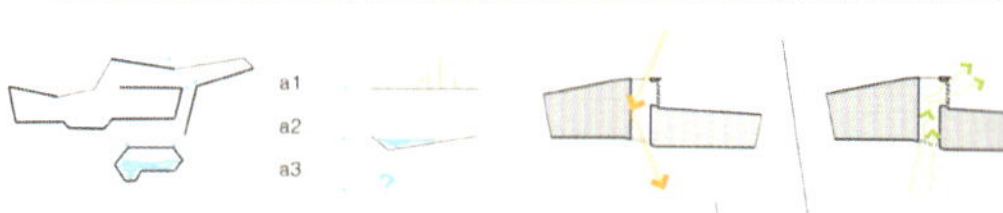

(a)排、储水示意图　(b)“共用通道”采光示意图　(c)“共用通道”通风

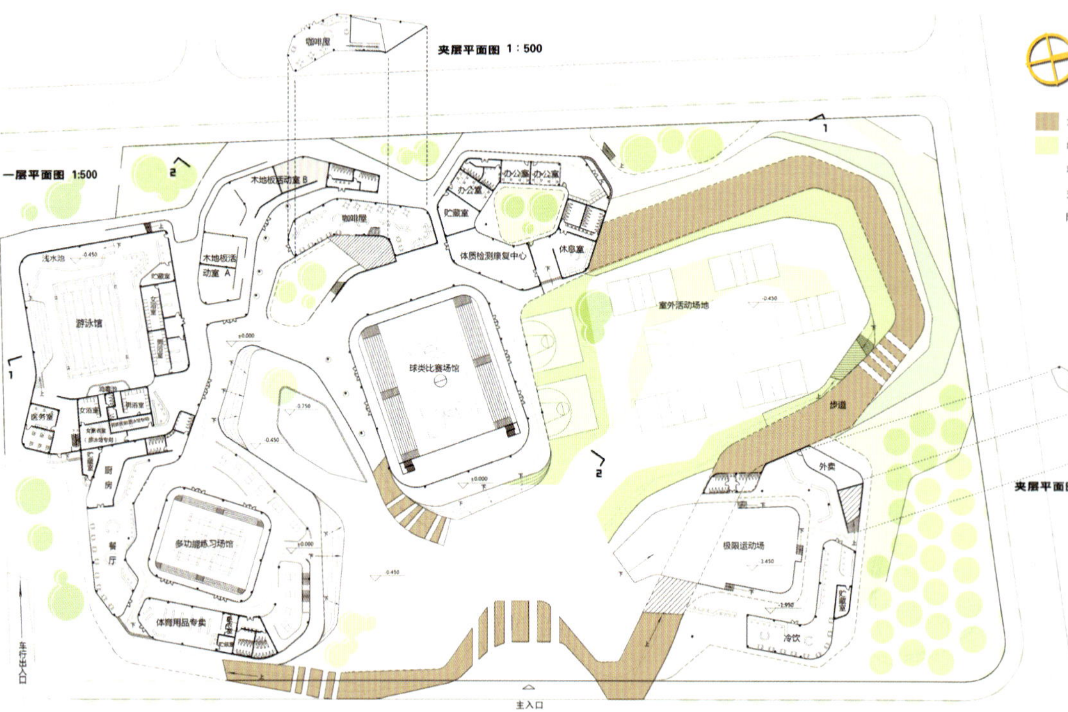

PAN-SPORTS|MOVEMENT|CAMPAIGN|
Civil Sports Center as Landscape and Process

泛运动
作为景观和过程的全民健身中心

剖面图 1－1 1:500

TECHNOLOGY
Roof System
技术
屋顶系统

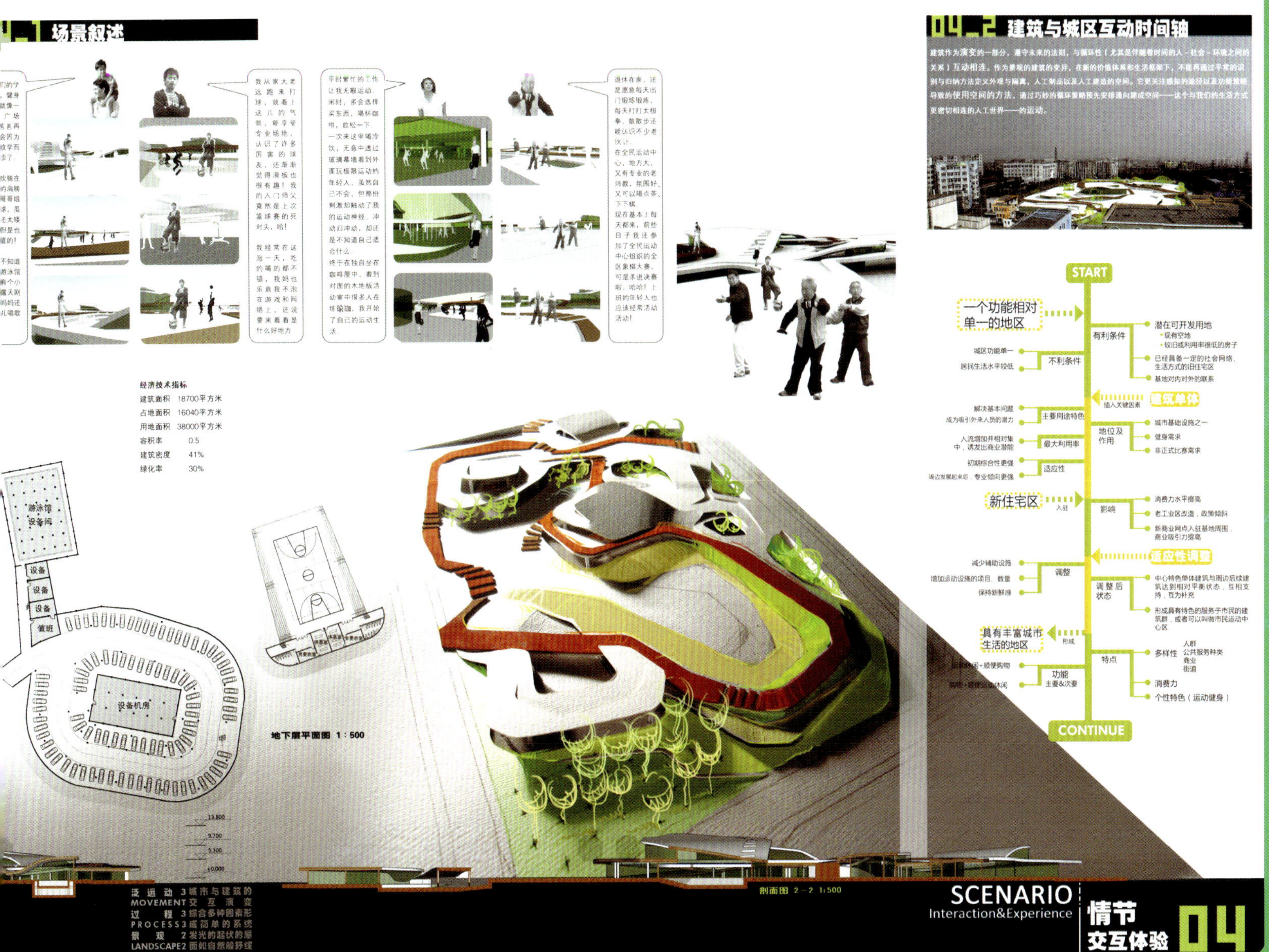

场景叙述
我从家大老远跑来打球，就看上这儿的气氛，都享受专业场地，认识了许多厉害的球友，还渐渐觉得滑板也很有趣！我的入门师父竟然是上次篮球赛的死对头，哈！
我经常在这泡一天，吃的喝的都不错，我妈也乐意我不泡在游戏和网络上，还说要来看看是什么好地方
平时繁忙的工作让我无暇运动。闲时，多会选择买东西，喝杯咖啡，放松一下。一次来这里喝冷饮，无意中透过玻璃幕墙看到外面玩极限运动的年轻人，虽然自己不会，但那份刺激却触动了我的运动神经。冲动归冲动，却还是不知道自己适合什么。终于在独自坐在咖啡屋中，看到对面的木地板活动室中很多人在练瑜珈，我开始了自己的运动生活。
退休在家，还是愿意每天出门锻炼锻炼，每天打打太极拳，散散步还能认识不少老伙计。在全民运动中心，地方大，又有专业的老师教，氛围好、又可以喝点茶、下下棋。现在基本上每天都来，前些日子我还参加了全民运动中心组织的全区象棋大赛，可是杀进决赛啦，哈哈！上班的年轻人也应该经常活动活动！
04_2 建筑与城区互动时间轴
建筑作为演变的一部分，遵守未来的法则，与循环性（尤其是伴随着时间的人－社会－环境之间的关系）互动相连。作为景观的建筑的变异，在新的价值体系和生活框架下，不能再通过平常的识别与归纳方法定义外观与隔离，人工制品以及人工建造的空间。它更关注感知的途径以及功能策略导致的使用空间的方法，通过巧妙的循环策略预先安排通向建成空间——这个与我们的生活方式更密切相连的人工世界——的运动。
START
一个功能相对单一的地区
有利条件
潜在可开发用地
现有空地
较旧或利用率很低的房子
已经具备一定的社会网络、生活方式的旧住宅区
基地对内对外的联系
不利条件
城区功能单一
居民生活水平较低
建筑单体
插入关键因素
主要用途特色
解决基本问题
成为吸引外来人员的潜力
地位及作用
城市基础设施之一
健身需求
非正式比赛需求
最大利用率
人流增加并相对集中，诱发出商业潜能
适应性
初期综合性更强
周边发展起来后，专业倾向更强
新住宅区
入驻
影响
消费力水平提高
老工业区改造，政策倾斜
新商业网点入驻基地周围，商业吸引力提高
适应性调整
调整
减少辅助设施
增加运动设施的项目、数量
保持新鲜感
调整后状态
中心特色单体建筑与周边后续建筑达到相对平衡状态，互相支持，互为补充
形成具有特色的服务于市民的建筑群，或者可以叫做市民运动中心区
具有丰富城市生活的地区
形成
特点
多样性
人群
公共服务种类
商业
街道
消费力
个性特色（运动健身）
功能
主要&次要
CONTINUE
经济技术指标
建筑面积 18700平方米
占地面积 16040平方米
用地面积 38000平方米
容积率 0.5
建筑密度 41%
绿化率 30%
游泳馆
设备间
设备
值班
设备机房
地下层平面图 1：500
13.800
9.700
5.300
±0.000
剖面图 2－2 1:500
泛运动 MOVEMENT 3 城市与建筑的交互演变
过程 PROCESS 3 综合多种因素形成简单的系统
景观 LANDSCAPE 2 发光的起伏的层面如自然般舒缓
SCENARIO
Interaction&Experience
情节
交互体验
04

2008年全国高等学校建筑学专业
第7届大学生建筑设计作业观摩和评选
优秀作业

设计题目：连续·空间体验——社区体育中心设计
作业完成时间：2008年7月
作业时长：8周
作者姓名：李政昆
指导教师：毕胜

Selected Excellent Work of
7th Observation and Evaluation of Students' Architectural Design Works in Universities,
National Universities Architecture Speciality,2008

Title: Experience of Continuous Space—Design of Community Gymnastic Center
Submitting Time: July 2008
Duration: 8 weeks
Author: Li Zhengkun
Instructor: Bi Sheng

教师评语：

（1）设计对象所处地形比较复杂且空间紧张，该方案能够结合地形进行总平面规划设计，在较为紧张的用地条件下，结合基地的流线情况进行设计，在前部设计集散广场，体现了该生对地形条件较好的理解能力。

（2）方案从大空间建筑中的技术要求入手，选用大跨技术角度进行方案的整体设计，体现了该生对设计的良好把握。

（3）内部空间环境设计能够结合设计的流线关系，对空间的连续性及建筑的光影关系进行适当的研究，使建筑的空间关系丰富，且清晰而有条理。

（4）折线形屋顶的运用体现了大跨建筑的特点，为了使建筑能更好地融合周围环境的肌理，该生对大体量的建筑进行进一步的精心设计，使建筑能够在环境中做到“大中见小”，打破建筑对环境的压迫感。

连续-空间体验
EXPERIENCE OF CONTINUOUS SPACE

社区体育中心设计
DESIGN OF COMMUNITY GYMNASTIC CENTER 1

项目概况——改造

改造前

旧居民楼

旧仓库

健身

篮球

游泳

OLD FORM RECONSTRUCTED
NEW FOUNCTION ADDED

改造后

健身

篮球

游泳

跆拳道

乒乓球 羽毛球 女子体操

现存空间问题——局促

基地原有建筑空间序列感弱，入口处的建筑阻塞了人流 —— 需重新调整各建筑位置关系

现存建筑空间单一、局促、乏味，建筑面积也未达到要求 —— 建筑形体重设计，增加趣味性和使用面积

场地外环境缺乏设计，视线阻隔削弱了空间连续性 —— 重新划分外环境，利用人流路线加强空间连续性

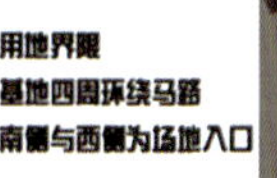
用地界限
基地四周环绕马路
南侧与西侧为场地入口

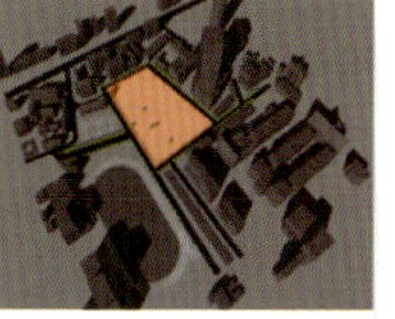
场地周围居住区位置
为附近居民提供
平日休闲放松场所

地段建筑现状
西南侧相对较开敞 北侧较拥挤
原有体育中心建筑无秩摆放 影响空间品质

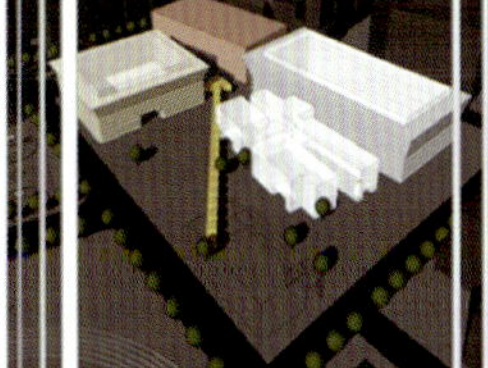
地段人流现状
位于西南侧入口处的健身馆阻挡了人流
场地内流线组织较混乱 空间局促

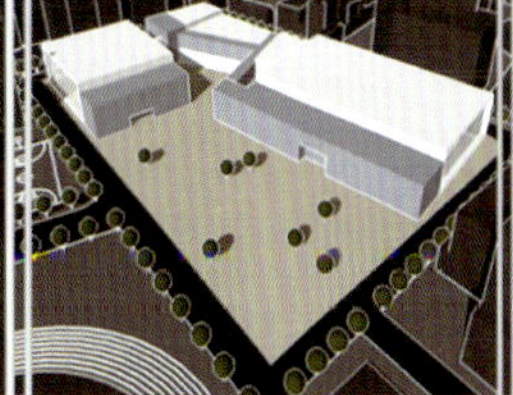
地段调整
拆除原有旧居民楼和仓库
并将健身馆位置调至东北侧

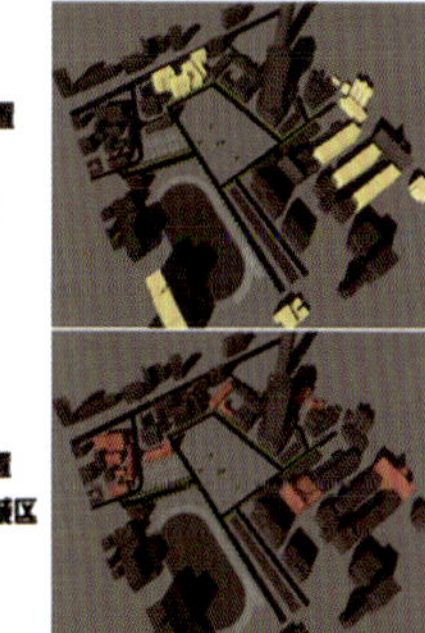
重新调整形体关系
利用连续的灰空间将各馆串联起来

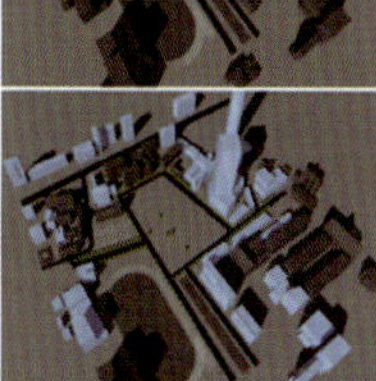
场地周围老建筑位置
通过基地改造为老城区
注入新鲜活力

场地周围商业用房位置
场地作为缓冲地带
减小快节奏带来的压力

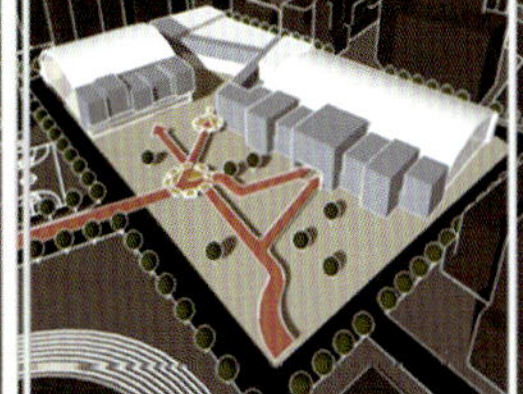
多功能馆与游泳馆选用大跨度结构
将整体的公共活动空间进行分隔 打散
视觉上更好地与场地周围环境融合

重新组织场地流线
结合两个入口以及两个空间节点组织人流

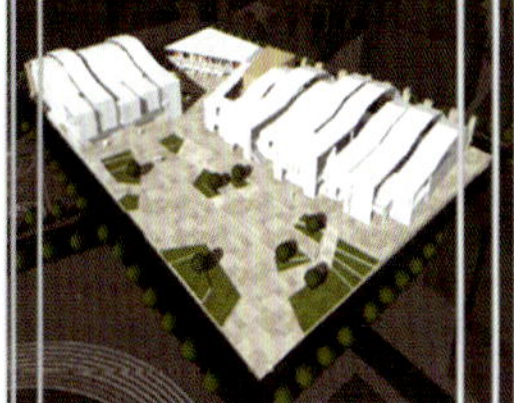
根据更新的场地流线
利用草地 缓台阶 以及坡道等亲和尺度的元素
将场地重新组织

最终形成的场地环境

融合——尊重环境

基地原有周围环境是以居民区和老建筑为主，而体育中心作为大体量的建筑，如何与原有建筑物融合是一个关键问题，为此，意图采用化整为零的手法，将大体量的建筑有机分散成连续的小空间，达到肌理上与所处环境融合的效果。

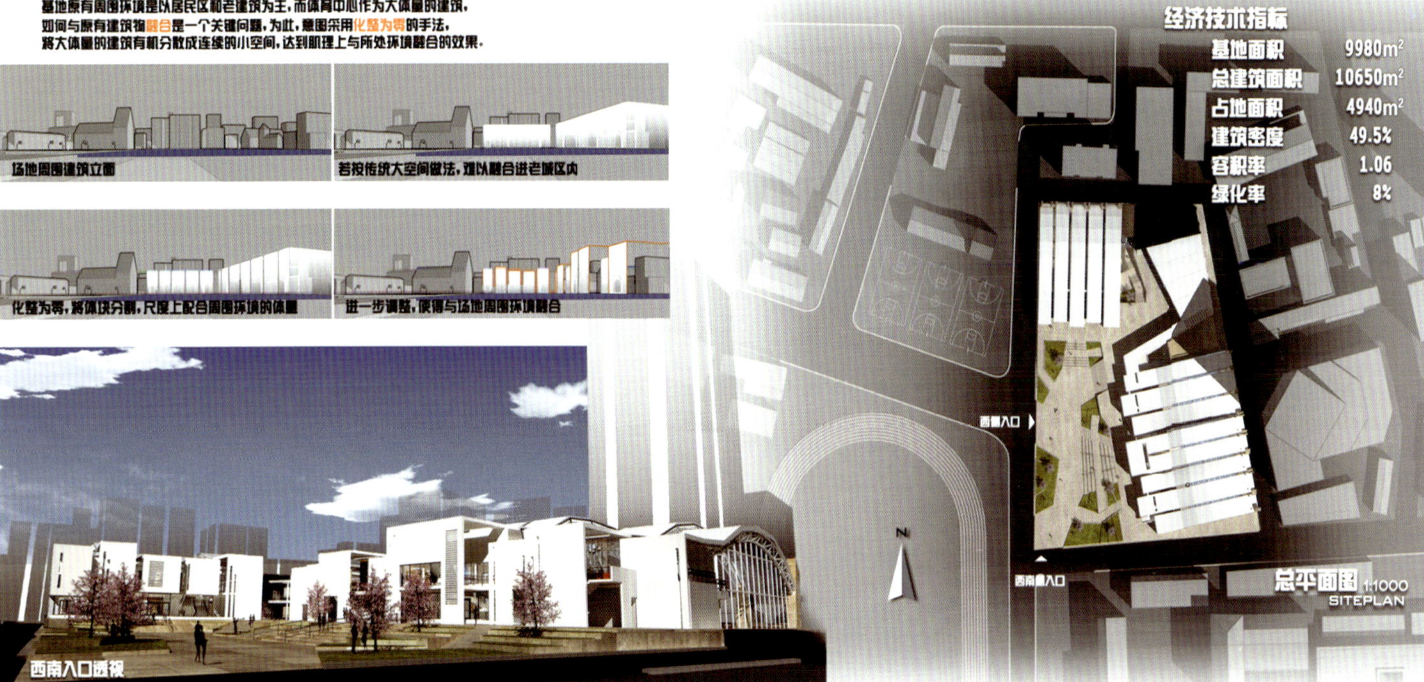

经济技术指标

基地面积	$9980m^2$
总建筑面积	$10650m^2$
占地面积	$4940m^2$
建筑密度	49.5%
容积率	1.06
绿化率	8%

西南入口透视

总平面图 1:1000
SITEPLAN

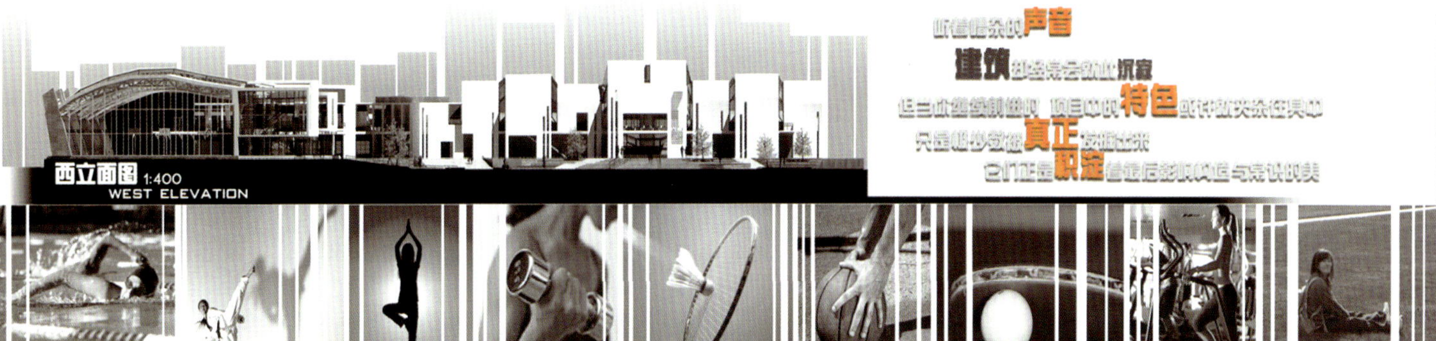

西立面图 1:400
WEST ELEVATION

连续·空间体验 EXPERIENCE OF CONTINUOUS SPACE

社区体育中心设计 DESIGN OF COMMUNITY GYMNASTIC CENTER 2

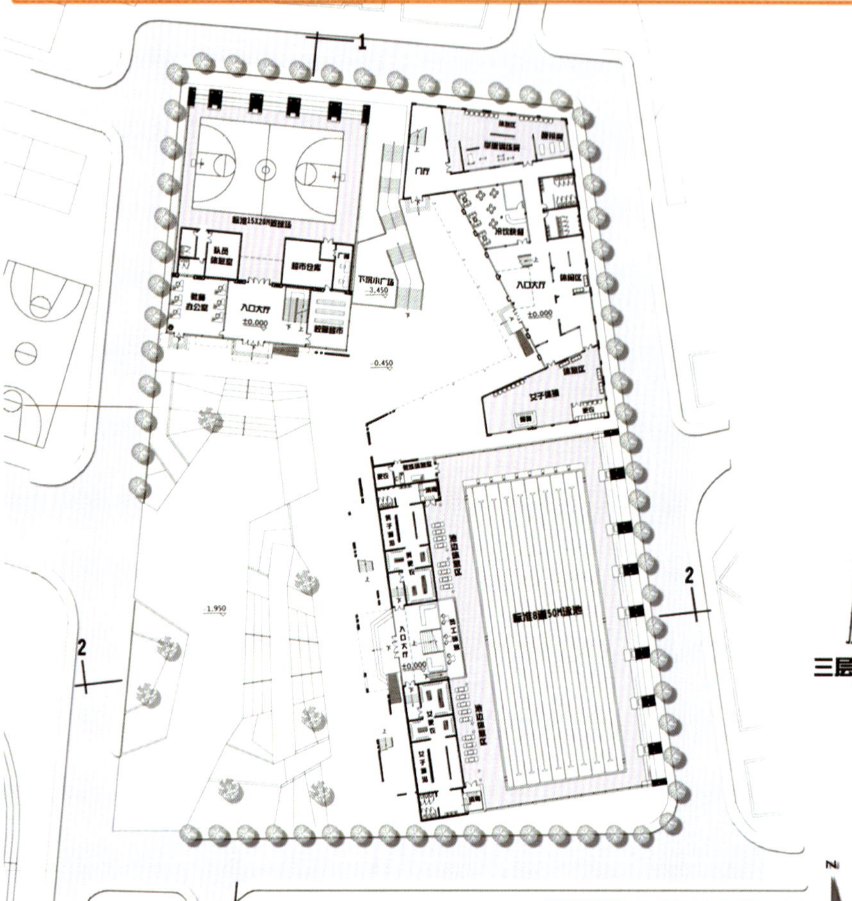

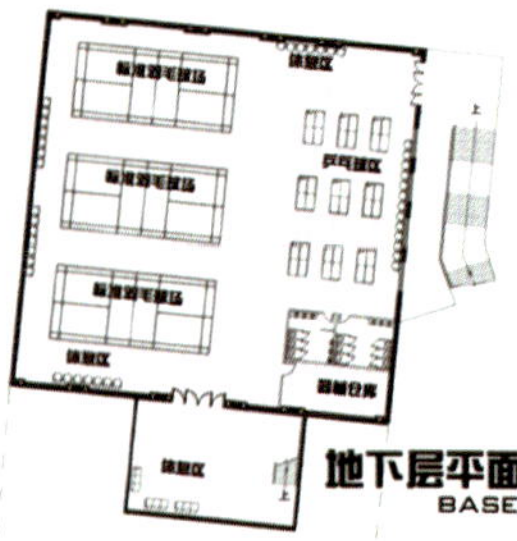

地下层平面图 1:400 BASEFLOOR PLAN

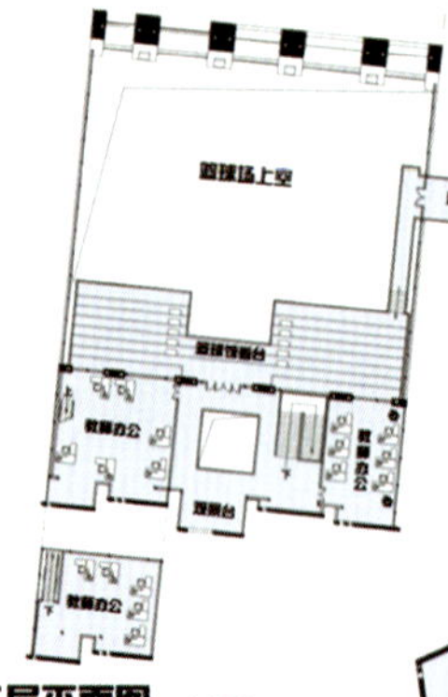

三层平面图 1:400 3RD FLOOR PLAN

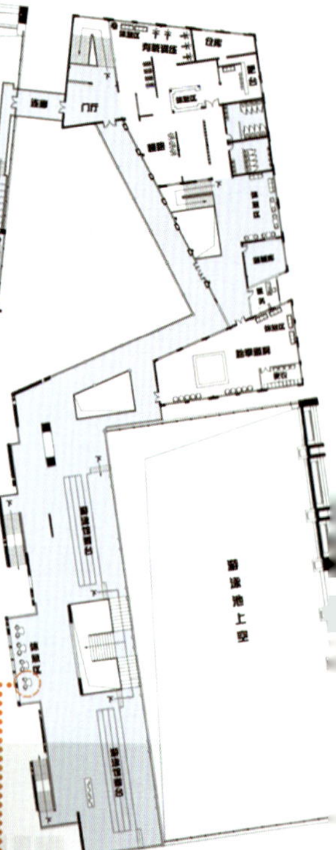

一层平面图 1:400 1ST FLOOR PLAN

二层平面图 1: 2ND FLOOR

建筑与基地间应当有着某种经验上的联系，
一种形而上的联系，一种诗意的联结。
——STEVEN HOLL

F 自由家具 FURNITURE

流动的空间 流线的家具 流失的光
自由的空间形式 应该配以自由的

健身馆西立面图 1:400 WEST ELEVATION OF GYM

南立面图 1:400 SOUTH ELEVATION

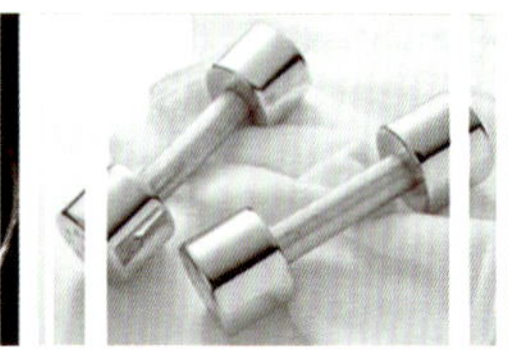

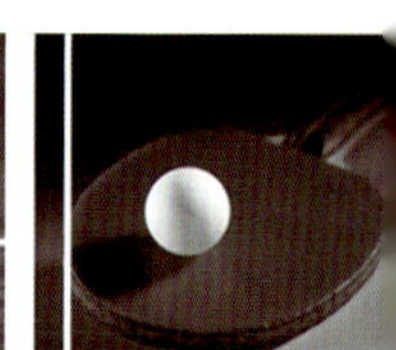

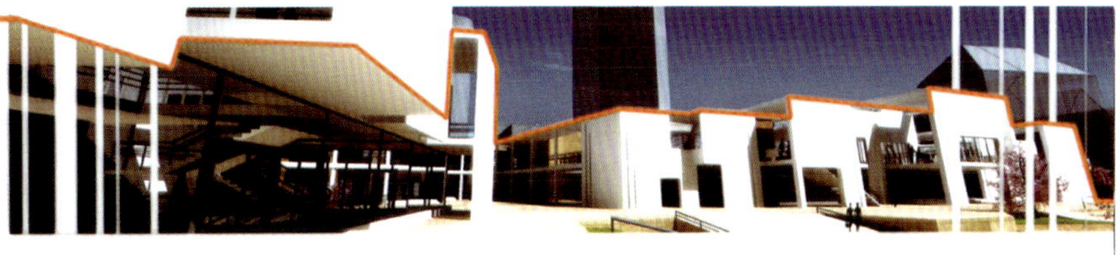

线-空间体验
ERIENCE OF CONTINUOUS SPACE

社区体育中心设计

DESIGN OF COMMUNITY GYMNASTIC CENTER 3

场地元素
ELEMENTS

的设计可以看做是
楼梯 硬质铺地 草坪
的
高差只有1.5M
正常人的视线高度
了空间交流性
考虑到人喜爱亲近草地的心理
选用耐践踏品种

草地
+
坡道
+
台阶
+
樱花树
=
场地

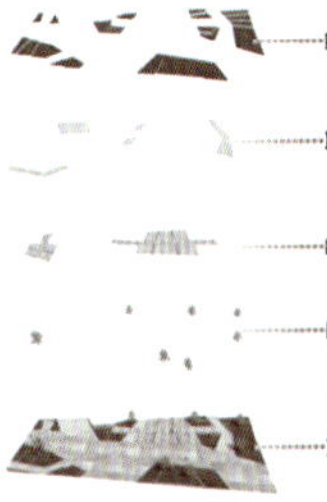

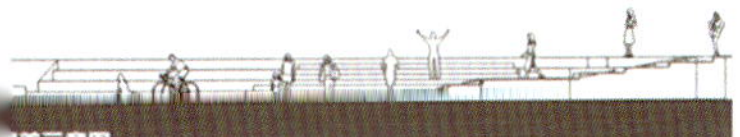

差示意图

环境设计
ANDSCAPE

设计意图融入梯田元素，并将高度降低成亲和人的尺度，品种选用耐践踏草坪
们更加自然地亲近草坪，而不只是观赏。

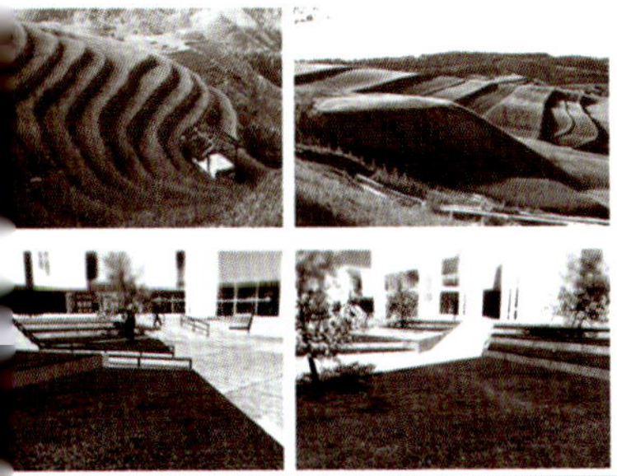

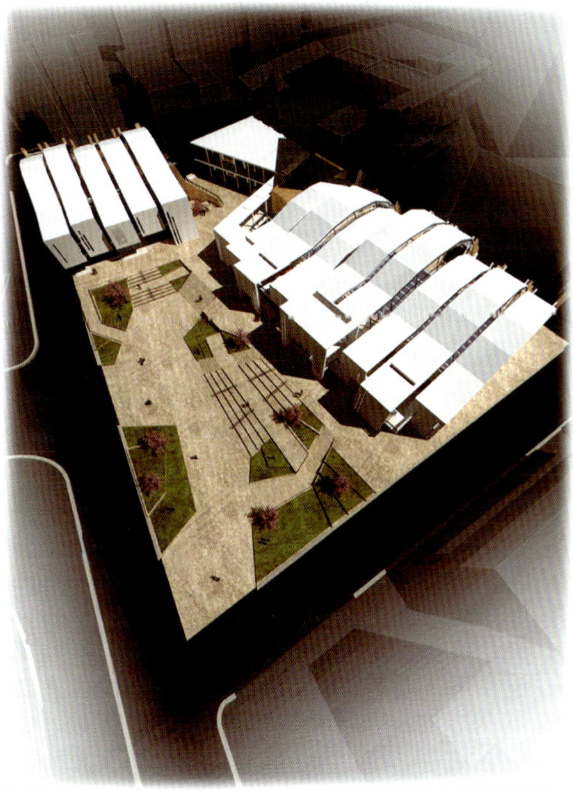

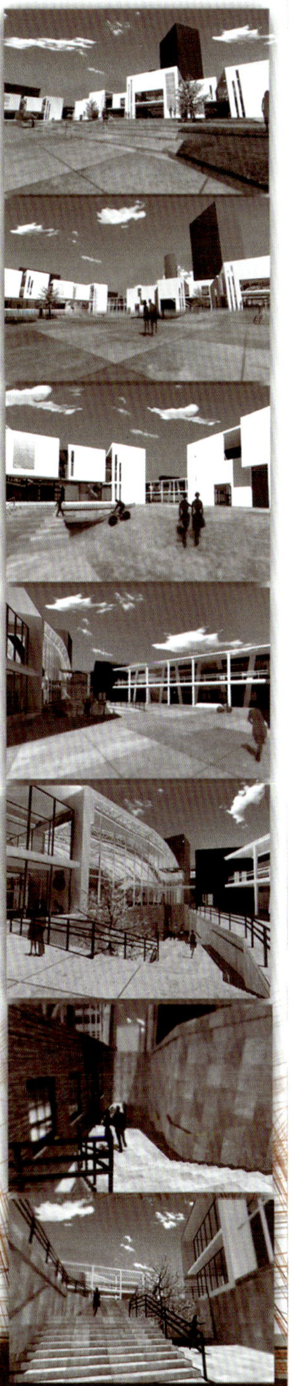

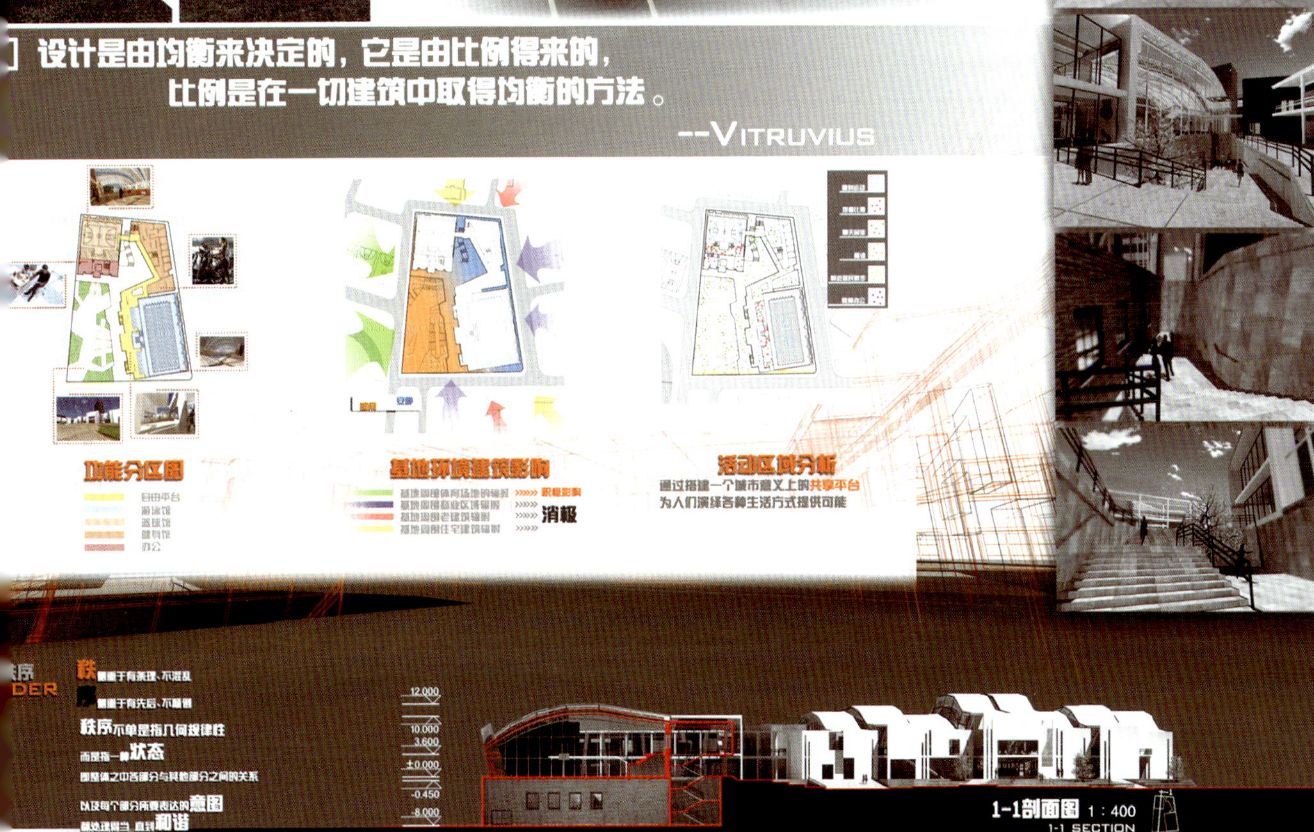

连续·空间体验
EXPERIENCE OF CONTINUOUS SPACE
社区体育中心设计
DESIGN OF COMMUNITY GYMNASTIC CENTER 4

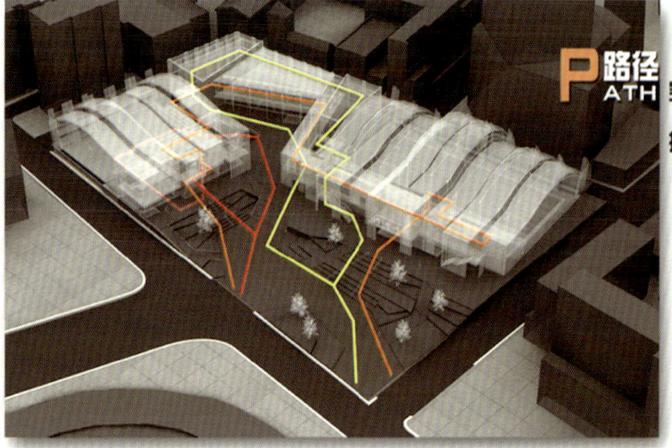

P路径 PATH

空间自由连通的场地

提供给人们多种穿越路径的可能

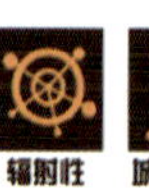

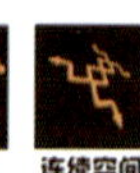

辐射性　城市缓冲　环境融合

绿化阅读　可达性　连续空间

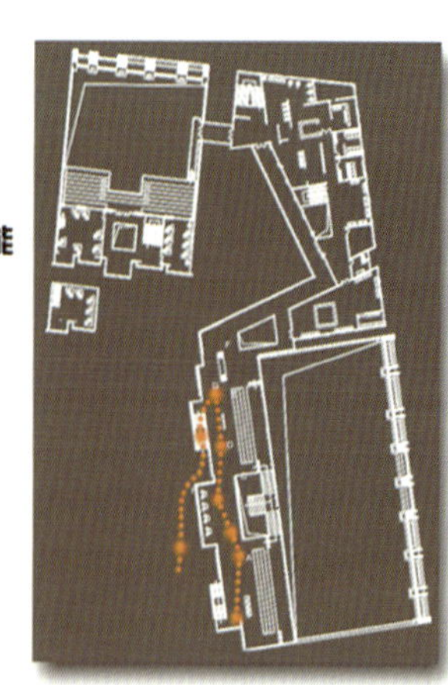

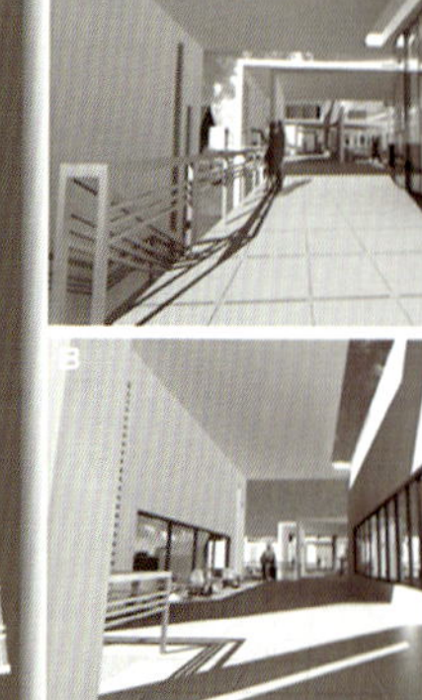

A尝试 ATTEMPT

同样的基地　方案不停更换

总是去探索　总会有新发现

每一次尝试　都是对场地更深的认识

最好的建筑是这样的，我们深处在其中，
却不知道自然在那里终了，艺术在那里开始。
——林语堂

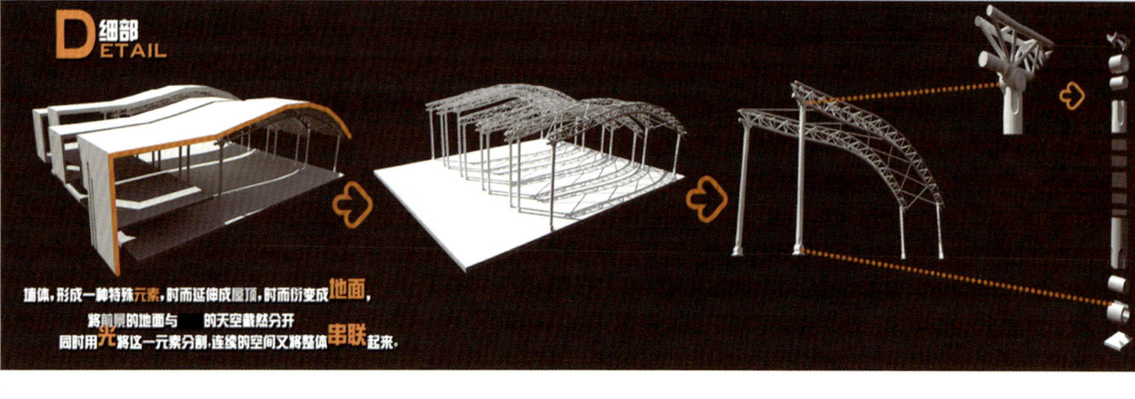

D细部 DETAIL

墙体，形成一种特殊元素，时而延伸成屋顶，时而衍变成地面，
将前景的地面与　的天空截然分开
同时用光将这一元素分割，连续的空间又将整体串联起来。

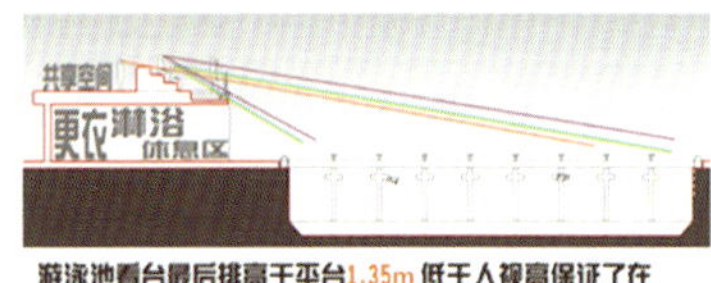

游泳池看台最后排高于平台1.35m 低于人视高保证了在
平台上交流的同时也能观看到比赛.

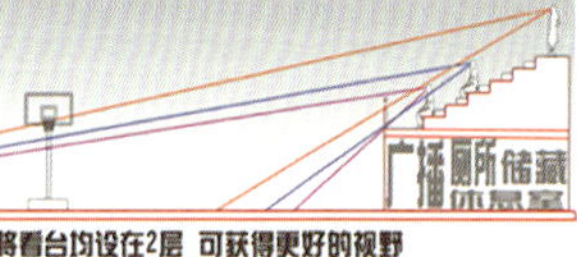

将看台均设在2层　可获得更好的视野
同时充分利用看台下部空间　满足各种需求

大跨度空间··光

将印象中的大跨度结构进行切割
所用工具就是光线
然后将切割好的体块彼此打散
使得光能够漫进来
洒在空气中　刹那间拥有了形态
变成了空间的主角

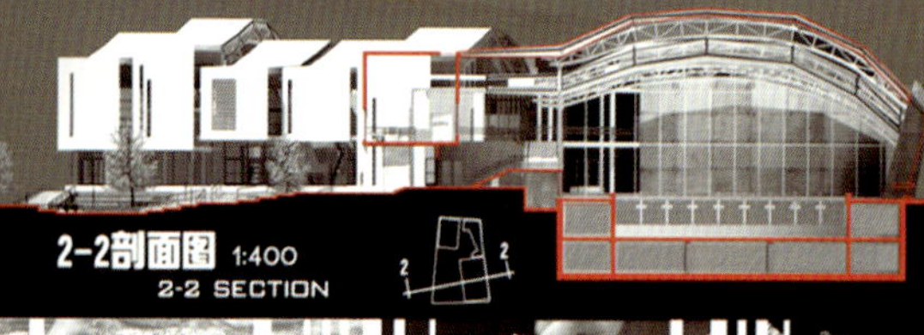

2-2剖面图 1:400
2-2 SECTION

2009年全国高等学校建筑学专业
第8届大学生建筑设计作业观摩和评选
优秀作业

设计题目：商业里院——青岛观象路商业文化广场设计
作业完成时间：2009年8月
作业时长：9周
作者姓名：邵彦 徐超凡
指导教师：徐岩 郝赤彪 解旭东

Selected Excellent Work of
8th Observation and Evaluation of Students' Architectural Design Works in Universities,
National Universities Architecture Speciality,2009

Title: Commercial Square—Commercial and Cultural Square on Guanxiang Road,Qingdao
Submitting Time: August 2009
Duration: 9 weeks
Authors: Shao Yan, Xu Chaofan
Instructors: Xu Yan, Hao ChiBiao, Xie Xudong

教师评语：

方案的空间布局很好地融入原有城市空间环境，对城市肌理把握较好，建筑风格在继承传统建筑风格的基础上有所创新。建筑功能定位比较合理，较好地丰富了该地区市民的生活。

城市始于作为交流场所的公共空间和街道。人际交流是城市的本源

——路易斯·康

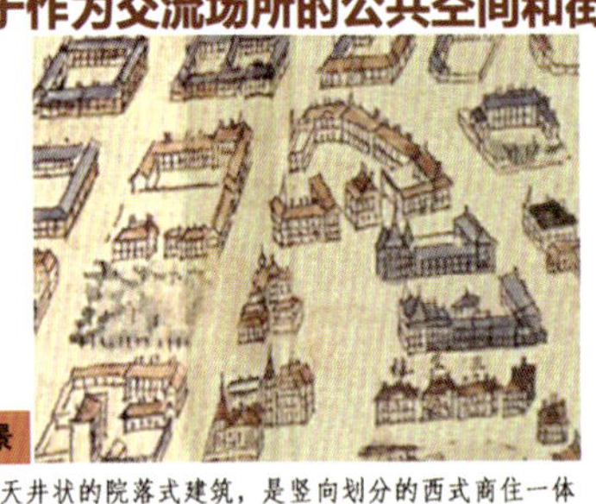

一. 背景

围合成天井状的院落式建筑，是竖向划分的西式商住一体的楼房与中国传统四合院式住宅相结合的产物。这种单栋又似裙联的建筑，被称为“里”。至建国时，青岛市区的“里”有400余处。这种“里”，改变了中国邻居交往的传统模式，加强了同“里”中居民的联系。这是青岛特有的一类民居。

二. 区位概况

青岛观象路地段位于青岛市南区，江苏路与胶州路的交界。是青岛市重要的交通节点地段。地段内保留有德占时期建造的圣保罗教堂和民国时期的很多著名建筑。为青岛市重点保护建筑。地段内现有中学、小学各一所，文化氛围浓厚。

地段周边环境分析

地段位于胶州路与江苏路节点，北面有青岛市里医院、圣保罗教堂，人流量较多，西面观象六路中学，南面观象山，是人们休闲主要去处，东面以住户为主，吸纳主要人流。

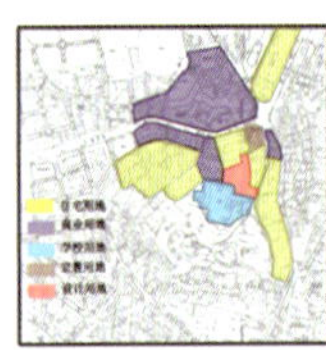

地段周边功能分析

地段周边功能分区复杂，主要以居住，商业，教育宗教为主，人群多为中老年，青年学生，收入低下。胶州路以北为市南区商业中心地段，经济发达，为人流主要吸收对象，从而带动地段经济。

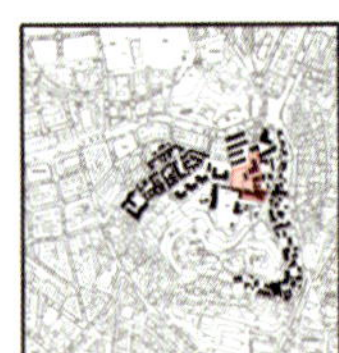

地段肌理分析

地段肌理凌乱，轴网混乱空间“缺失”，不能与周边肌理相协调，可识别性少，空间缺少亲和力，青岛里院式形制得不到体现

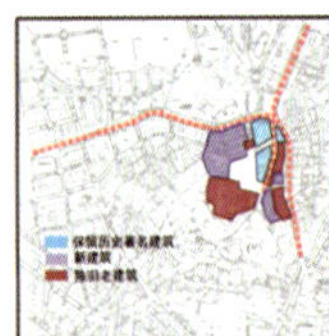

地段周边建筑年代分析

地段周边建筑很多为德占时期建造的欧式风格单体别墅，同时有民国时期建造的复古主义风格住宅，许多住宅年代久远，设施陈旧，新建筑较少，新旧风格建筑很难协调统一。

总平面图 1:1000

1 商业里院 BUSINESS & CULTURE COMMERCIAL SQUARE

三. 青岛印象

1 里院空间格局

老青岛的建筑，经过历史的积淀，在城市肌理上形成了里院式的空间形式，建筑围和院落，里院式空间有利于人们从公共空间—办公共空间—半私密空间—私密空间的领域感的形成，增加空间的亲和力增加人们对于社区空间的可识别性和趋向性。

2. 街巷空间特征

青岛地势高低变化大，街道随地势高低延伸街道两侧多用高大实墙围合，住宅深藏其中空间感强烈，空间层次丰富，街巷空间尺度宜人方向性强。

3 立面风格

老青岛的建筑立面多形成了红瓦，黄墙，石基的风格，立面多为古典风格的三段式，开窗多为细长型，一层常形成拱券透廊，墙面加石材饰面，细部丰富，屋顶开老虎窗建筑形态显端庄，厚重。

四. 基地现状调研

1 街区问题

沿街立面建筑风格混杂，难以统一许多老建筑立面材质破落较大，建筑设施陈旧，道路狭窄。

2 内部结构

基地内部居住空间混乱，拥挤建筑密度过大，空间缺乏秩序文化，活动空间缺失，人们生活单调，两侧居民以中老年为主，东侧街区为底层，西侧多为保留历史著名建筑。

3 交通结构

基地道路结构错综复杂，街道狭长，沿街停车严重，缺少公共停车位与沿街广场缓解交通压力

时代背景的回应

保护历史风貌，对老街区，历史地段的改造，更新一直是但今建筑设计领域关注的焦点问题，在保护的基础上，延续古典美，增添现代美；是这个时代崇尚的理念。有我们尊重的历史，更有我们憧憬的现代。

介于地段与城市肌理的适应性缺失，内部环境秩序混乱，人们严重缺乏公共生活活动空间，生活单调乏味，缺少情趣从青岛特有的里院空间入手，对地段空间进行改造重组，形成院落式的广场空间。

改造理念上，初步采取新旧结合的现代手法，从青岛老建筑中提炼元素，同时加入现代元素，让建筑立面和谐中不乏对比。

功能上介于老城区地段经济落后，发展缓慢，周边建筑不能有效的带动地段发展，从而从商业广场方面出发，定位建筑发展方向，同时含盖文化，展示等功能，打造老城区以新面貌。

城市始于作为交流场所的公共空间和街道。人际交流是城市的本源

——路易斯·康

上海新天地保留旧建筑外表，
对其内部结构和功能进行重新改造，
既有效地保留了旧建筑的历史风貌，
又满足了现代城市发展的需求，
实现了保护与开发的有机融合。
原有狭窄、拥挤的里弄空间得以疏通整合，
并加入步行街、广场等公共空间元素，
使得整个空间格局疏密有至、收放自如、
开合得当。

万科第五园用一种语法来诠释中式.
提炼精神层面的东西.去边除表象,
直达内里充分考虑当地自然,旨在唤
醒人们深藏的场所记忆和文化认同感.

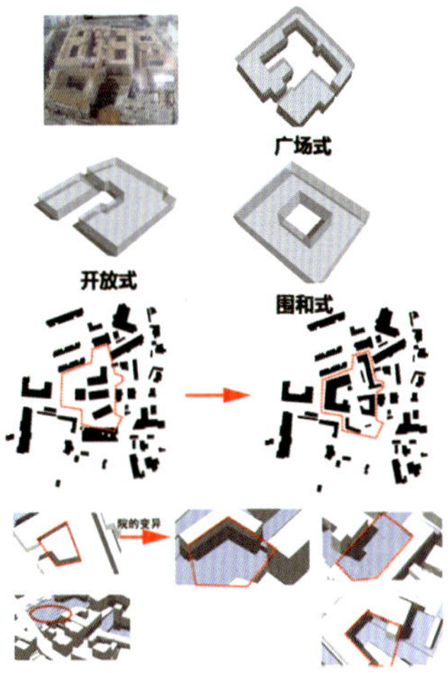

一层平面图 1:300

五. 理念生成

广场式

开放式

围和式

1 空间

空间抽象提取

分析老青岛城市特有的空间形态抽象出几种空间组合形式，进行里院形态向广场的转变。

2 文脉

肌理的回应 里院的再生

分析地段图底，适应地段肌理，用空间“完形”的方法组织，建立空间延续青岛可识别性强的里院式空间形态，体现青岛文化风貌。

3 环境

交通秩序改善 公共空间的提供

将原始的里院空间变异，扩大“院”的尺度，减小“体”的尺度从而提供人们丰富的室外公共空间，将社区文化从室内拿到室外。

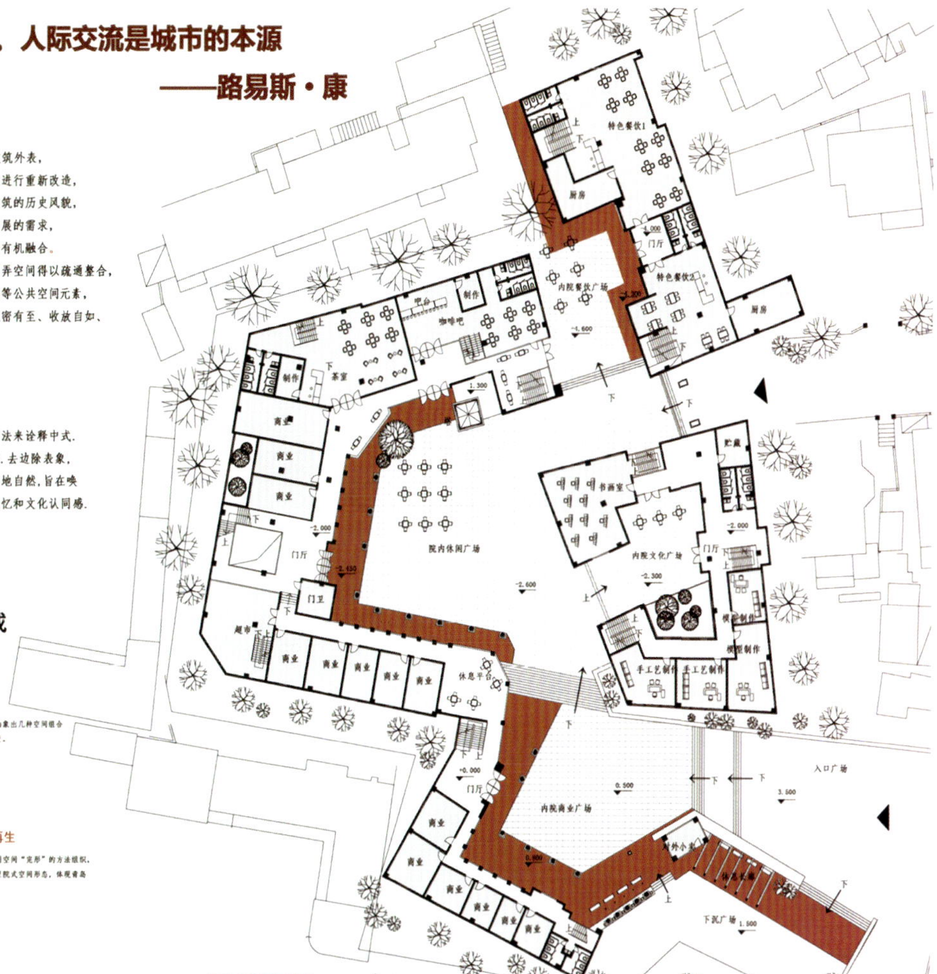

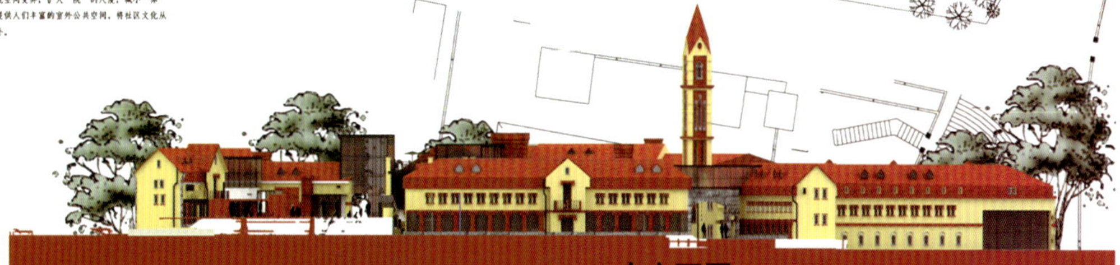

4 建筑定位

商业，文化，人

人物_普通大众基周边经济发达地区地段内人群以老人，学生居多，同时当地经济发展较为落后，建筑定位以吸引周边经济发达地区人流，带动该地区发展为他们提供基本的休闲，文化场所

东立面图 1:300

2 商业里院 BUSINESS & CULTURE COMMERCIAL SQUARE

5 形式

传统. 现代

在充分理解青岛建筑立面样式的基础上，采取继承，延续，改造的方法试图保持街区风格的统一，采用青岛建筑红顶黄墙的色彩感觉，回应一种亲切感，同时加入现代元素，回应时代背景。

空间界面的营造原则

1. 空间界面的整体性与统一性营造一个贯穿始终的风格，形成一个整体的、统一的视觉意象，不会给人以拼贴、拼凑的凌乱感，空间界面的人性化

2. 尺度营造 通过小品，步行道的尺度把握，给人以亲切感，人性化，小巷宽不过2—3米，扩大的街道宽也是不超过十米，更大一点的广场也就是30米左右宽，整个里院建筑高度一般为2—3层，空间高宽比为1-1.5左右，是一个人的心理感觉较为舒适的尺度。

3. 空间界面的丰富与多样性

融合了历史与现代，东方与西方的产物，在立面的处理上，大量地运用了拼贴和叠合的方式，运用现代的钢、玻璃等材料，结合传统的，掩在绿树、花丛、等景观元素的映衬下，造就了一个色彩柔和、统一又不乏亮点的，既对比又和谐的空间界面

4. 空间界面的文化性与地方性

健康的商业步行街中的空间界面不仅具有物质上的意义，还具有精神上的意义，从空间上青岛里院空间的运用，到材质上的红瓦，黄墙，石基的沿革，传统的手工艺店面与现代的酒吧，咖啡座……营造和重塑青岛多元化与兼容性文化氛围和地方性。

三
年
级

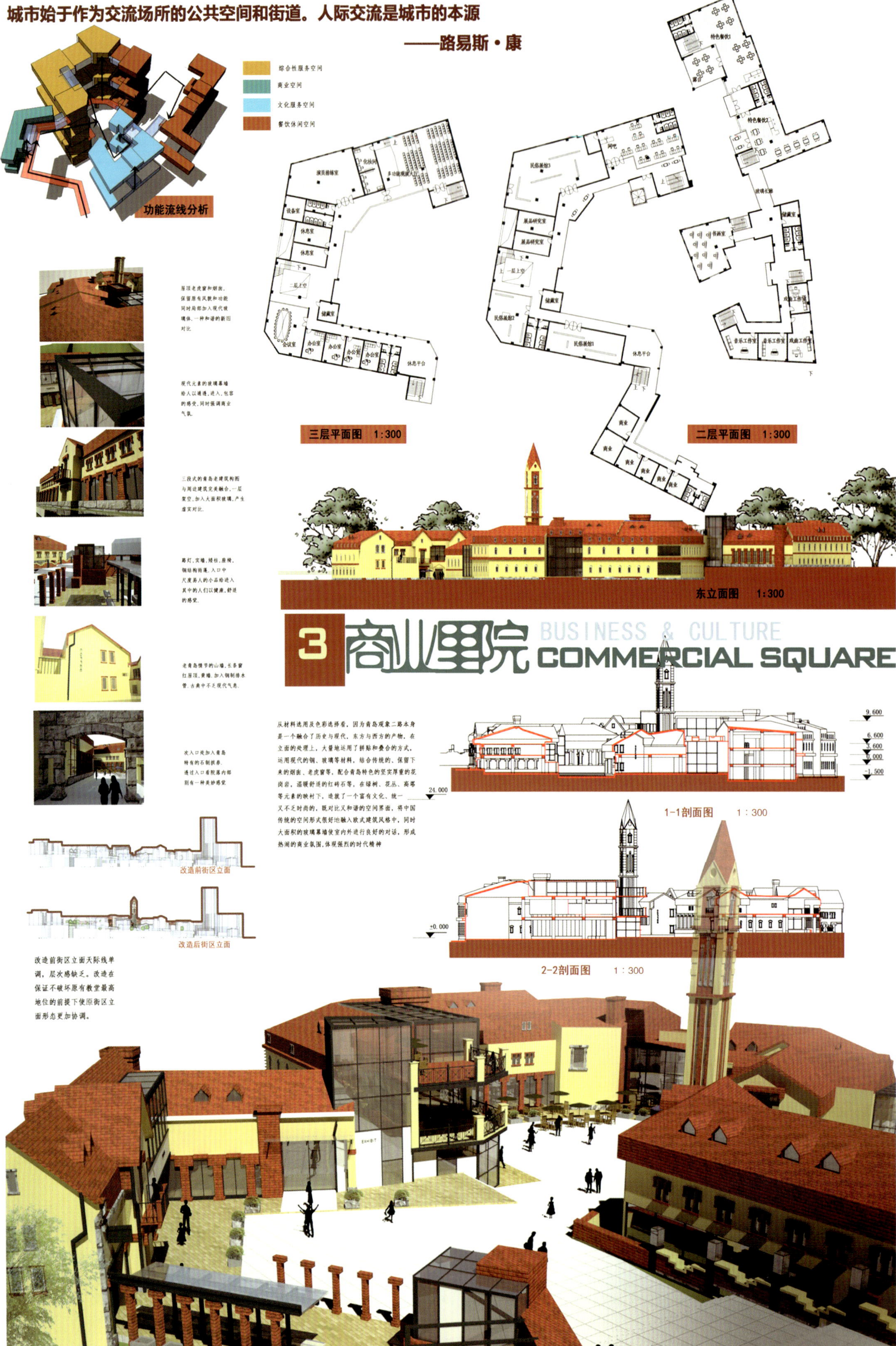

城市始于作为交流场所的公共空间和街道。人际交流是城市的本源
——路易斯·康
综合性服务空间
商业空间
文化服务空间
餐饮休闲空间
功能流线分析
屋顶老虎窗和烟囱，保留原有风貌和功能同时局部加入现代玻璃体，一种和谐的新旧对比
现代元素的玻璃幕墙给人以通透，进入，包容的感受，同时强调商业气氛。
三段式的青岛老建筑构图与周边建筑完美融合，一层架空，加入大面积玻璃，产生虚实对比。
路灯，实墙，矮柱，座椅，钢结构雨蓬，入口中尺度易人的小品给进入其中的人们以健康，舒适的感觉。
老青岛情节的山墙，长条窗红屋顶，黄墙，加入钢制排水管，古典中不乏现代气息。
次入口处加入青岛特有的石制拱券，透过入口看院落内部别有一种美妙感觉
改造前街区立面
改造后街区立面
改造前街区立面天际线单调，层次感缺乏。改造在保证不破坏原有教堂最高地位的前提下使原街区立面形态更加协调。
三层平面图 1:300
二层平面图 1:300
东立面图 1:300
3 商业里院 BUSINESS & CULTURE COMMERCIAL SQUARE
从材料选用及色彩选择看，因为青岛观象二路本身是一个融合了历史与现代，东方与西方的产物，在立面的处理上，大量地运用了拼贴和叠合的方式，运用现代的钢、玻璃等材料，结合传统的、保留下来的烟囱、老虎窗等，配合青岛特色的坚实厚重的花岗岩，温暖舒适的红砖石等，在绿树、花丛、高塔等元素的映衬下，造就了一个富有文化、统一又不乏时尚的，既对比又和谐的空间界面，将中国传统的空间形式很好地融入欧式建筑风格中，同时大面积的玻璃幕墙使室内外进行良好的对话，形成热闹的商业氛围，体现强烈的时代精神
9.600
6.600
3.600
0.000
-1.500
24.000
1-1剖面图 1:300
±0.000
2-2剖面图 1:300

城市始于作为交流场所的公共空间和街道。人际交流是城市的本源
——路易斯·康
经济技术指标:
占地面积: 3400m2
用地面积: 5800m2
建筑面积: 11000m2
建筑密度: 0.58
绿化率: 36%
景观特色
地下层平面图 1:300
形体生成分析
step1
step2
step3
step4
step5
4
商业里院
BUSINESS & CULTURE
COMMERCIAL SQUARE
从入口处看塔
从塔顶俯视
从商业广场仰视塔
从餐饮广场仰视塔
从次入口看塔
圣马可广场
时代气息
城市广场
广场步行流线分析
空间景观节点分析
广场空间形态功能分析
商业性广场
休闲综合性广场
文化民俗性广场
餐饮性广场
里院广场空间序列

2008 Autodesk Revit杯全国大学生可持续建筑设计竞赛
重建精神家园——汶川大地震都江堰纪念馆设计

设计题目：隐藏的记忆
作业完成时间：2009年6月
作业时长：5周
作者姓名：律思同
指导教师： 郝赤彪 解旭东

National Students' Competition of Sustainable Building Design，2008 Autodesk Revit Cup
Rebuild Spiritual Home— Dujiangyan Memorial Museum for Wenchuan Earthquake

Title: Hidden Memories
Submitting Time: June 2009
Duration: 5 weeks
Author: Lv Sitong
Instructors: Hao Chibiao, Xie Xudong

教师评语：

建筑形体表现有张力，凸显了地震后地表的断裂感。
展览流线清晰，景观节点错落有致，室内外情景联系紧密。
效果图表现有待加强。

EARTHQUAKE

MEMORIAL MUSEUM

5.12……

● 水

都江堰境内河流众多，被称为西部水城，水是都江堰最为有观的记忆。水是生命的象征，流水与静水的结合更是象征着生命的延续和时间的流逝。

● 竹

竹，是蜀文化镜像中不可或缺的一部分，竹子节节攀升，象征的是中华民族不屈的精神。竹，给人创造了冥思的空间，给人平和的氛围，并起到了分隔空间的作用。

● 基地分析

基地选在四川省都江堰市内走马河与主要商业街太平街之间，周边多为居住区，其中凤凰里二期与清和苑位于基地南部，太平街为都江堰城区的主要商业街，是都江堰较为重要的城市干道，走马河为都江堰境内主要河流之一，拥有良好的水景景观。

● 创作理念分析

建筑形体为“人”的意象，同时也是“512”，三个形体相互支撑象征中国人民相互扶持度过灾难。建筑设计对建筑周边的自然环境和城市环境进行全面分析，尤其针对地震后的建筑环境进行分析，力图创造一种大隐隐于市的感觉，对周边环境的影响降至最小，尊重原有城市肌理，建筑造型简洁有力，创造一种宁静沉思的氛围。

● 下沉广场

建筑位于走马河旁边，隐藏的形体，使得周围的建筑能更好地看到河岸，同时下沉的广场提供了较好的景观，并起到了空间限定的作用。下沉广场将喧闹的城市与纪念空间分隔开来，创造平和的空间，随着大阶梯的渐进，人们渐渐远离喧嚣的城市，走向对自我，对自然的沉思与敬畏之中。

● 静水 雕塑

静水与雕塑的组合安静内敛，参观者细细感受逝去的时光和生命，在那份清净中寻找一种久违的熟悉的气息，回想那曾经的过往的讯息，感受一份沉淀于心中的思念与震撼。

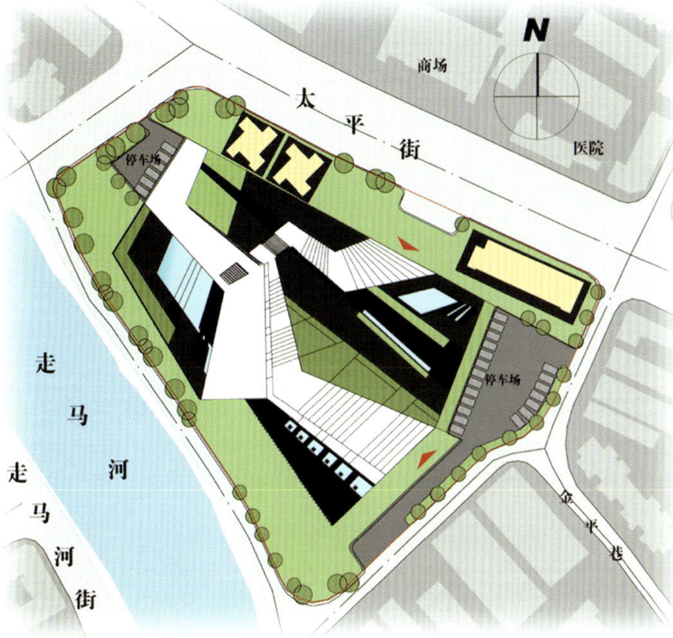

总平面图 1：1000

● 设计构思

“5.12” 数字的引用

与“人”概念的结合

空间感增强，产生静积极空间供参观者冥思。

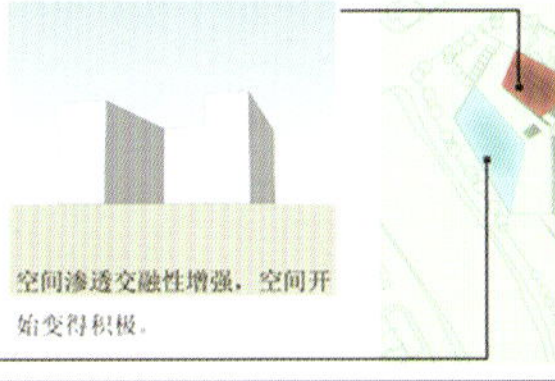

空间渗透交融性增强，空间开始变得积极。

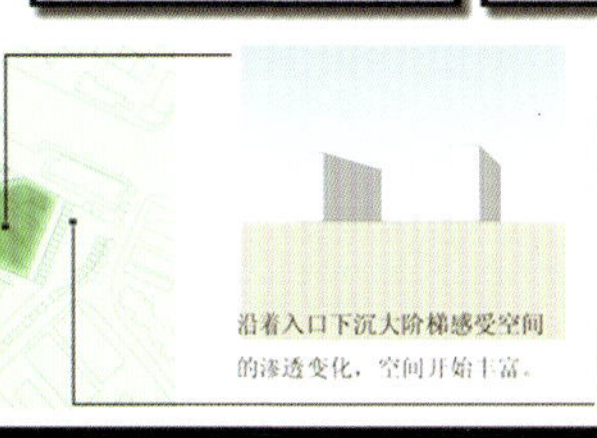

沿着入口下沉大阶梯感受空间的渗透变化，空间开始丰富。

远观感受纪念碑式建筑，孤立、均衡、纯净，体验N空间。

隐藏的记忆——汶川大地震都江堰纪念馆设计

DUJIANGYAN EARTHQUAKE MEMORIAL MUSEUM

1

EARTHQUAKE MEMORIAL MUSEUM

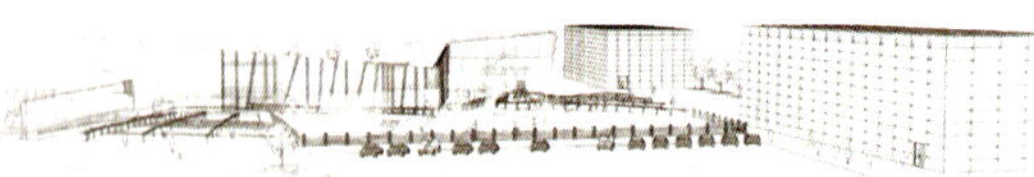

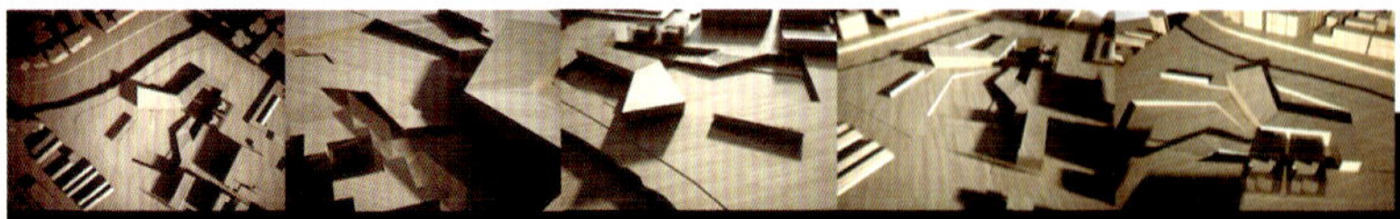

5.12……

隐藏的记忆——汶川大地震都江堰纪念馆设计

建筑内部流线简单，三个展厅按照时间轴顺序展开，分别以铭、殇、寻为感情线，实现感情的逐步凝聚，移景换情。

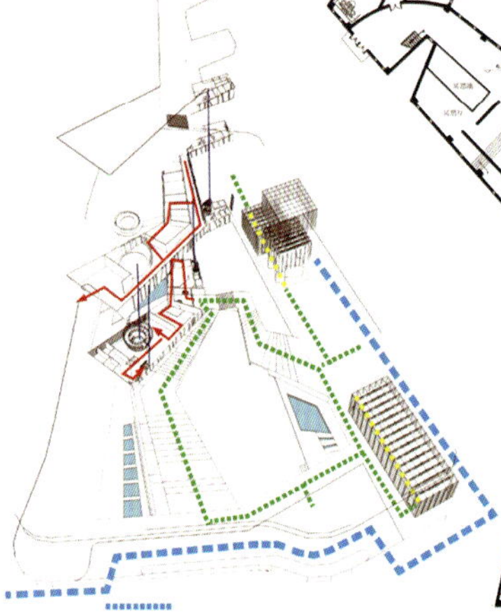
到达建筑主入口流线
参观废墟流线
垂直交通
参观路线

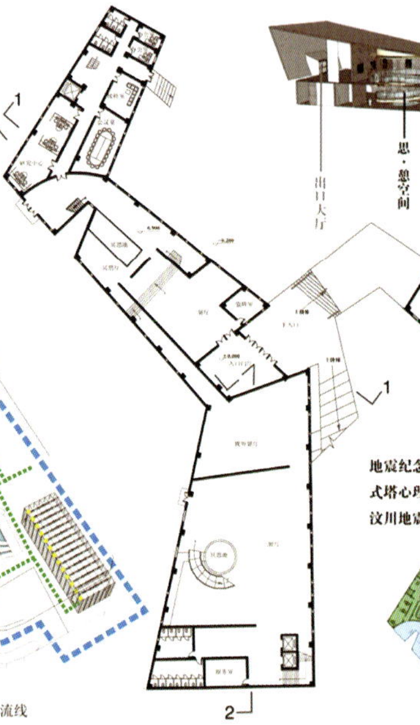

一层平面图　1：400

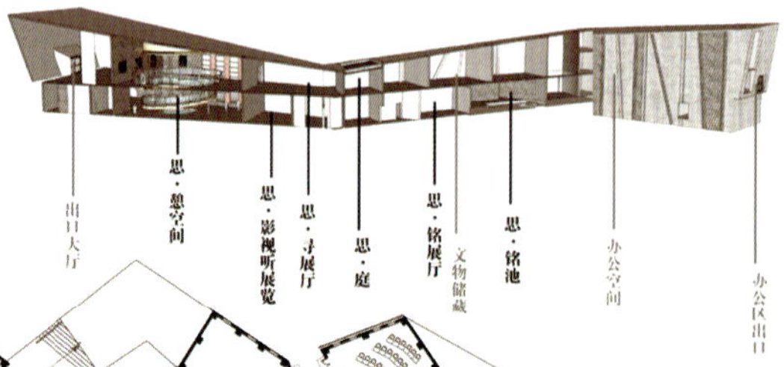
出口大厅
思·憩空间
思·影视听展览
思·寻展厅
思·庭
思·铭展厅
文物储藏
思·铭池
办公空间
办公区出口

地震纪念馆通过形象移情作用，将参观者的心情提升到一定的高度。通过对格式塔心理学的研究，力图通过空间的转换从而对感情的进行引导，使得人们对汶川地震有着更为深刻的理解，激起人们的感同身受的情绪。

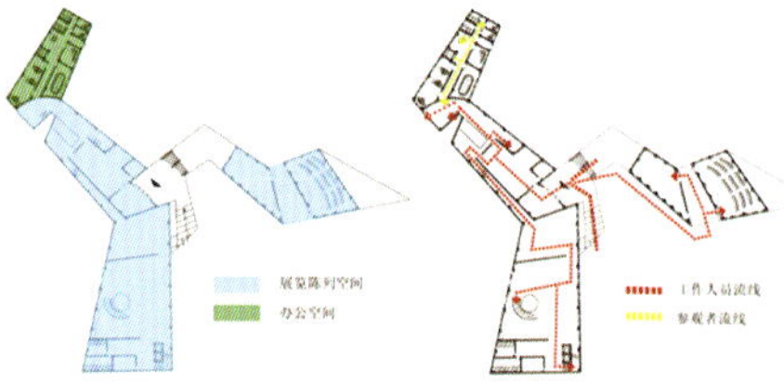
展览陈列空间
办公空间
工作人员流线
参观者流线

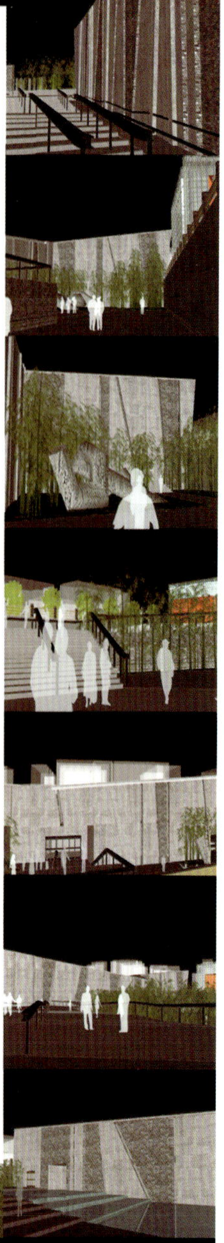

废墟处理

该地区地震前多为砖混结构，在地震中受损较为严重，震后，基地内存在大量的建筑废墟,因此地震纪念馆设计中，采取了部分废墟原址静态保护的方法，使用玻璃幕墙将建筑与道路分隔开来，同时也将建筑废墟保护起来，形成“城市橱窗”的概念。

废墟保护鸟瞰

废墟保护结构细部

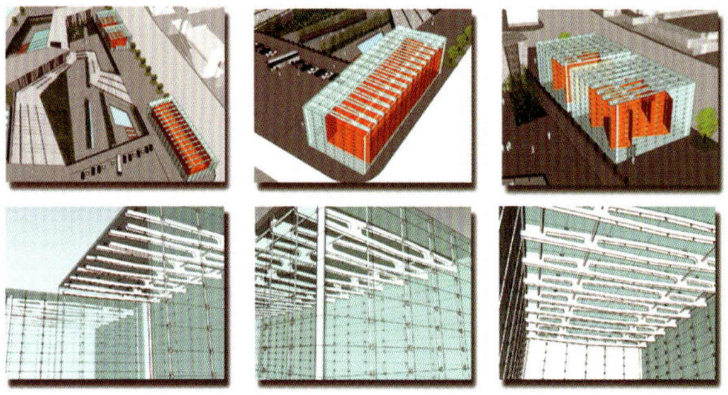

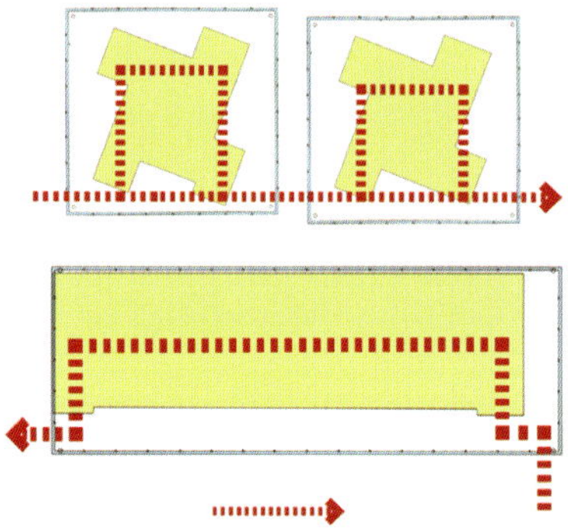
参观废墟流线

将废墟融入城市借景之中，同时也是城市那段历史的记忆的最深刻最直白的回忆。

城市是记忆的艺术。记忆是曾经的永恒形式，通过凝固的一刻，可以铭记那些事，那些人，那座城……

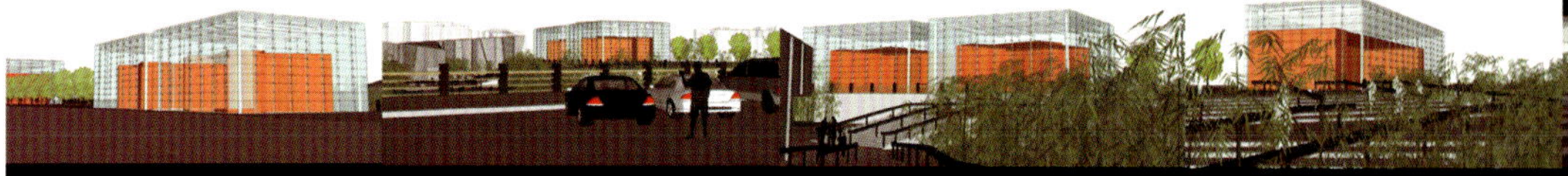

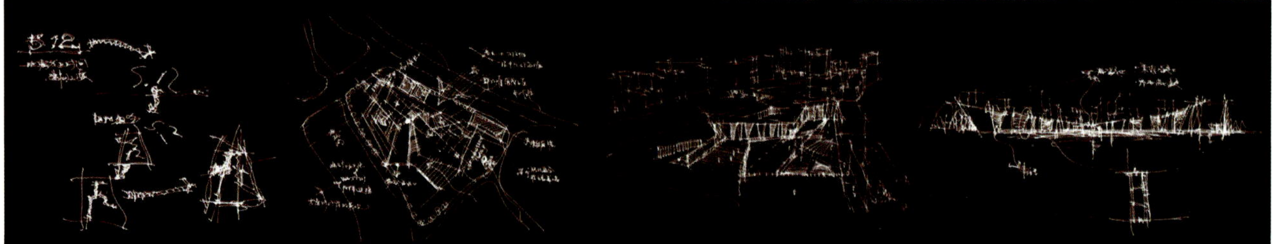

DUJIANGYAN EARTHQUAKE MEMORIAL MUSEUM　2

EARTHQUAKE MEMORIAL MUSEUM

5.12……

隐藏的记忆——汶川大地震都江堰纪念馆设计

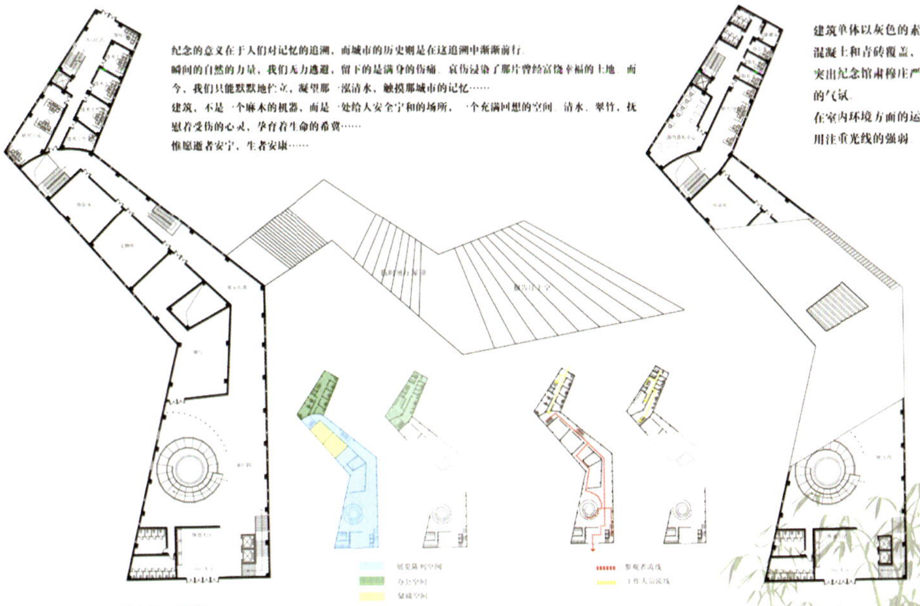

纪念的意义在于人们对记忆的追溯，而城市的历史则是在这追溯中渐渐前行。

瞬间的自然的力量，我们无力逃避，留下的是满身的伤痛。哀伤浸染了那片曾经富饶幸福的土地。而今，我们只能默默地伫立，凝望那一泓清水，触摸那城市的记忆……

建筑，不是一个麻木的机器，而是一处给人安全宁和的场所，一个充满回想的空间。清水、翠竹，抚慰着受伤的心灵，孕育着生命的希冀……

惟愿逝者安宁，生者安康……

建筑单体以灰色的素混凝土和青砖覆盖，突出纪念馆肃穆庄严的气氛。

在室内环境方面的运用注重光线的强弱。

二层平面图　1：400

三层平面图　1:400

框架结构

由建筑废渣到再生砖的制造

设计中再生材料的使用

框架结构

古建筑对抗震结构的启示

设计中再生材料的使用

建筑抗震

中国传统的木构架结构有良好的抗震性能。用榫卯搭建的房屋整体是牢固的，从结构体系上说却是柔性的，因为所有的构件的节点都是铰结的，就像人的关节，可以允许小的移动。发生地震时，这些构架的塑性、斗拱就充分发挥出柔性作用，可以减弱或抵抗地震波。在本设计中，汲取我国传统木构架结构的经验，内部采用钢材框架结构，外贴面为由再生砖技术生产的仿素混凝土板，构成柔性框架结构体系。在屋顶与结构柱连接处采用多层铰接结构叠加的方式，能起到"减震器"的作用，而且被各种水平构件连接起来的，"斗拱群"能够形成一个整体性很强的"刚盘"，把地震力传递给有抗震能力的柱子，大大提高了整个结构的安全性。

再生砖

用破碎后的废墟材料作为骨料，参合切断的秸秆作为纤维，加入水泥等由灾区当地原有的制砖厂，作为轻质砌块，用于灾区重建。

东立面图　1：400

北立面图　1：400

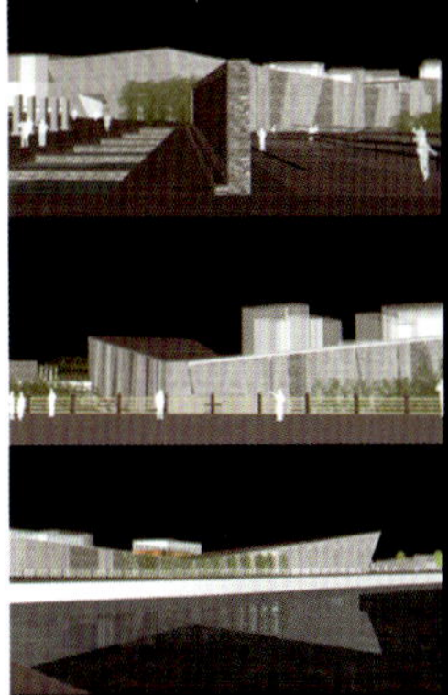

剖面图 1-1　1：400

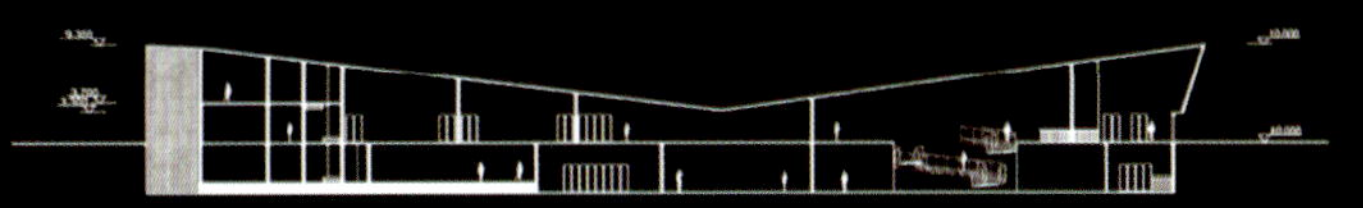

剖面图 2-2　1：400

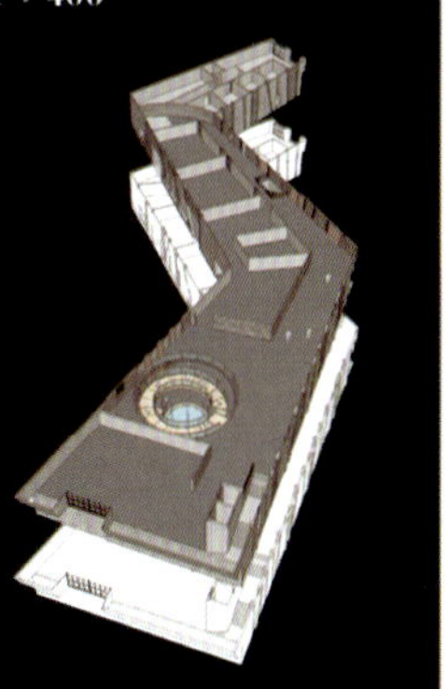

DUJIANGYAN EARTHQUAKE MEMORIAL MUSEUM

3

2009年全国高等学校建筑学专业
第8届大学生建筑设计作业观摩和评选
优秀作业

设计题目：青岛小港湾历史街区再生计划
作业完成时间：2009年6月
作业时长：12周
作者姓名：沈思 罗坤
指导教师： 郝赤彪 王少飞 刘婕

Selected Excellent Work of
8th Observation and Evaluation of Students' Architectural Design Works in Universities,
National Universities Architecture Speciality,2009

Title: Historic District Reconstruction Design of Small Harbor in Qingdao
Submitting Time: June 2009
Duration: 12 weeks
Authors: Shen Si, Luo Kun
Instructors: Hao Chibiao, Wang Shaofei, Liu Jie

教师评语：

该方案就“历史街区的保护与开发”这一命题为我们提供了一个新的诠释的角度。历史城区的形成是与其所经历的历史时期和社会状况密不可分的，更为重要的是在这一过程中会形成其自有的“生长”，而该方案正是从这一被忽视的角度出发，找到了解题的突破口。

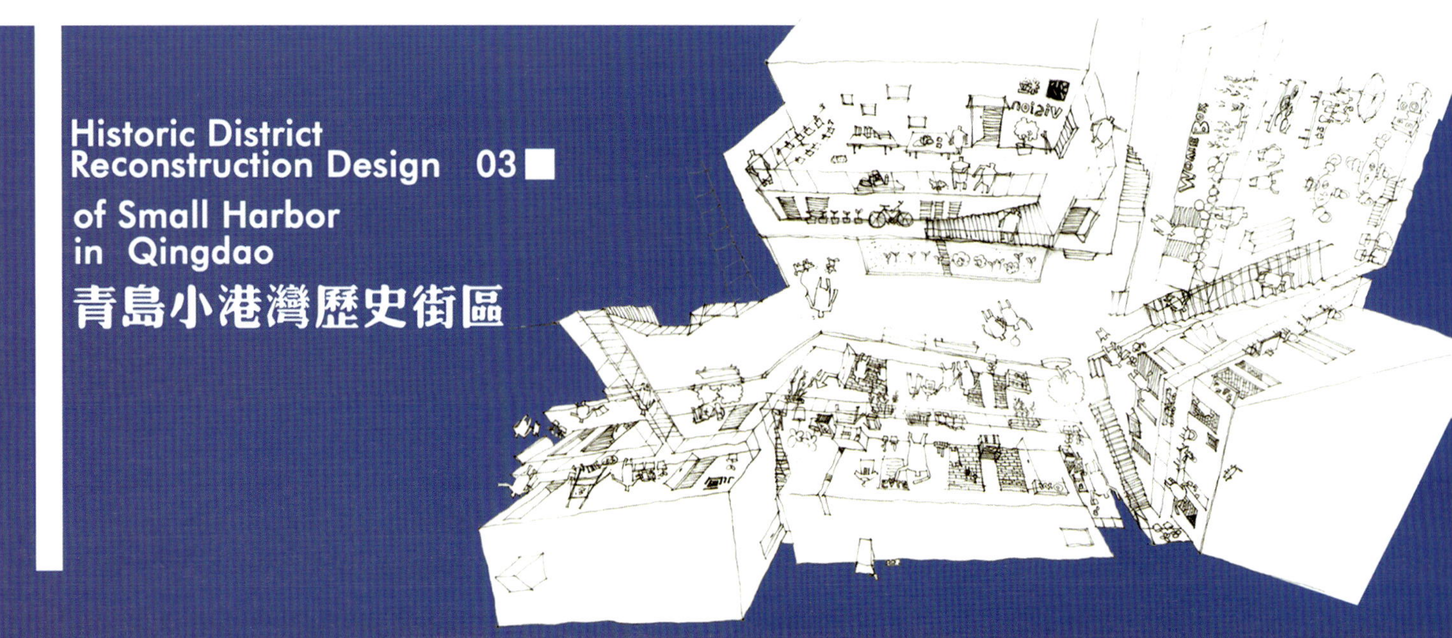

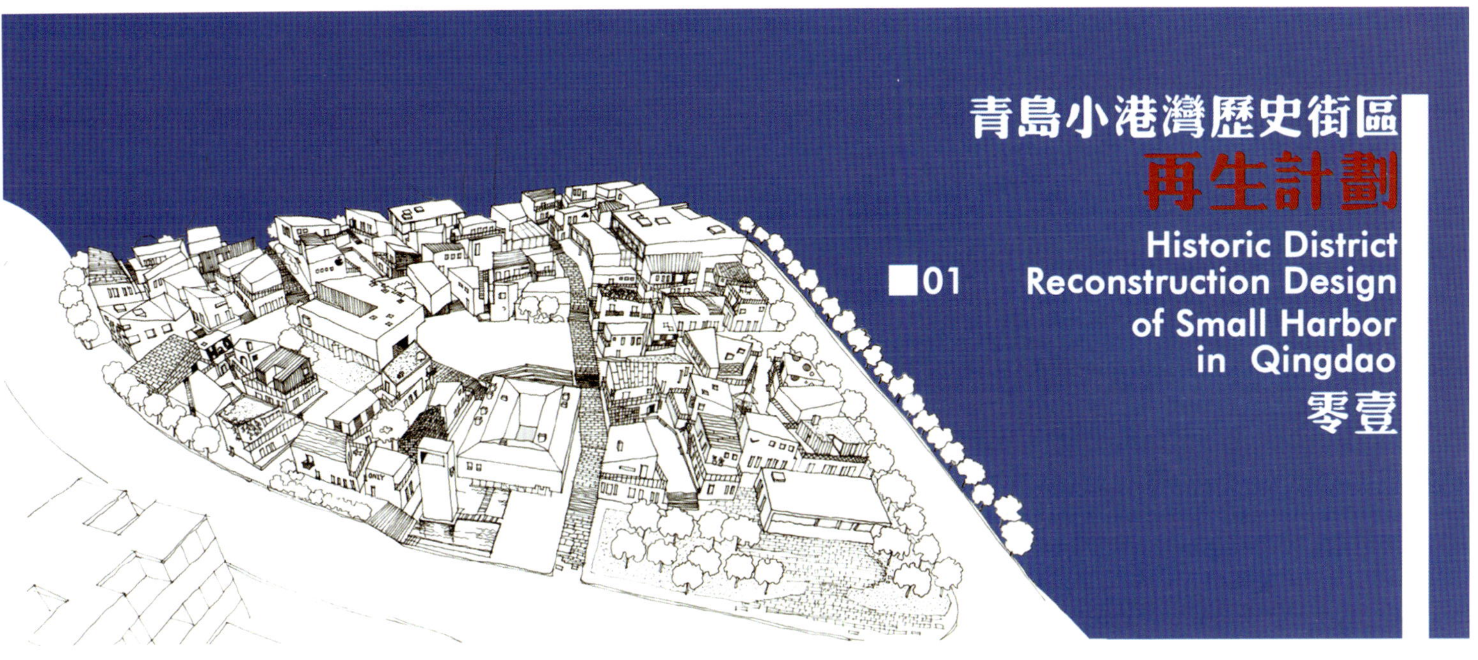

小港位于胶州湾东岸，曾是青岛市最早的渔业码头，海岸线长4.8公里。在老青岛市民的心目中，小港湾有着历史与记忆的温暖。她作为近代青岛的城市发源地，目睹了百年沧桑，也见证了青岛这座年轻城市的发展。

这块基地本身就是一道伤疤，而且也将如其他消失一样，在时间流逝之后终究不留痕迹且忘记疼痛。但是我们始终是失去了一些东西的。即使是不讨论这些有形的历史所带来的文化价值和潜在的经济价值，我们也丧失了一种对于历史应有的严谨与敬畏。

紧邻的中山路改造一直雷声大雨点小，许多没有得到适当保护处理的老街区已经不复存在，经过所谓"改造"的建筑物也普遍定位较低，施工粗糙，存在大量简单的仿造建筑。本基地本可以作为区域的带动和示范，具有推动区域改造和活力复兴的重要意义，然而在2006年兴师动众的改造规划招标后计划保留的本基地，也在去年被悄无声息地夷为平地……

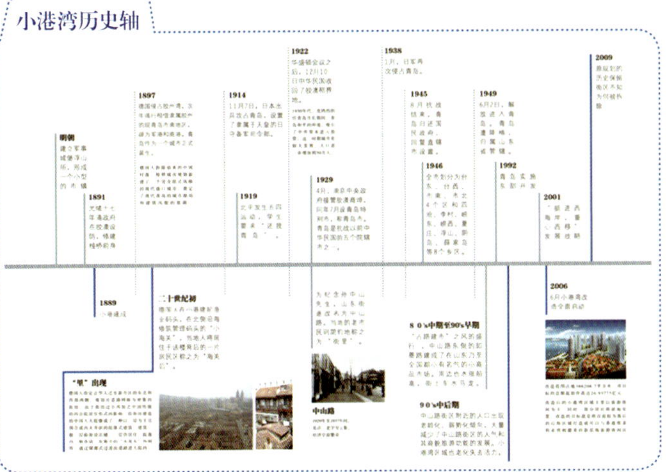

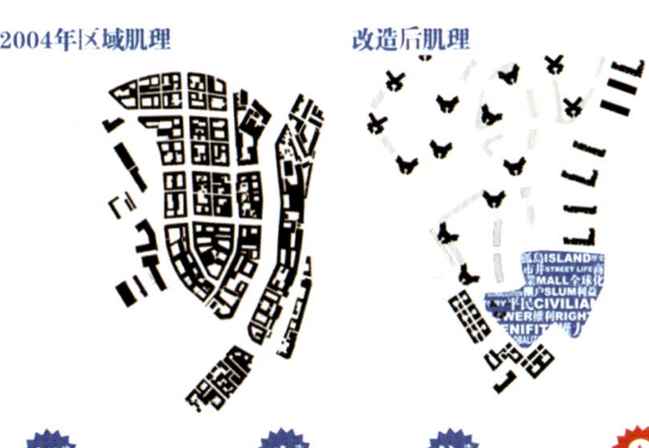

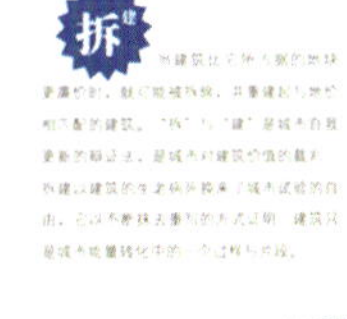

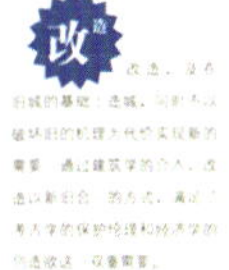

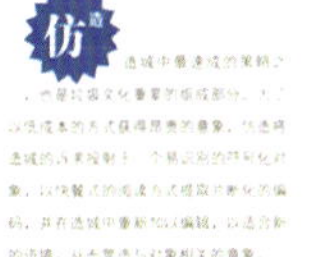

周边 商业交通关系网

老城 自发建造 自觉的公共生活

里院变迁 两次妥协

基地废墟 仿改造

周边 条件分析

改造老城区
和谐新小港

里院

变异的里院

乱

挤

危

改造项目 并置

改造项目 总结

影响改造后的旧街区活跃程度的因素

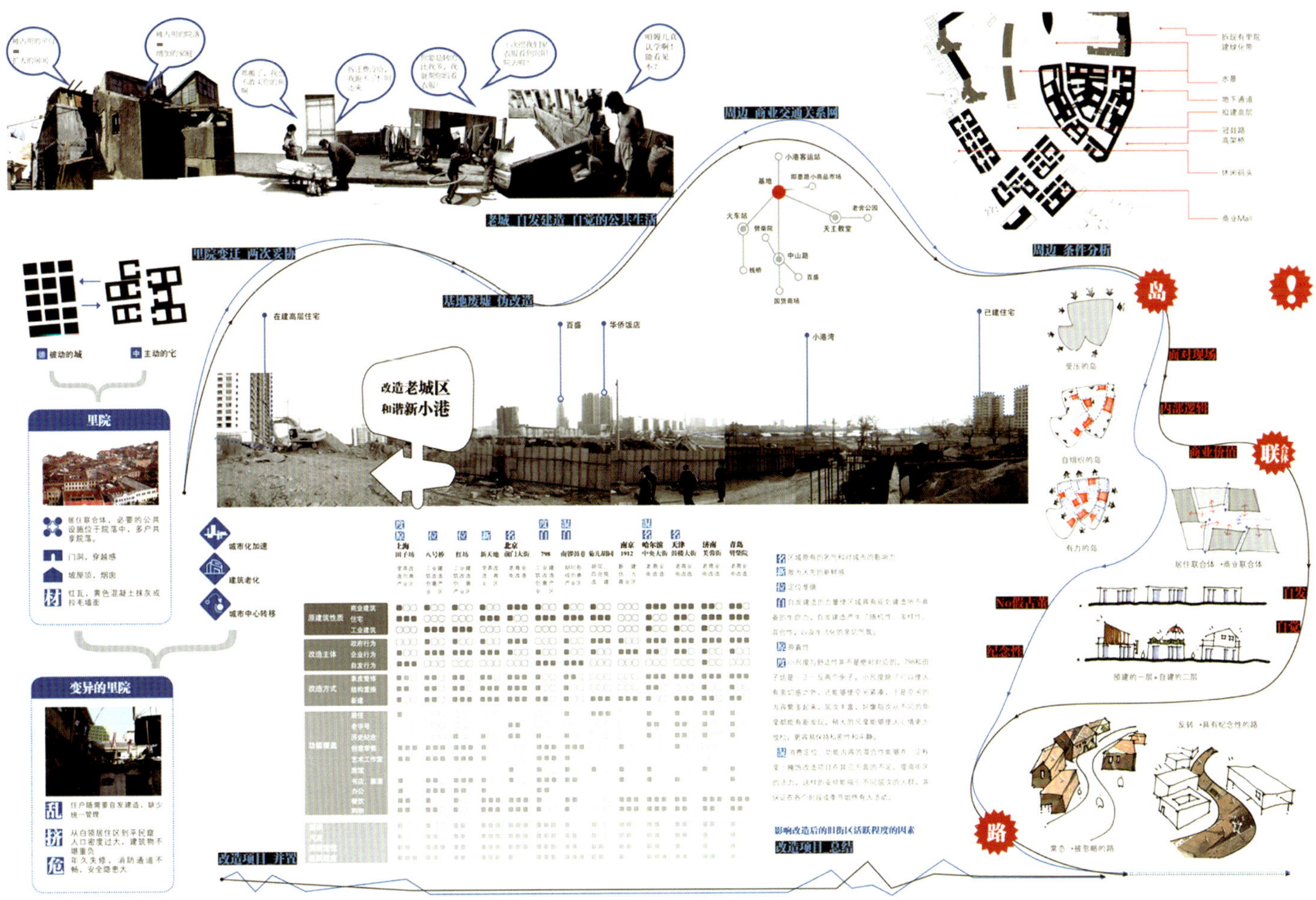

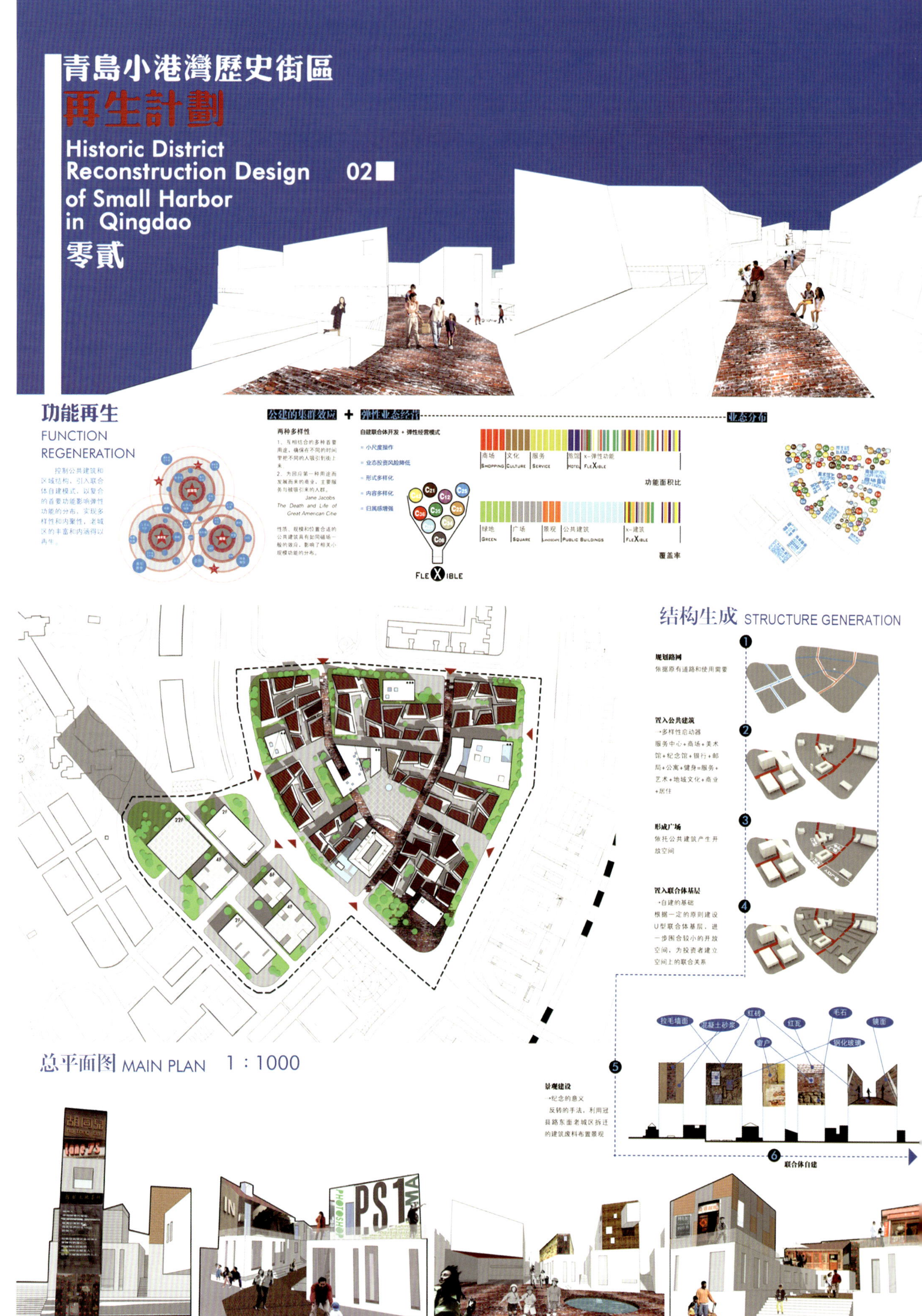

青島小港灣歷史街區
再生計劃
Historic District Reconstruction Design of Small Harbor in Qingdao
02
零貳
功能再生
FUNCTION REGENERATION
控制公共建筑和区域结构，引入联合体自建模式，以复合的首要功能影响弹性功能的分布，实现多样性和内聚性，老城区的丰富和内涵得以再生。
公建的集群效应
+
弹性业态经营
两种多样性
1、互相结合的多种首要用途，确保在不同的时间里把不同的人吸引到街上来。
2、为回应第一种用途而发展而来的商业，主要服务与被吸引来的人群。
Jane Jacobs
The Death and Life of Great American Citie
性质、规模和位置合适的公共建筑具有如同磁场一般的效应，影响了相关小规模功能的分布。
自建联合体开发 + 弹性经营模式
= 小尺度操作
= 业态投资风险降低
= 形式多样化
= 内容多样化
= 归属感增强
C21
C12
C25
C35
C23
C36
C08
FLEXIBLE
业态分布
商场 SHOPPING
文化 CULTURE
服务 SERVICE
旅馆 HOTEL
x-弹性功能 FLEXIBLE
功能面积比
绿地 GREEN
广场 SQUARE
景观 LANDSCAPE
公共建筑 PUBLIC BUILDINGS
x-建筑 FLEXIBLE
覆盖率
结构生成 STRUCTURE GENERATION
1
规划路网
依据原有道路和使用需要
2
置入公共建筑
→多样性启动器
服务中心+商场+美术馆+纪念馆+银行+邮局+公寓+健身=服务+艺术+地域文化+商业+居住
3
形成广场
依托公共建筑产生开放空间
4
置入联合体基层
→自建的基础
根据一定的原则建设U型联合体基层，进一步围合较小的开放空间，为投资者建立空间上的联合关系
5
景观建设
→纪念的意义
反转的手法，利用冠县路东面老城区拆迁的建筑废料布置景观
拉毛墙面
混凝土砂浆
红砖
红瓦
毛石
镜面
窗户
钢化玻璃
6
联合体自建
总平面图 MAIN PLAN 1：1000
PS1

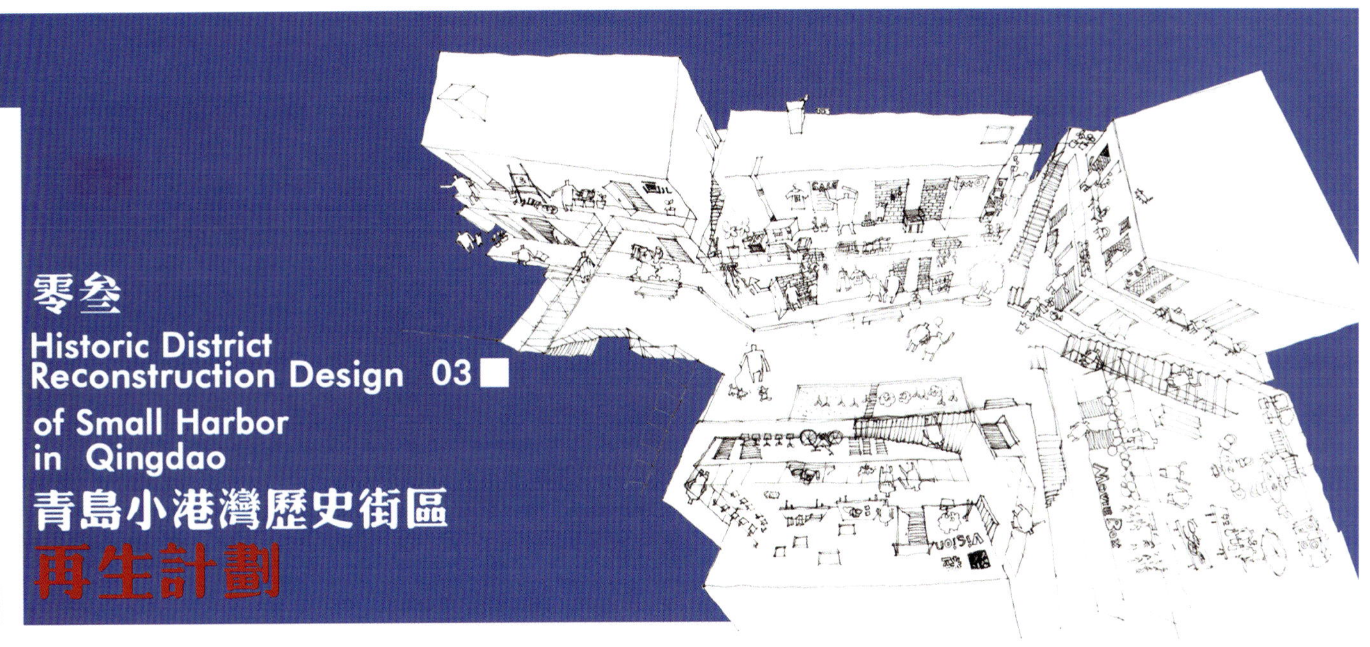

零叁
Historic District Reconstruction Design 03 of Small Harbor in Qingdao
青島小港灣歴史街區再生計劃

联合体概念 LINKED CELL

里院→居住联合体
计划中的U型院→经营联合体
联合体=互助+共建+家庭氛围+共赢

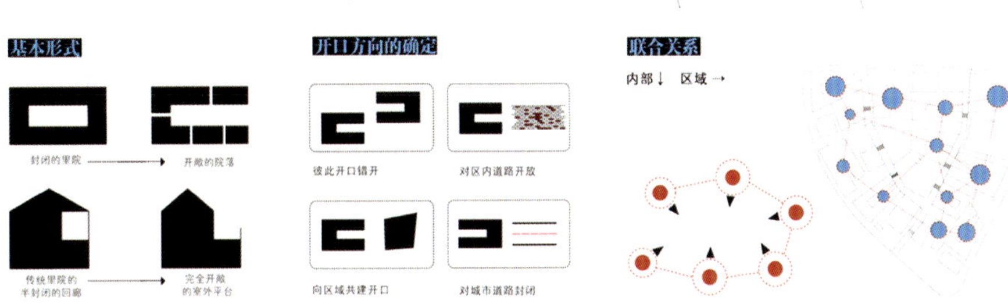

自建运作 SELF-CONSTRUCTION OPERATION

设立一系列标准，政府、开发商、租建人为主体，与消费者和媒体互动，实现区域空间形式和内容的实时更新，充满活力。

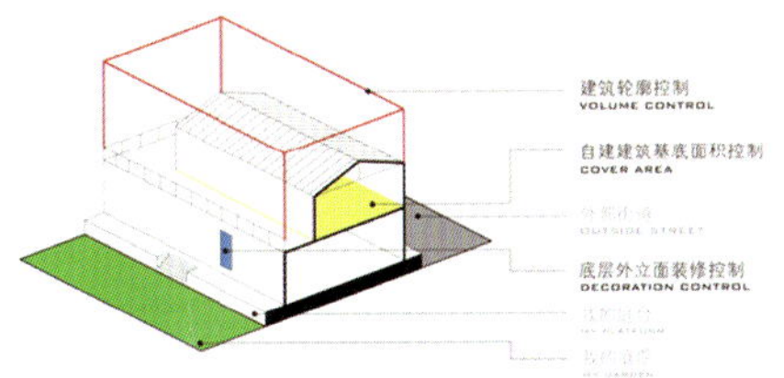

STEP	STEP.1 preparing	STEP.2 unit design	STEP.3 construction	STEP.4 Self Build	STEP.5 consummate	STEP.6 operation	STEP.7 promotion
政府	fundamental construction	planning	make up	Supervise			maintenance
建筑师		design competetion	comprehensive design	design for Individual	modification		component
媒体		interviwe/report	design exhibition	commercial advertisement	commercial advertisement	commercial advertisement	commercial advertisement
投资人		Select/Rent a house	seeking advice	make up	trial operation	in bussiness	in bussiness
消费者			seeking advice/voting	seeking advice/voting	Initially Experience	Living & Cultural Experience	
结果	project preparing	solution design	building complete	building complete	site incease value	site incease value&prestige	site incease value&prestige

联合体一层平面 1F PLAN OF A LINKED CELL 1:500

联合体展开立面 UNFOLDED ELEVATION OF A LINKED CELL

西南立面 SOUTHWEST ELEVATION 1:400

联合体二层平面 2F PLAN OF A LINKED CELL 1:500

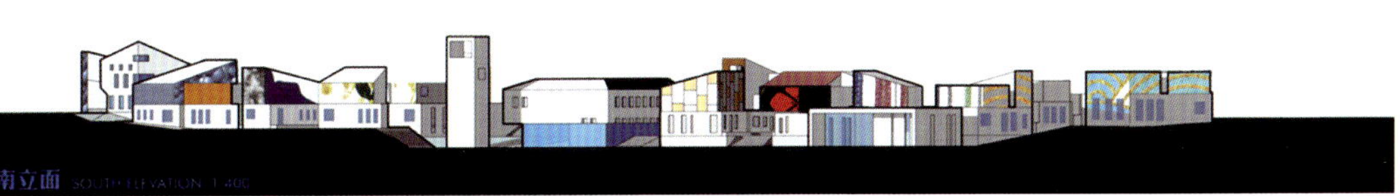

南立面 SOUTH ELEVATION 1:400

2008 Autodesk Revit 杯全国大学生可持续建筑设计竞赛
重建精神家园——汶川大地震都江堰纪念馆设计
二等奖

设计题目：情节的空间表达・土木再生——汶川大地震都江堰纪念馆设计
作业完成时间：2009年6月
作业时长：12周
作者姓名：张雷
指导教师： 郝赤彪 解旭东

Second Prize of National Students' Competition of Sustainable Building Design，2008 Autodesk Revit Cup
Rebuild Spiritual Home—Dujiangyan Memorial Museum for Wenchuan Earthquake

Title:Spacial Expression of Plots・Regeneration of Wood, even of Earth—Dujiangyan Memorial Museum for Wenchuan Earthquake
Submitting Time: June 2009
Duration: 12 weeks
Author: Zhang Lei
Instructors: Hao Chibiao, Xie Xudong

教师评语：

（1）“土木再生”理念的提出符合震后重建的要求。通过绿色的建筑、绿色的装置以及复原的空间，营造出积极而平静的纪念氛围，空间尺度把握准确。

（2）在设计中，突破以往的建筑设计，大胆引入了场景设计，将空间与事件结合，进行一种新的建筑模式试验。在整个场景中，通过运用大量装置道具来更好地体现学生的创作理念。

（3）图面表达清晰，较好地渲染出了纪念氛围——平静中的积极向上。

情节的空间表达 01

汶川大地震都江堰纪念馆设计——土木再生

STEP 1:

电影建筑与空间投射。

建筑是凝固的电影，电影是消解的建筑。

使用空间投射的艺术或技术来建造现实的实践活动。

将“地震”这件灾难性事件用特定的空间表达，并把建筑作为一种类似电影的媒介，从而完成精神与实体之间的交流与转化。

STEP 2:

1922年，电影与时间空间结合更进一步，时间由此真正成为空间的一个维度。

1928年，静态摄影没有清晰地捕捉到它们，人不得不随着眼睛一起运动，只有电影才能让新建筑被理解。

1938年，很难想象一组建筑的蒙太奇片段，它的镜头与镜头的微妙构成能够超越我们双腿在雅典卫城的建筑群间漫步时创造的。

1988年，我相信，我们时代的卡纳莱托和皮拉内西是导演，那些制作电影的人，他们描写现代城市，它的中心和它的边缘。

1992年，建筑空间和电影一样，构造着解构式的运动图像，生活空间和生活叙事的动态轨迹。

2005年，只有当我们接触到个人和集体记忆的深度时，建筑和电影才显示出它们建造性的力量。电影对图像的制造概括了建筑对空间的实体建构。

STEP 3:

——各要素具有潜在情节的可能性与可体验性。

——要素建立在一定逻辑关系的基础之上，目的是建构有感染力的场所。

空间情节的构成要素是：

1、有趣味的题材与概念

2、特定的主题道具

3、充满活力的场景

4、独特的顺序变化

5、逐渐逐步揭开的线索

6、生动有效的细部

STEP 4:

把整个设计作为一个舞台场景，“装置”作为场景道具，通过场景中的空间塑造唤醒人们对过去城市的印象以及城市空间界面的熟悉感。装置从静止到开始运动至高潮以及最终消失的整个过程就是整个情节的发展，也是对地震这一事件的空间表达。装置的灭亡接续原来的城市肌理，是对城市空间的追溯与修复、讨论。

情节的空间表达 02

汶川大地震都江堰纪念馆设计——土木再生

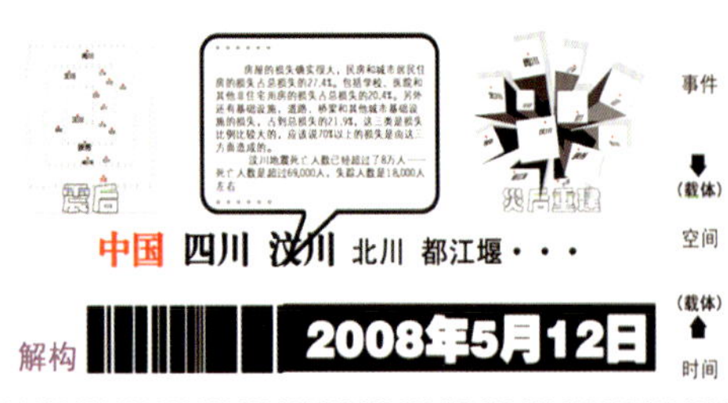

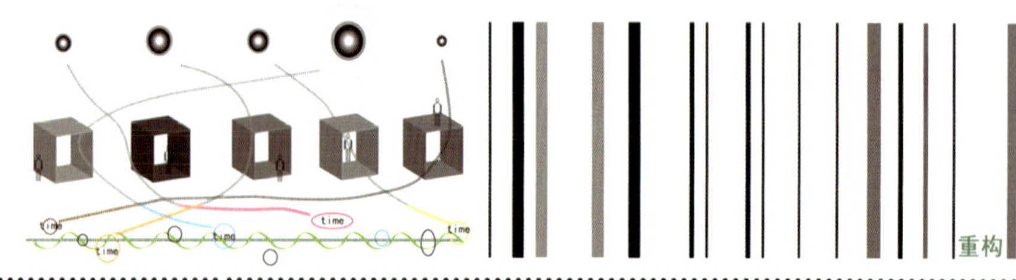

办公入口
次入口
下沉广场入口
3F
建筑主入口
2F
主入口
市民广场
报告厅入口
次入口
下沉广场
次入口
停车场
停车场
停车场

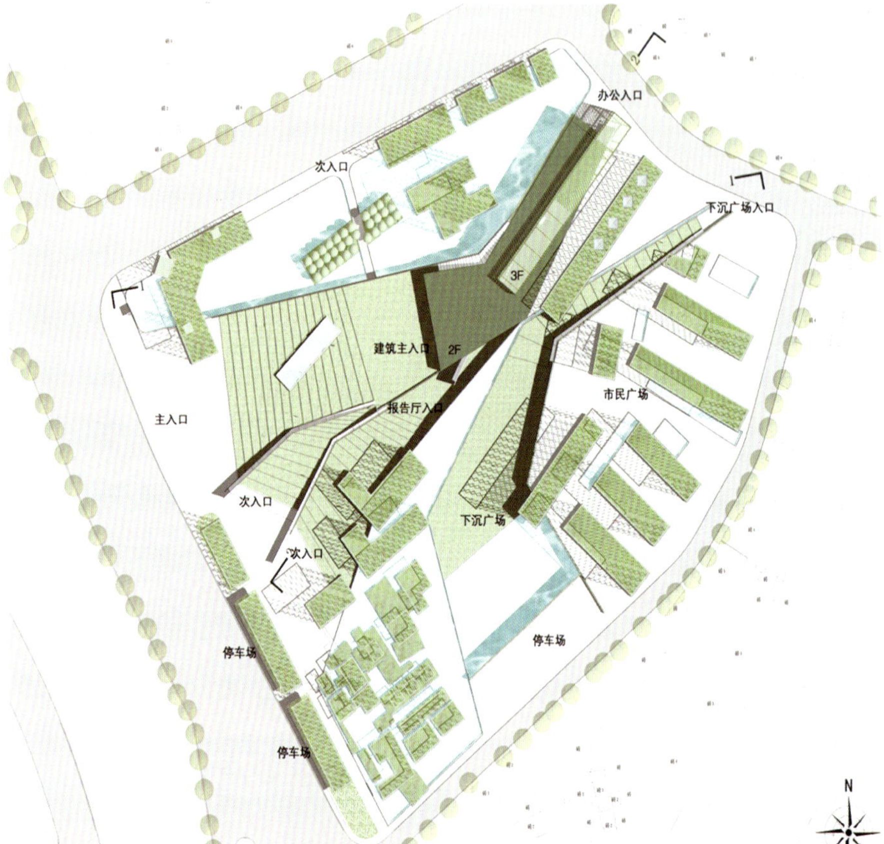

总平面图 1:500

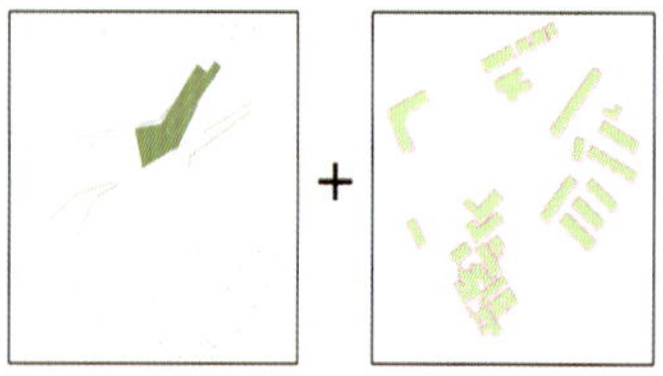

总平面布局

—— 可升降装置
—— 建筑
—— 水面

按照概念骨架选择性的保留部分建筑肌理，通过大片的景观水面相互连接，与折线的大踏步、广场以及建筑形成有机的整体

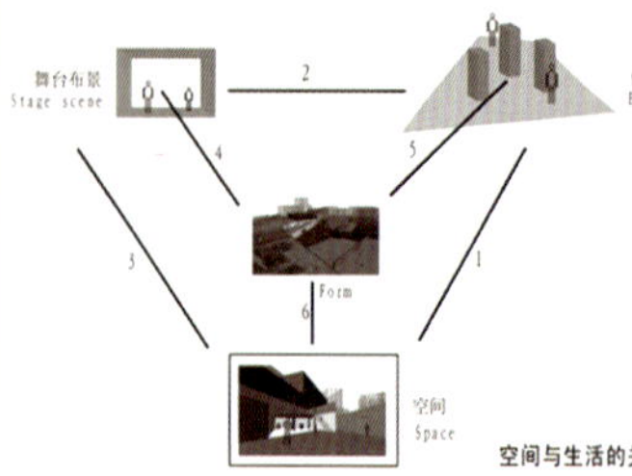

舞台布景 Stage scene
体验艺术 Experence
Form
空间 Space

空间与生活的关联关系

情节的时空结构

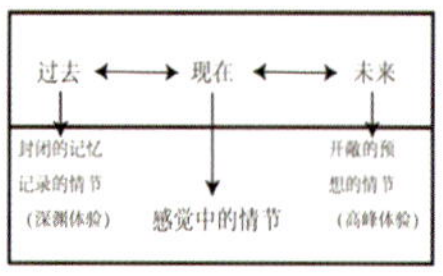

过去 ⟷ 现在 ⟷ 未来
封闭的记忆 记录的情节 (深渊体验)
感觉中的情节
开敞的预想的情节 (高峰体验)

将灾难的情节转变为设计中的线，体现在博物馆地下、地上、地面中的连续与不连续的线，并在场内与场外之间，地下与地上之间，互相呼应，互相交织，让人在空间和虚无之间感受到灾难的破坏性，而后让人获得新的希望。

空间体验与场所感间的联系

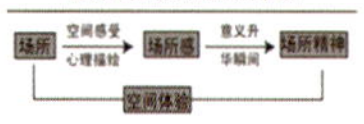

场所 → 空间感受 心理磁场 → 场所感 → 意义升华 → 场所精神
空间体验

寻找场所与场所精神之间的中介

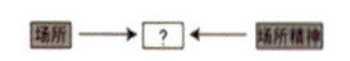

场所 → ? ← 场所精神

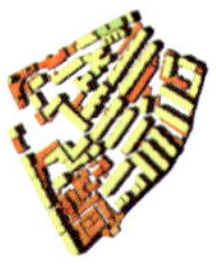

基地原建筑选型

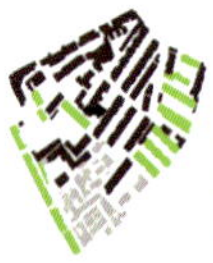

基地城市肌理

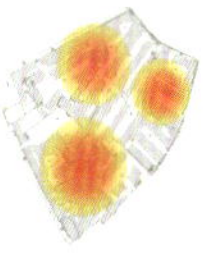

居民聚集密度

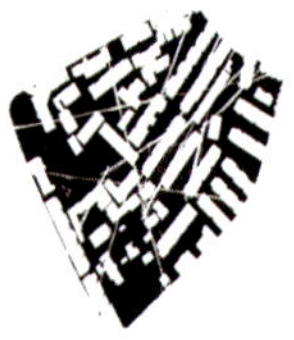

将原有城市肌理保留是设计中所坚持的原则，这样不仅为当地的居民保留下过去的一段记忆，还为来此参观的人们还原过去的一个场景，把其变成真正的属于都江堰的纪念馆，具有可识别性和纪念性。于是我寻求到原有的城市肌理并将其抽象为几道折线，构成了整个设计方案的骨架，然后保留部分原有建筑的位置和地基，其上做可升降装置。

由此，来营造一个大的场景，将建筑主体隐于一片绿色之中，让人们在回忆过去中感受新生的力量。

地震的破坏力在直观上最明显的体现就是对城市建筑的影响。它打破了城市原有的生命力和肌理。并将其重组为一片毫无生机的瓦砾堆和残垣断壁。

对这片废墟，我们需要的是修复，是治愈，是让它们恢复生命，而不是推掉重建。

这也是我们人类对于生命的一种态度。万物皆有生命。

用可升降装置来恢复城市的原有街景，并赋予空间新的生命含义

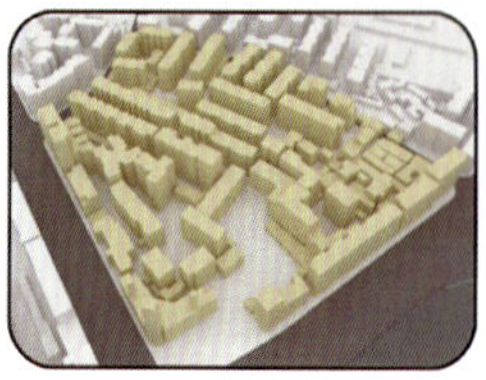

基地复原模型

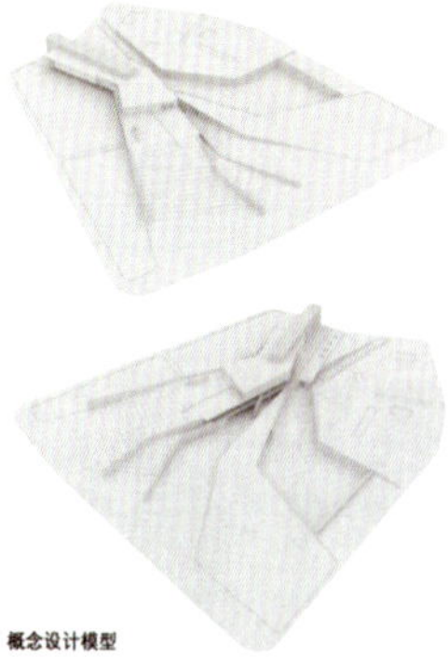

概念设计模型

城市沿街立面变迁分析

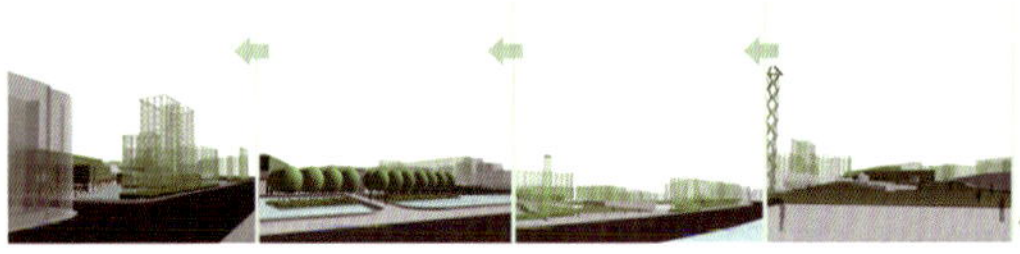

基地原建筑西北沿街立面

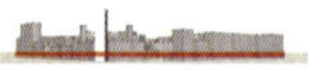

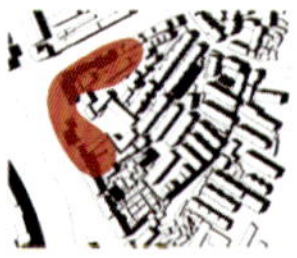

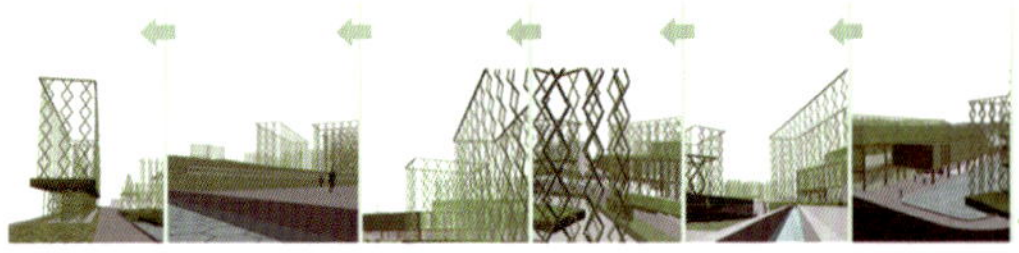

基地原建筑东南沿街立面

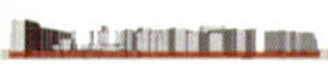

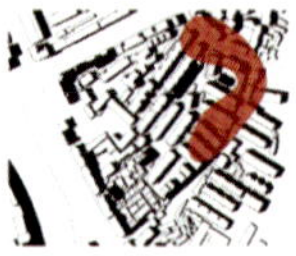

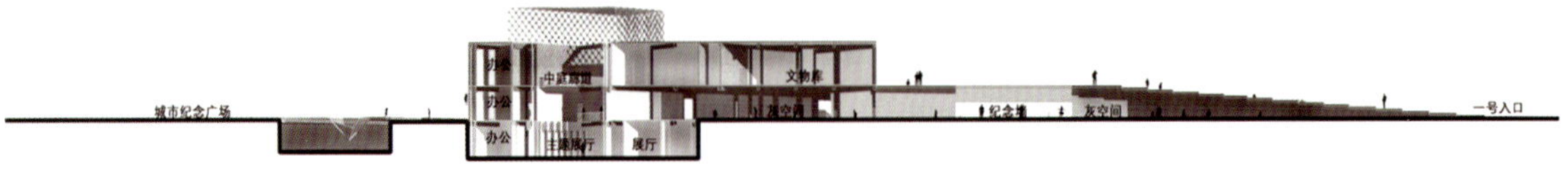

城市纪念广场
办公
中庭
文物库
展厅
纪念馆
一号入口

1-1剖面图 1：500

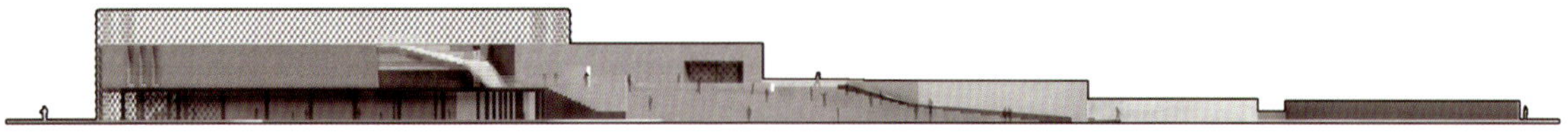

北立面图 1：500

■ 建筑平面设计

以线性空间为主，营造出特殊的导向空间。同时，又将停留空间穿插其中，使得整个展览流线富有节奏和变化。

主入口层平面图 1:400

－1层平面图 1:400

地下层平面图 1:400

防震设计概念

■ 竹子建筑（Bamboo House）

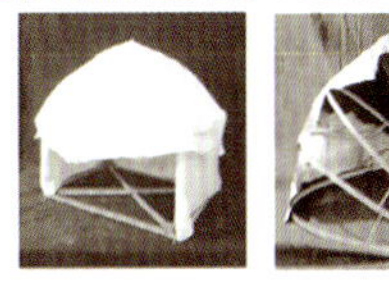

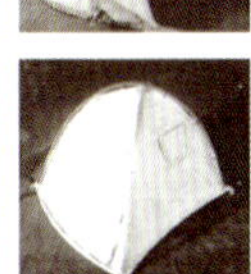

竹在西南地区分布广泛，由于生长周期短，轻质易得，竹材就成为该地区最常见的简易建筑材料。可以将该自然材料作为主要构件，即是因为它作为简易建筑构件的潜力——中空，轻质，弹性好，表面处理简单，廉价。在结构体系设计方面，可以采用多种典型结构模式，如拱廊、穹窿，中柱，单元式，人字构架等。

■ 纸管房（Paper——tube House）

设计师坂茂认为：纸管远比想象的坚固，并具有很多用途，它可被加工成多样的长度和厚度，涂上材料就具备防水和防火性；此外，对环境的威胁性小，使用完毕可回收利用，其环保性和可持续性非常显著。

■ 树屋（Tree House）

树林中的弹性平台。房屋在平台之上，在自然之中。

■ 防震结构概念——消费加固（Consumptive Reinforcement）

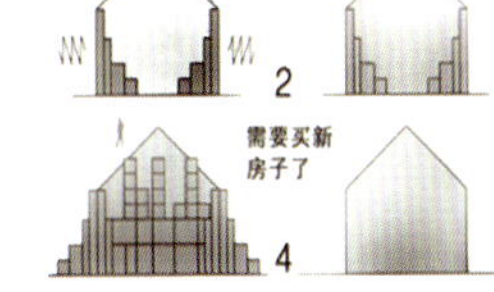

■ 幕墙立面及建筑材料防震设计

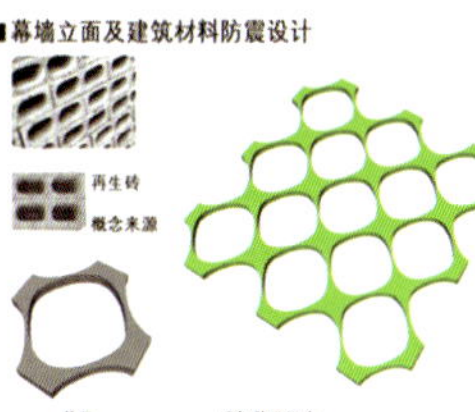

玻璃幕墙立面由单元体重复组合形成网状结构形式，可以起到一定的防震作用，同时也丰富了建筑立面效果和室内空间效果

■ 室内材质概念设计

由空间色彩变化引导人的心理，由此达到展示空间的可识别性和纪念性。

1、入口层室内以绿色为主，采用粗质材料。以强烈的视觉冲击力刺激人的心理，感受展示氛围。

2、负一层室内墙面主要为素混凝土，灰色的素静空间让人的心理慢慢平静。

3、地下层室内为白色抹面。使人的心理完全的平静，也便是展示主题的高潮——从平静中获得纪念。

■ 结构防震设计

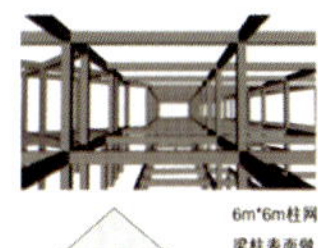

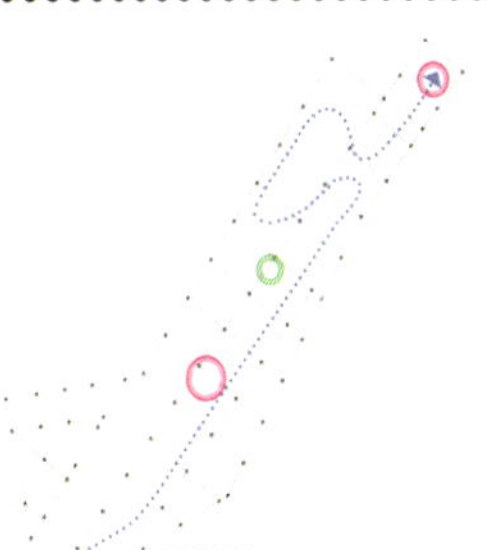

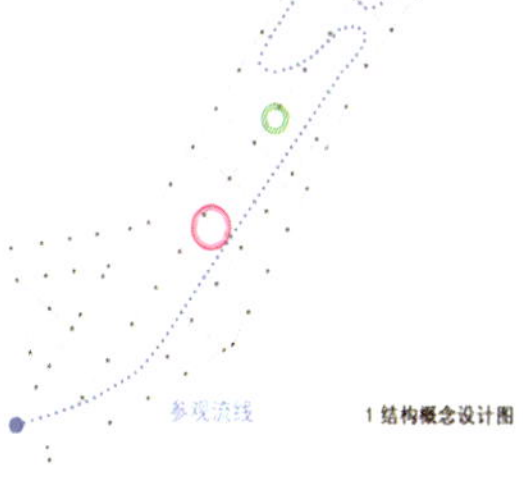

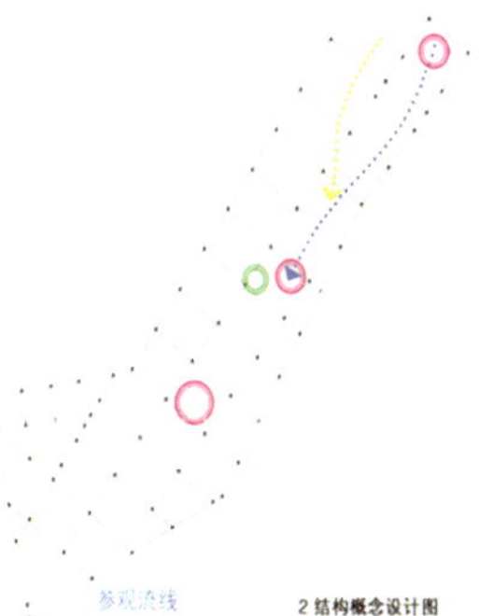

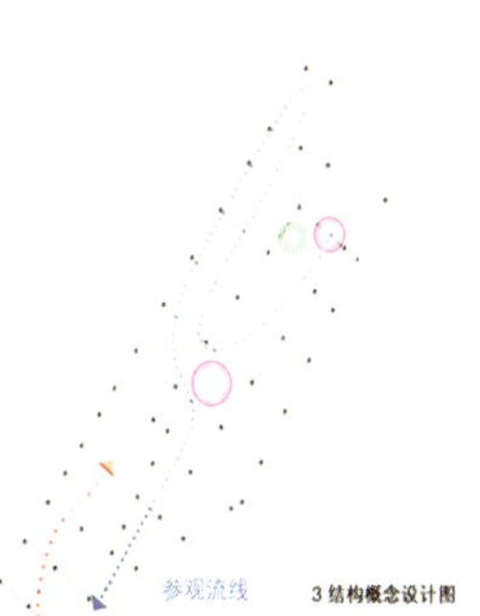

空间结构节奏图解

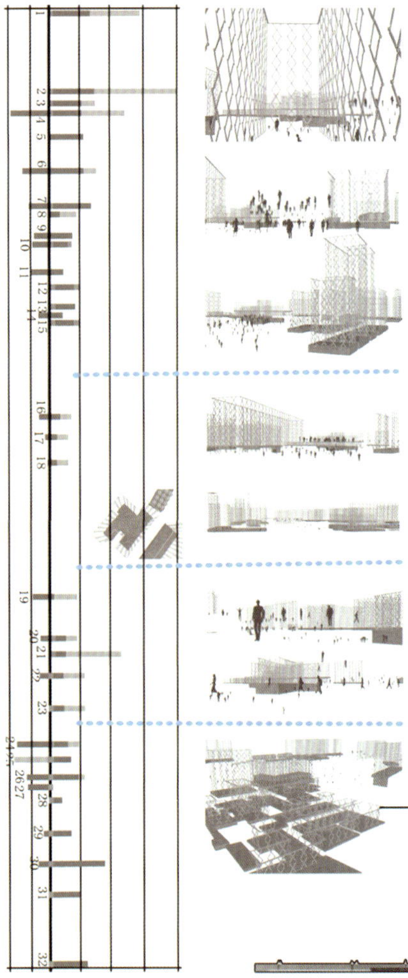

情节与空间的结合

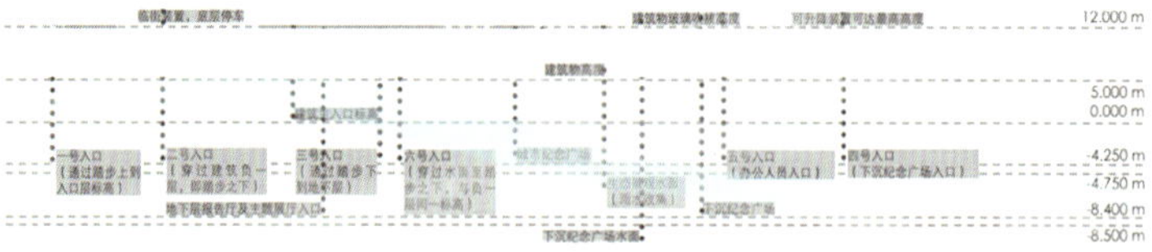

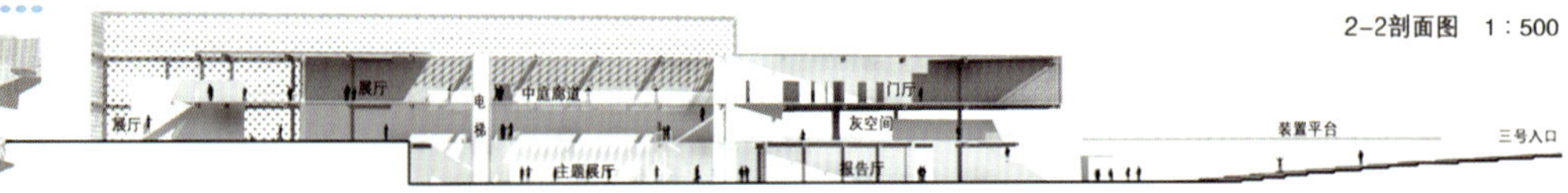

2-2剖面图 1：500

西立面图 1：500

2008 Autodesk Revit杯全国大学生可持续建筑设计竞赛

重建精神家园——汶川大地震都江堰纪念馆设计

优秀奖

设计题目：涅 槃

作业完成时间：2009年6月

作业时长：1个月

作者姓名：王大卫　王焱宁　王勇林

指导教师：郝赤彪　解旭东

National Students' Competition of Sustainable Building Design, 2008 Autodesk Revit Cup

Rebuild Spiritual Home—Dujiangyan Memorial Museum for Wenchuan Earthquake

Title: Nirvana

Submitting Time: June 2009

Duration: 1 month

Authors: Wang Dawei，Wang Yanning，Wang Yonglin

Instructors: Hao Chibiao，Xie Xudong

教师评语：

建筑形式感强烈，意境表现富于冲击力。

建筑内立面设计充分，对于精神层面的表现有独到之处。

四年级

之大宝乃曰生，千秋万代此一纪，纷纷救人是何人？

闻得仙家歌舞薰，罹难苍生列其中，歌舞叠叠思不尽，似盼人间报捷音，后来但有捷音至，报与天地共峥嵘。

一层平面 1：500

城市道路

城市广场

时间在此刻静止，心灵在此处净化。

祭

十万将士岿然在，应见人心似佛心，天欲堕兮拄其间，中有大爱号忠诚，嗟乎，一番灾后还思量，几人名姓标汗青，

再大的雨，浇不灭我们的爱心

时间抚平伤痕，坚强面对未来。

再大的震，震不动我们的决心

二层平面　1：500

城市道路

城市广场

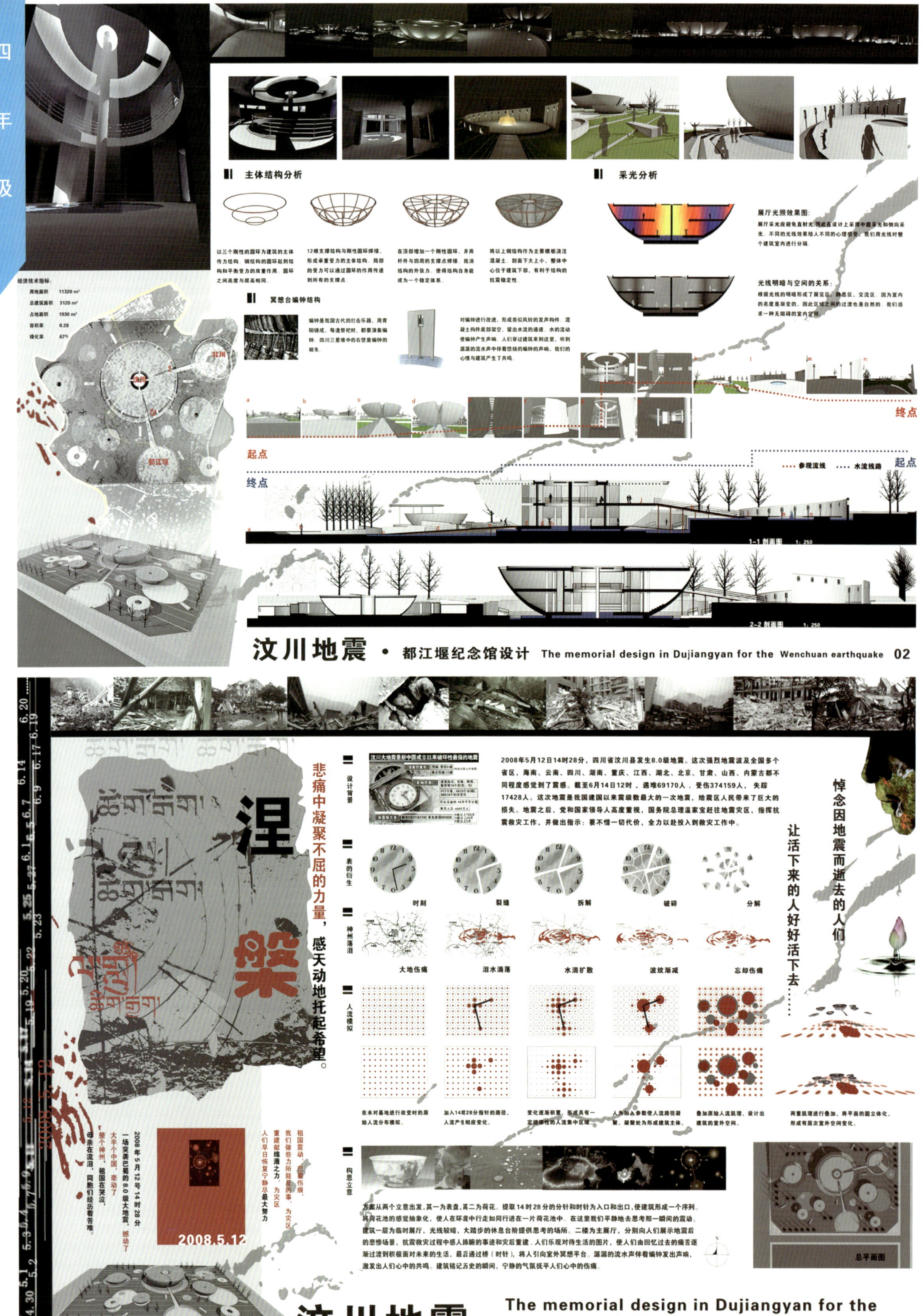
主体结构分析
以三个刚性的圆环为建筑的主体传力结构。钢结构的圆环起到结构和平衡受力的双重作用。圆环之间高度与层高相同。
12根支撑结构与刚性圆环焊接，形成承重受力的主体结构。局部的受力可以通过圆环的作用传递到所有的支撑点。
在顶部增加一个刚性圆环，并用杆件与四周的支撑点焊接。抵消结构的外张力，使得结构自身能成为一个稳定体系。
将以上钢结构作为主要模板浇注混凝土。剖面下大上小，整体中心位于建筑下部，有利于结构的抗震稳定性。
冥想台编钟结构
编钟是我国古代的打击乐器，用青铜铸成，每逢祭祀时，都要演奏编钟。四川三星堆中的石壁是编钟的祖先。
对编钟进行改进，形成类似风铃的发声构件。混凝土构件底部架空，留出水流的通道。水的流动使编钟产生声响。人们穿过建筑来到这里，听到潺潺的流水声中伴着悠扬的编钟的声响，我们的心情与建筑产生了共鸣。
采光分析
展厅光照效果图：
展厅采光应避免直射光，因此在设计上采用中庭采光和侧向采光。不同的光线效果给人不同的心理感受，我们用光线对整个建筑室内进行分隔。
光线明暗与空间的关系：
根据光线的明暗形成了展览区、静思区、交流区。因为室内的亮度是渐变的，因此区域之间的过渡也是自然的。我们追求一种无阻碍的室内空间。
经济技术指标：
用地面积 11320 m²
总建筑面积 3120 m²
占地面积 1930 m²
容积率 0.28
绿化率 67%
北川
映秀
都江堰
起点
终点
参观流线
水流线路
1-1 剖面图 1：250
2-2 剖面图 1：250
汶川地震 · 都江堰纪念馆设计 The memorial design in Dujiangyan for the Wenchuan earthquake 02
涅槃
悲痛中凝聚不屈的力量，感天动地托起希望。
设计背景
2008年5月12日14时28分，四川省汶川县发生8.0级地震。这次强烈地震波及全国多个省区，海南、云南、四川、湖南、重庆、江西、湖北、北京、甘肃、山西、内蒙古都不同程度感觉到了震感。截至6月14日12时，遇难69170人，受伤374159人，失踪17428人。这次地震是我国建国以来级数最大的一次地震，给震区人民带来了巨大的损失。地震之后，党和国家领导人高度重视，国务院总理温家宝赶往地震灾区，指挥抗震救灾工作，并做出指示：要不惜一切代价，全力以赴投入到救灾工作中。
表的衍生
时刻
裂缝
拆解
破碎
分解
神州落泪
大地伤痛
泪水滴落
水滴扩散
波纹渐减
忘却伤痛
人流模拟
在未对基地进行改变时的原始人流分布模拟。
加入14时28分指针的路径，人流产生相应变化。
变化逐渐积累，形成具有一定规律性的人流集中区域。
人为加入参数使人流路径凝聚，凝聚处为形成建筑主体。
叠加原始人流肌理，设计出建筑的室外空间。
两重肌理进行叠加，将平面的圆立体化，形成有层次室外空间变化。
悼念因地震而逝去的人们
让活下来的人好好活下去……
构思立意
方案从两个立意出发，其一为表盘，其二为荷花。提取14时28分的分针和时针为入口和出口，使建筑形成一个序列。将荷花池的感觉抽象化，使人在环游中行进如同行进在一片荷花池中。在这里我们平静地去思考那一瞬间的震动。建筑一层为临时展厅，光线较暗，大踏步的休息台阶提供思考的场所。二楼为主展厅，分别向人们展示地震后的悲惨场景，抗震救灾过程中感人肺腑的事迹和灾后重建。人们乐观对待生活的图片，使人们由回忆过去的痛苦逐渐过渡到积极面对未来的生活，最后通过桥（时针），将人引向室外冥想平台。潺潺的流水声伴着编钟发出声响，激发出人们心中的共鸣。建筑铭记历史的瞬间，宁静的气氛抚平人们心中的伤痛。
总平面图
2008年5月12号14时28分
一场突袭巴蜀的8.0级大地震，撼动了大半个中国，牵动了整个神州，祖国在哭泣，母亲在流泪，同胞们经历着苦难。
祖国震动，巴蜀伤痛，我们做些力所能及的事，为灾区重建献绵薄之力，为灾区人们早日恢复宁静尽最大努力。
2008.5.12
汶川地震 · 都江堰纪念馆设计 The memorial design in Dujiangyan for the Wenchuan earthquake 01

祭

2009“中联杯”全国大学生建筑设计方案竞赛
优秀奖

Excellence Award of 2009 “Zhonglian Cup” National Architecture Design Competition of University Students

设计题目：“巢”居“森”活
作者姓名：宋臻
指导教师：郝赤彪 解旭东

Title: Living in “Nest” even in “Forest”
Author: Song Zhen
Instructors: Hao Chibiao, Xie Xudong

教师评语：

本方案立意独具匠心，将“森”和“巢”的概念引入高层建筑设计当中，体现了建筑设计的前瞻性。方案表达较为清晰，高层之间的通道连接节点应详细表现。

2009“中联杯”全国大学生建筑设计方案竞赛
三等奖

Third Prize of 2009 "ZhongLian Cup" Natianal Architecture Design Competition of University Students

设计题目：Super Communicating Market
作者姓名：侯正大 王轶群 仲维达 李忠杰
指导教师：郝赤彪 解旭东

Title: Super Communicating Market
Authors: Hou Zhengda, Wang Yiqun, Zhong Weida, Li Zhongjie
Instructors: Hao Chibiao, Xie Xudong

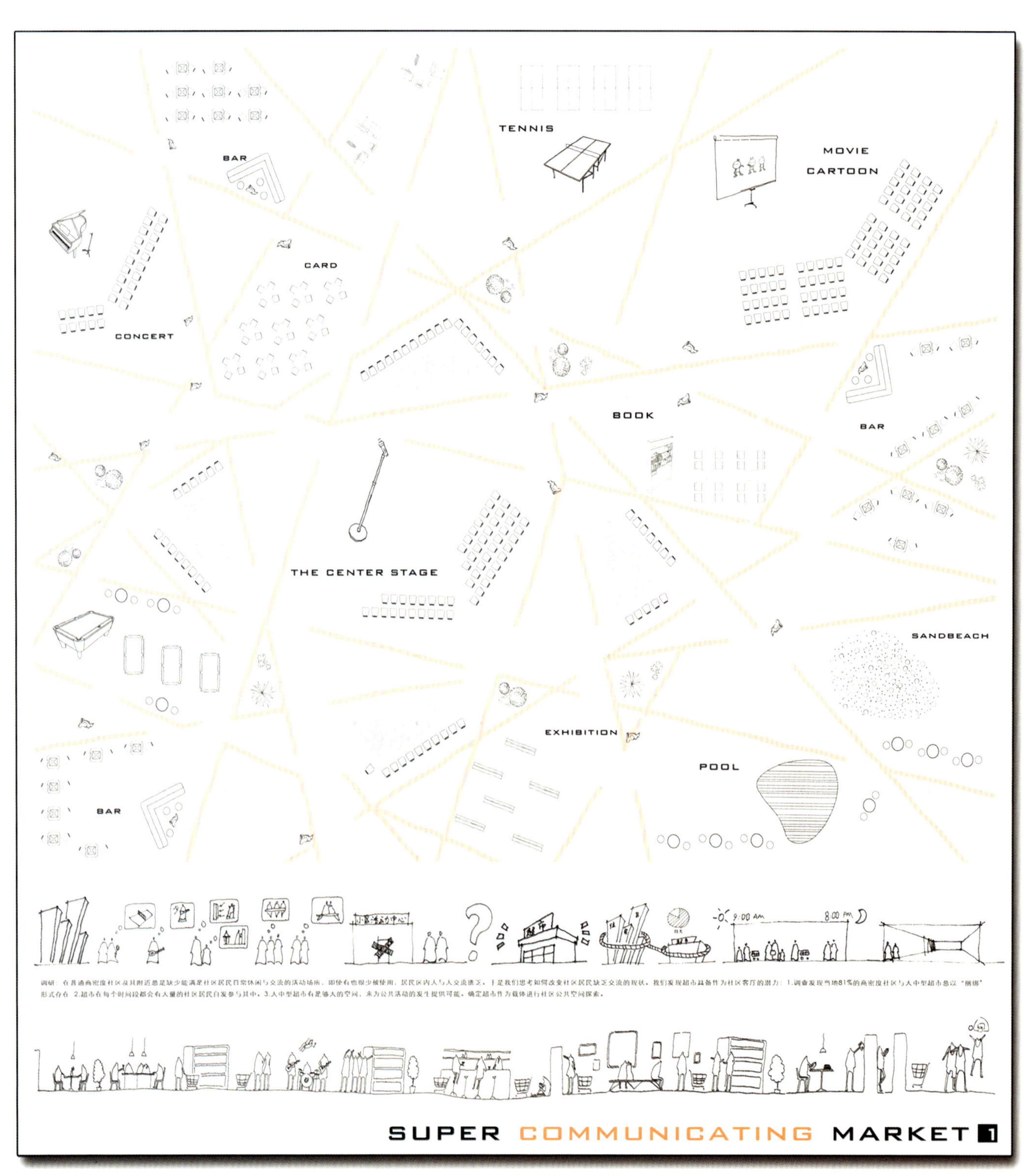

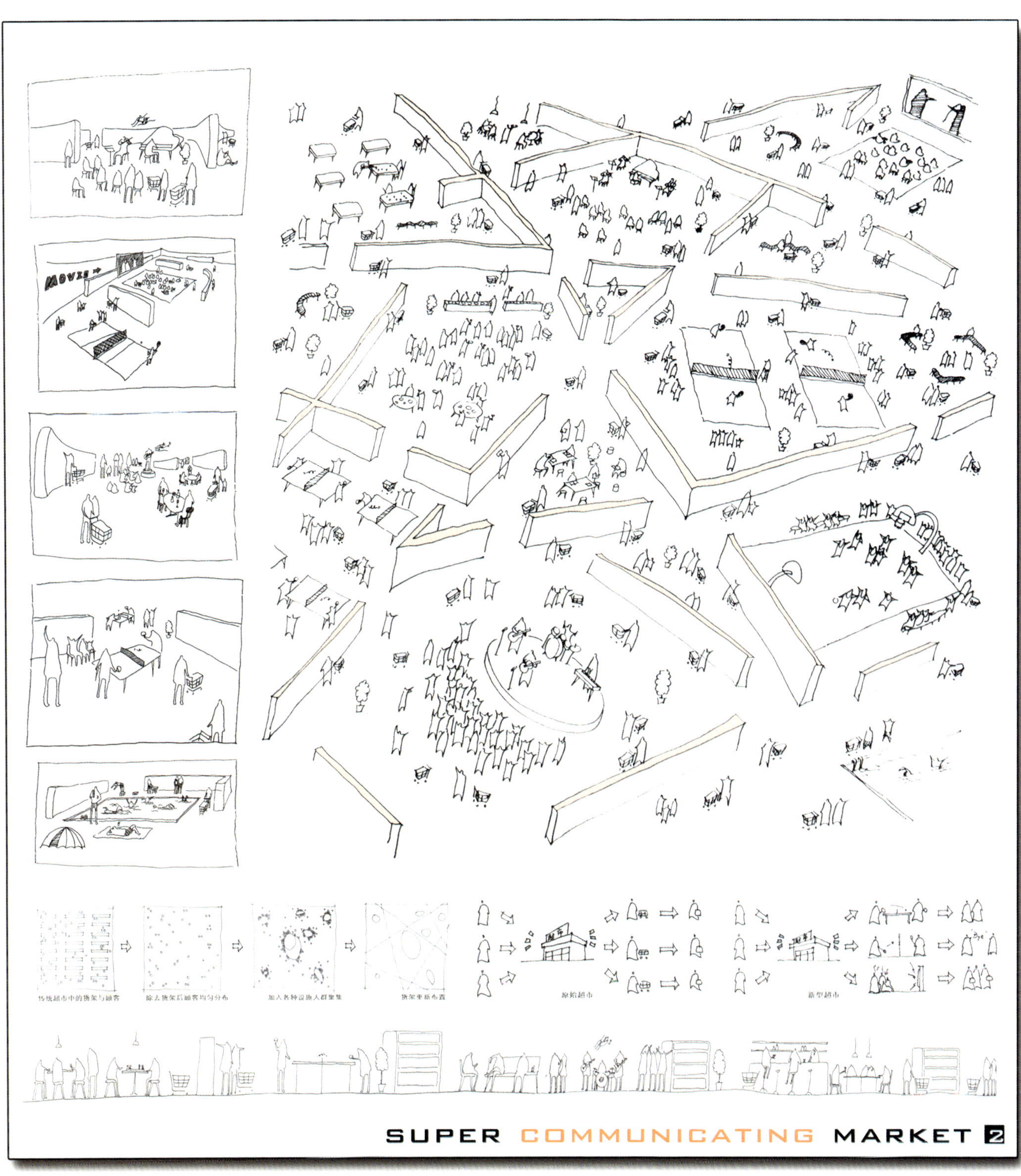

教师评语：

方案表现饶有趣味，很直观地将建筑的使用场景表现出来。

平面布局变化丰富且流线井然有序，表现出设计者较强的设计控制能力。

2009“中联杯”全国大学生建筑设计方案竞赛优秀奖

Excellence Award of 2009 “Zhonglian Cup” National Architecture Design Competition of University Students

设计题目：城市·交往·秩序

作者姓名：邵彦 徐超凡

指导教师：郝赤彪 解旭东

Title: City, Communication and Order

Authors: Shao Yan, Xu Chaofan

Instructors: Hao Chibiao, Xie Xudong

教师评语：

方案设计充分考虑了城市中居民交流的需求，设计了多种类型的交往空间。

本设计试图通过使用单一元素创造出变化多样的空间形态，为城市文化多元化与城市面貌秩序化的共存提供了有益的尝试。

流线互动模式

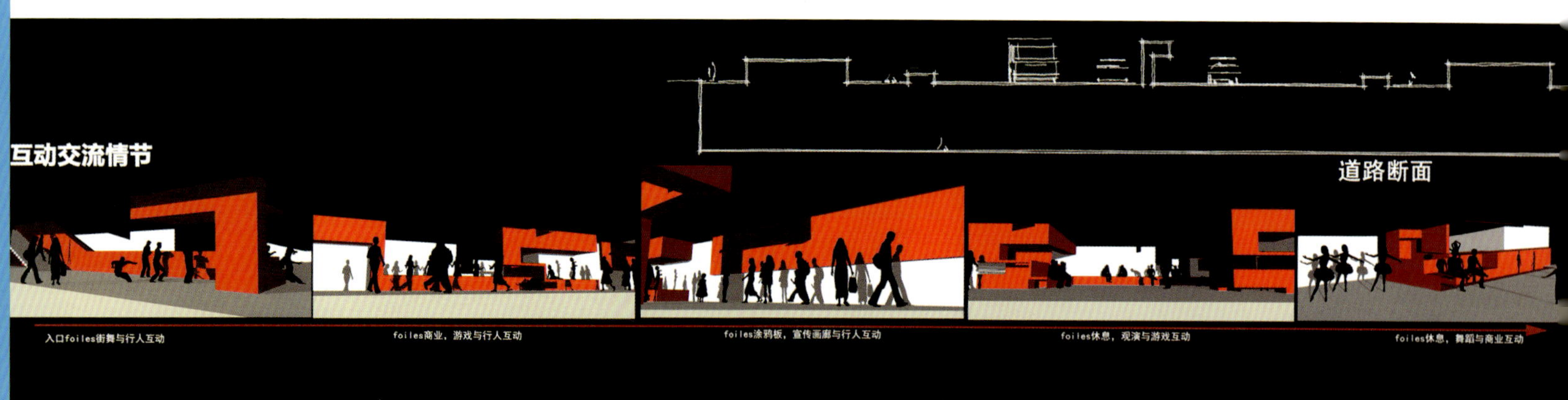

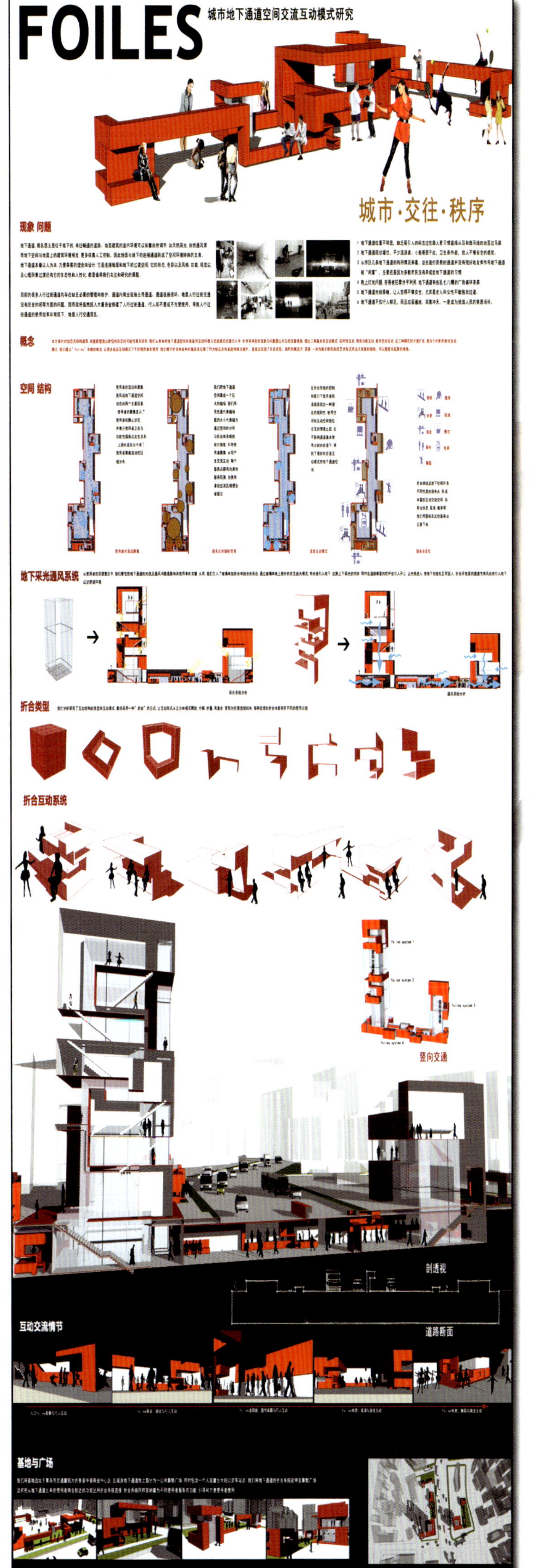
FOILES
城市地下通道空间交流互动模式研究
城市·交往·秩序
现象 问题
概念
空间 结构
地下采光通风系统
折合类型
折合互动系统
竖向交通
剖透视
道路断面
互动交流情节
基地与广场

2009“中联杯”全国大学生建筑设计方案竞赛
优秀奖

Excellence Award of 2009 “Zhonglian Cup” National Architecture Design Competition of University Students

设计题目：城市自助客厅
作者姓名：耿雪川 王蓓
指导教师：郝赤彪 解旭东

Title: Self-help Livingroom of the City
Authors: Geng Xuechuan, Wang Bei
Instructors: Hao Chibiao, Xie Xudong

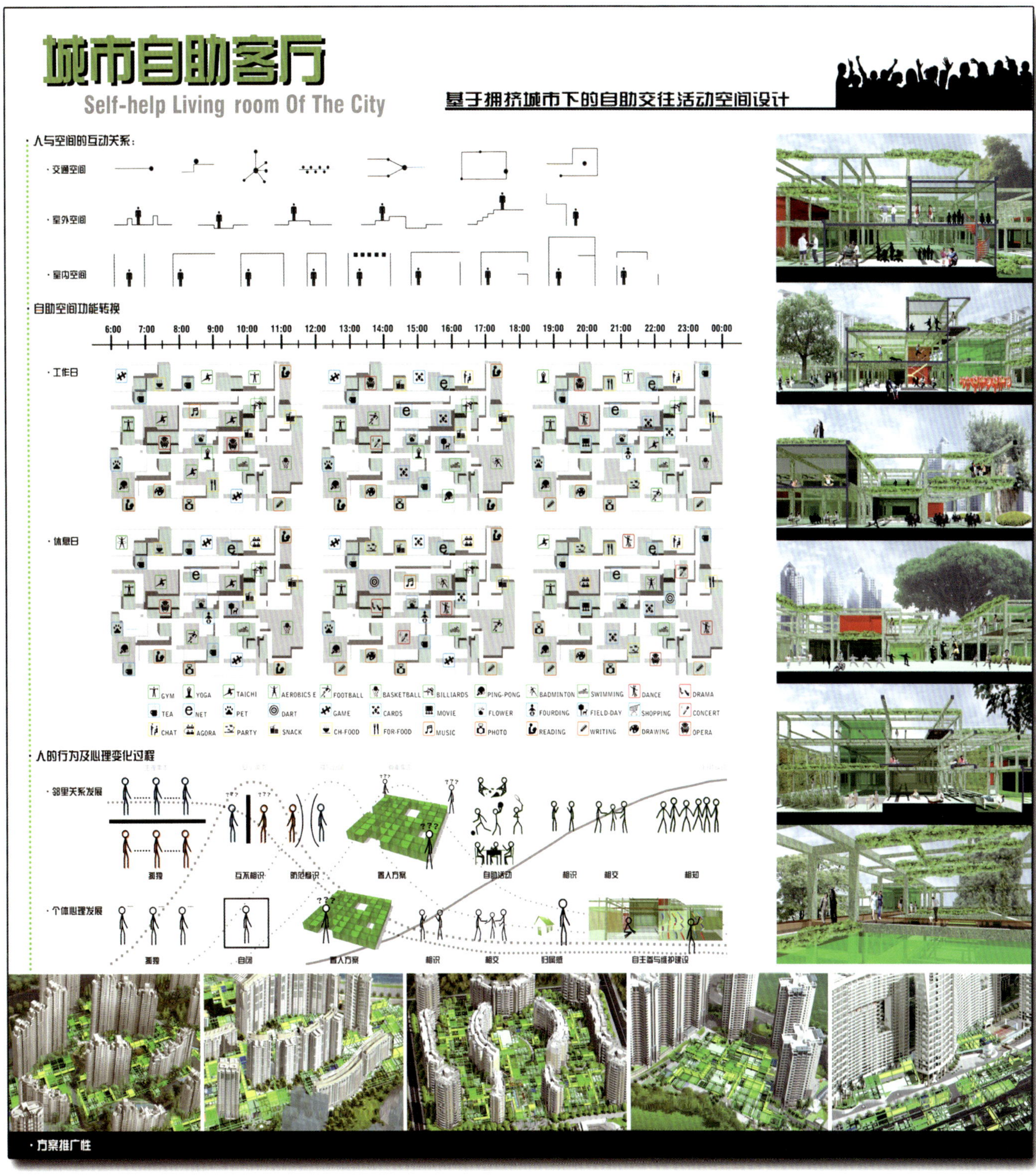

教师评语：

方案前期准备充分严谨。作者对于城市人群行为模式进行了深入的研究，并将所得用行为图表的形式表达出来，成果直观明确。设计充分考虑了现有城市中建筑空地的使用，具有很强的可实施性。

山东省2009大学生建筑设计竞赛
二等奖

Second Prize of Architecture Design Competition of University Students 2009，Shandong

设计题目：古学今渐・琴岛
作业完成时间：2009年6月
作业时长：6周
作者姓名：宫平 马骏
指导教师：郝赤彪 解旭东

Title: Qin Island—from Tradition to Modern
Submitting Time: June 2009
Duration: 6 weeks
Authors: Gong Ping, Ma Jun
Instructors: Hao Chibiao, Xie Xudong

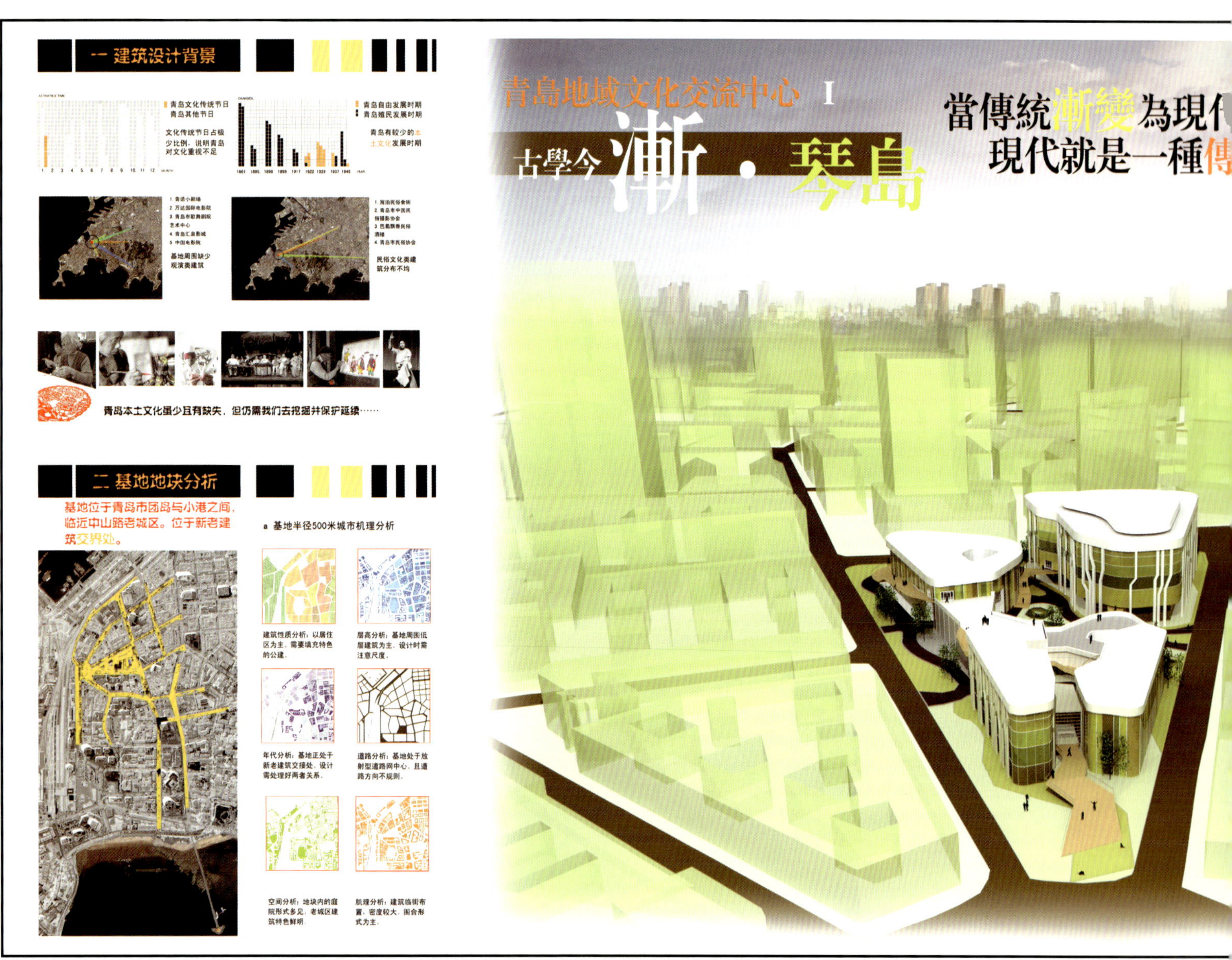

教师评语：

作者试图以自然的渐变在用地中引导建筑的生长，立意颇有趣味。建筑形体柔和舒展，体现出自然的韵味。

建筑细部还欠考虑，形体交接部分制作还显粗糙。

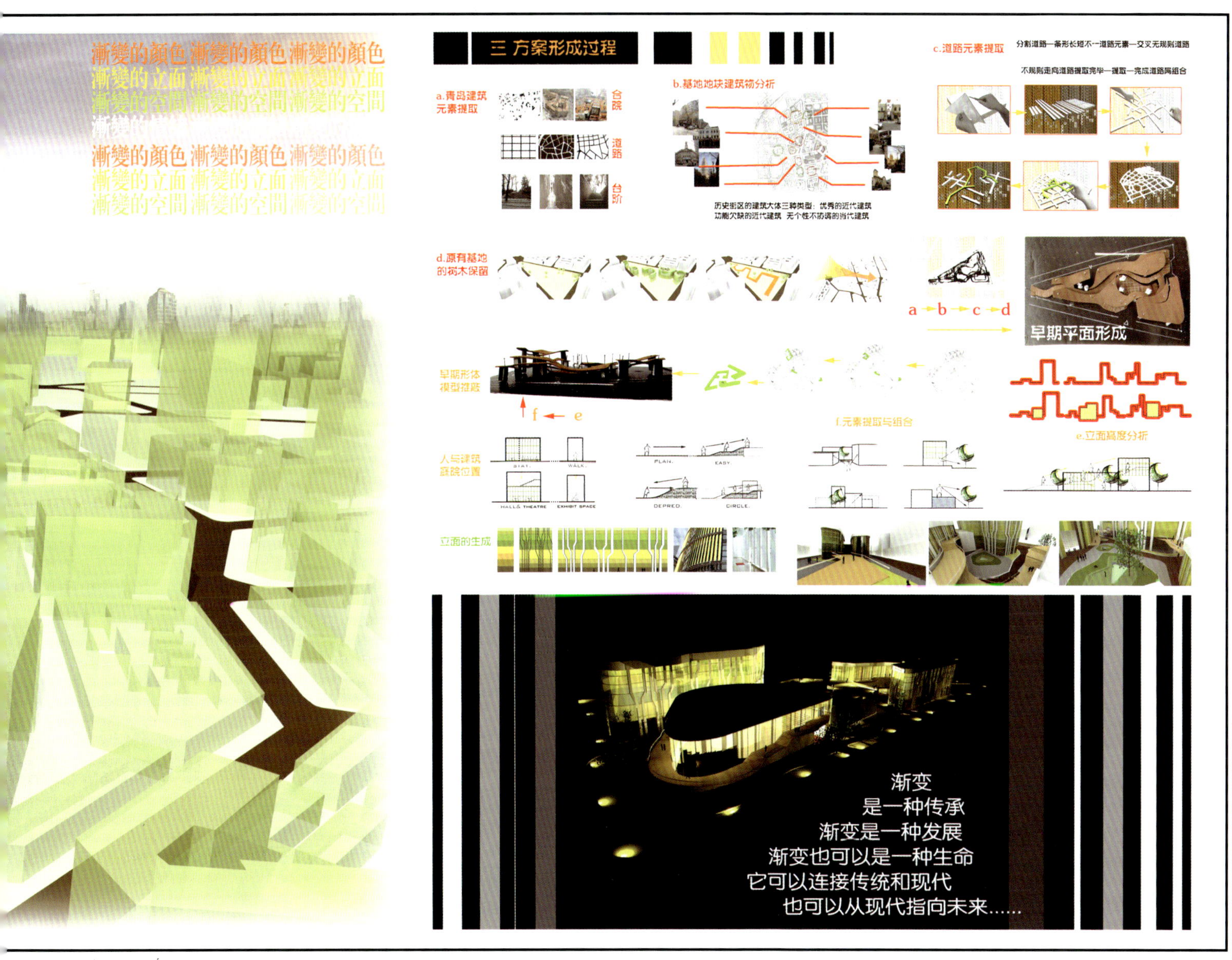

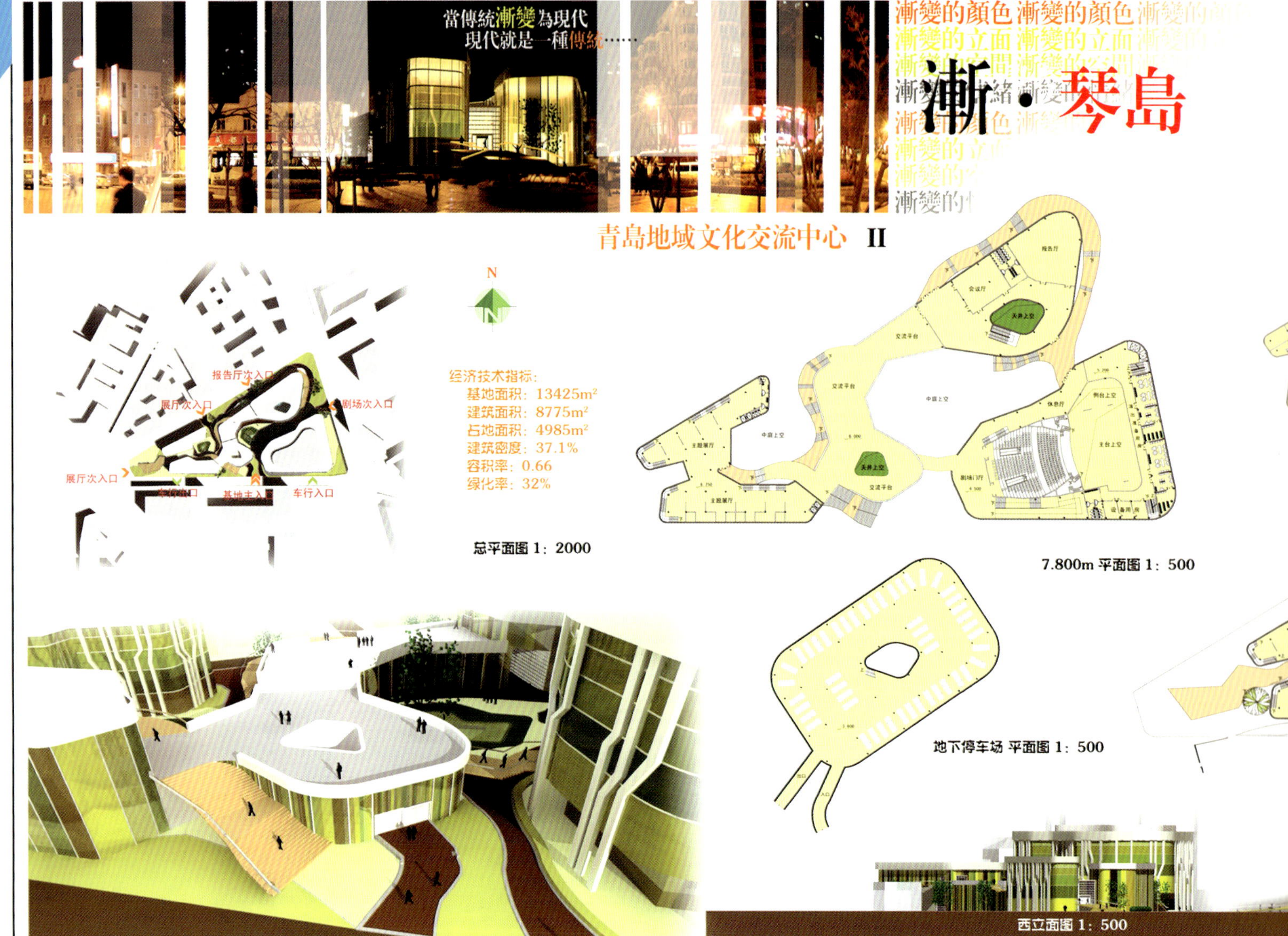

當傳統漸變為現代
現代就是一種傳統……
漸變的顏色 漸變的顏色
漸變的立面 漸變的立面
漸·琴島
青島地域文化交流中心 II
N
报告厅次入口
展厅次入口
剧场次入口
展厅次入口
基地主入口
车行入口
经济技术指标：
基地面积：13425m²
建筑面积：8775m²
占地面积：4985m²
建筑密度：37.1%
容积率：0.66
绿化率：32%
总平面图 1：2000
7.800m 平面图 1：500
地下停车场 平面图 1：500
西立面图 1：500

特色展厅设计理念与过程
静
闹
闹静分区空间示意图
剧场声场分析
1000Hz的EDT分布
1000Hz的T30分布
1000Hz的LF80分布
500Hz的SPL分布
-1.650m 夹层 平面图 1：500
2.200m 平面图 1：500
南立面图 1：500
网架结构分析：
建筑实体剖析：
展厅空间：
展厅交通：
展厅结构：
展厅立面：
整体效果：
室外道路：
外环境交通：
外环境绿化：
1-1 剖面图 1：500
剧场立面：
剧场交通：
剧场结构：
剧场空间：
意象分析：
剧场拼合：

山东省2009大学生建筑设计竞赛
三等奖

设计题目：同质异构——青岛“劈柴院”创意基地中央功能区概念设计
作业完成时间：2009年6月
作业时长：12周
作者姓名：宋臻
指导教师：郝赤彪 解旭东

Third Prize of Architecture Design Competition of University Students 2009, Shandong

Title: Isomeric—The Central Zone Design of “Yard Pichai” Creative Industry Park in Qingdao
Submitting Time: June 2009
Duration: 12 weeks
Author: Song Zhen
Instructors: Hao Chibiao, Xie Xudong

教师评语：

方案设计新颖，新旧建筑结合流畅，流线富于动感。

平面功能布局合理，交通空间收放适宜。建筑传承历史元素并富于时代特征。

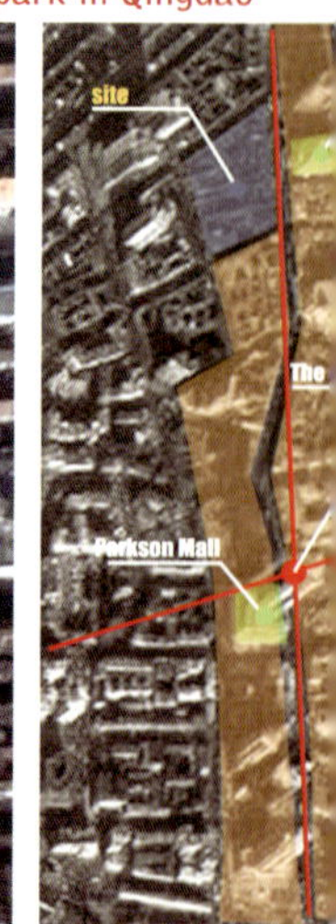

能區概念設計

城市價值：因記憶而存在 因創意而發展 EXIST FOR MEMORARY DEVELOP BY CREATION

创意地産是一種新型的商業地産運作。主要通過商業地産範圍内商鋪（商厦、商業街等）辦公樓和其他商業設施的改建、新建等方式，營造適合創意産業運作的建築空間，并把這些建築空間以租賃或者銷售的方式，提供給從事創意産業的機構乃至個人。當商業地産遇上創意産業，會産生1+1等于3或大于3的效益。有限的土地上能够承載的建築是有限的，但是能够承載的創意是無限的。創意地産通過打造創意産業粘性産業空間，形成創意産業集聚效應乃至産業集群，使有限的土地資源得到集约性的利用，使有限的建築發揮最大的效能。創意地産或通過老建築文化資源的發掘，或通過新建築文化形態的創新，塑造創意地産的靈魂。創意地産還注重時尚消費文化經營，通過具有創意性的會展、餐飲、娱樂、休閑、體育、購物、旅游等場所，建樹和傳播時尚，引領時尚消費經營。

表1 创意地产老建筑改建类型

分类	部分实例
老工厂	上海8号桥、北京798艺术区、杭州LOFT49
老仓库	上海四行创意仓库、上海东大名创库、南京圣划艺术中心
老地标	外滩3号、外滩18号、金茂J。LIFF时尚中心（裙房）
老街区	上海赤峰路设计街、澳门望德堂创意产业试点区
老大楼	广州LOFT345艺术空间（原PARK19）
老民居	上海新天地
老村落	深圳大芬油画村

表2 创意地产新建筑新建类型

分类	部分实例
商厦	北京第三极、北京三里屯3.3
商办楼	上海海上海LOFT
商业街	东莞苏豪娱乐购物坊
文娱艺术区	香港西九龙文娱艺术区
创意园区	无锡工业设计园
创意基地	上海张江文化科技创意产业基地、大连脊利文化产业示范基地
创意社区	上海创智天地、天津泰达时尚广场

01_Background Knowledge 背景知識

西立面圖 1:1000

北立面圖 1：1000

03_Industry Category 産業分類

創意産業(CREATIVE INDUSTRIES)，又稱創意工業，最早是1997年英國工黨政府題出的一個新經濟戰略概念.根據英國創意工業小组给出的定義，認爲創意産業主要指“那些源自于個人創造力、技能和天分的活動，通過知識産權的生成與利用，進行創造財富和就業機會的産業。可以看出，創意産業更多地屬于知識經濟時代的價值創造體系，是將個人的智慧與技能，創造性的思維賦予産品延伸和附加的價值。到目前爲止，創意産業大致包括廣告創意、建築、藝術品和古董工藝品、設計、時裝、電影、互動寬帶、娱樂軟件、音樂、演藝、出版印刷、電腦軟件、電視和廣播等13大門類。全球範圍内創意産業方興未艾，經過近十年的發展，創意産業逐漸成爲了新經濟時代的全球性戰略選擇。

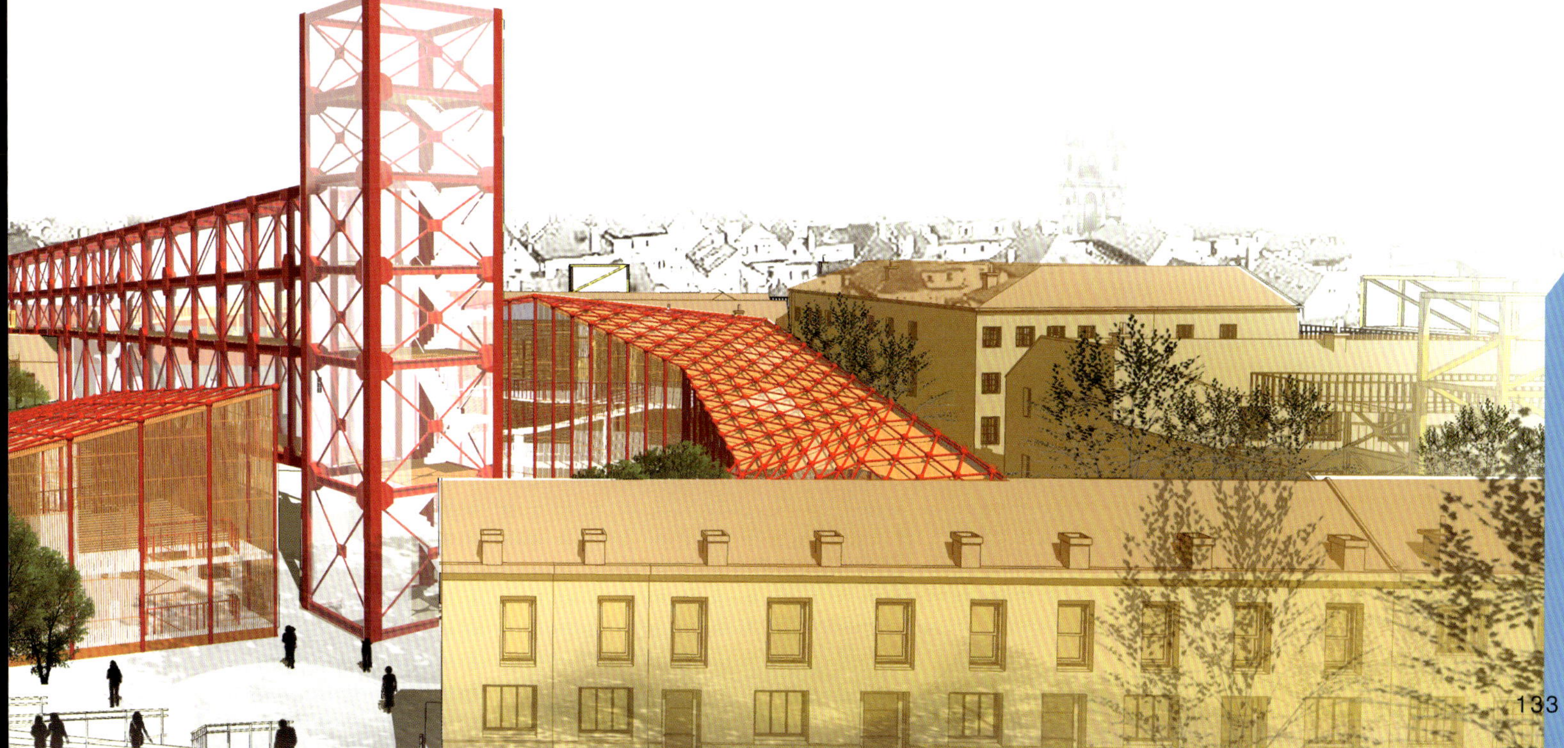

THE CENTRAL ZONE DESIGN OF "YARD PICHAI" CREATIVE INDUSTRY PARK IN QINGDAO
"同質异構"— 青島"劈柴院"創意基地中央功能區概念設
04_Structure 大跨空間結構
05_Aerial Communication System 空中交通系統
交通流線
綠化、庭院、大空間
新舊對照
06_Site Plan 基地
N
Thirdly Entrance
Main Entrance
Secondary Entrance
Master Plan 1:5
南立面圖 1:600
東立面圖 1:600

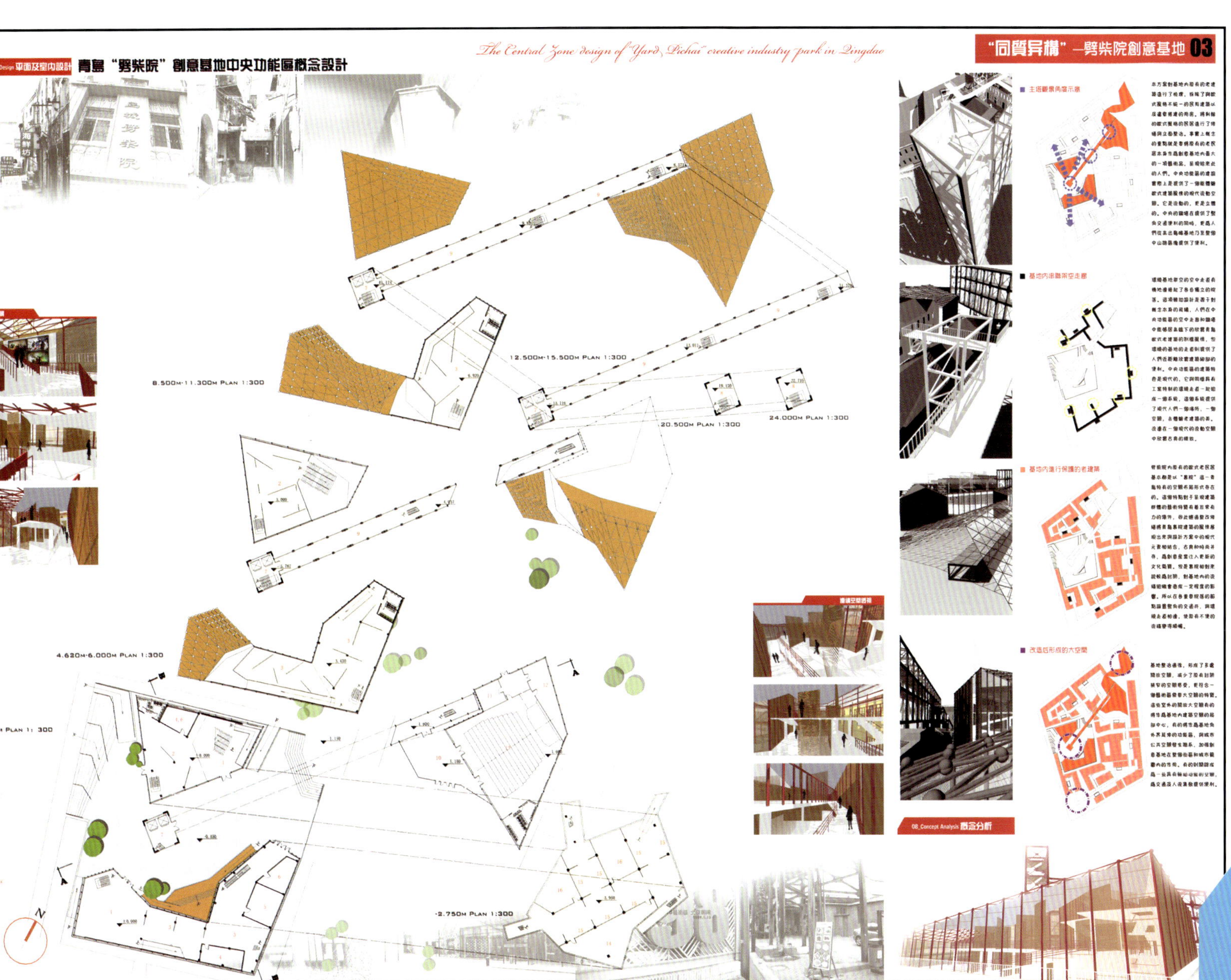

09_Material Construction 材質構造
The Central Zon
中央的主場與兩邊合圍的體量形成的廣場取材于歐洲街區中常見的公共空間設計手法，兩邊的大跨空間屋頂高低起伏，猶如青島特有的紅瓦屋頂交織錯落。方案用現代的建築結構與建築材料表達了青島的歐洲韵味與創意產業的不羈風格。
方案造型與群體組合和傳統的關聯
Sketch and Model 草圖草模
該概念設計的中心想法就是要提供一個現代的流動空間去欣賞和體驗青島具有歐式韵味的老建築，從而在其間感受到現代與古典不同風格的美。因此如何對原有建築有直觀的感受和加强現代與古典之間的模糊過渡，使整個系統和諧而不至于讓對比過于强烈就是一個必須要解决的問題。方案從建築内外的材質出發，努力營造一種近似于中國傳統用簾幕或輕質隔斷來劃分空間的效果。采用了木質的輕質隔柵來圍合和劃分空間。這樣，雖然整個方案選用的都是工業化生產的現代材料，但是從内部的空間體驗來看，與東方建築美學從内外空間的聯系過度處理上又有幾分相似。并且在建築内部能够看見外面的原有老建築，中西交融，新舊轉換之中能够發現建築藝術神奇的特質。
中央功能區經濟技術指標：
用地面積：4500平方米
占地面積：1600平方米
建築面積：5000平方米
建築密度：35%
容積率：1.1
10_Node Perspective 節點透視
露天時裝表演舞台
經過對基地東北角原有建築秩序的改造，在此處再生出了一塊與城市街道緊密連接的大空間。主要用于產業基地内的服裝設計向外界展示成果和舉辦小型時裝周等作用。
XINHUA
中央功能區露天下沉廣場遠景
中央功能區的下沉廣場是此項概念設計乃至整個基地範圍内的中心空間，從城市道路經過主入口的臺階和坡道進入此處，人流在此處分流分别前往各展覽空間或上升至空中觀景走廊。此外，下沉廣場在服務于交通分流和疏散的同時更兼顧了給予人們交流、休閑、娛樂的功能。位于廣場一邊的露天演藝舞臺向人們提供了開放的藝術欣賞空間。
先鋒劇場外景
位于基地東北角院落内的先鋒劇場是一個用于滿足先鋒表演藝術家在此展現文化、展現時尚的場所。同時此處也可用于創意基地内的各類人群進行互動、聯歡。
露天演藝舞台
此處的露天演藝舞臺給那些喜愛在露天享受
人們提供了一個與藝術家互動交流的場所，
精神會得到更好的傳播，同時這樣開放的形
制作等產業擁有了一個展示自我的機會，更
與互補。
26.850
20.373
14.356
13.694
3.873
A-A剖面圖 1:300

"Yard Pichai" creative industry park in Qingdao
04
"同質異構"—劈柴院創意基地
尚8
创意产业园
sz.soufun.com
LOFT
49
走道是與中央功能區内的空中走廊相
了能在空中走廊中鳥瞰整個基地内
過這條環繞基地的走道近距離地欣
建築。它不僅爲在産業基地内活動的
交通系統，更爲前來參觀的人們提
體驗品味老建築的便捷通道。
主入口透視
主入口配合下沉廣場的尺度設計成了一個全開放的下沉臺階，從城市道路轉入基地内時，原有的尺度被瞬間放大，加上廣場上聳立的鋼塔，人們能隱約感受到歐洲街區常有的鐘塔控制廣場的構圖形式，同時鋼結構的粗獷與木質隔柵的反差對比又展現了現代建築簡潔大方的特徵。
新興的全球創意産業帶來了越來越多的發展機會。很多城市都開展了"城市復興"計劃，通過調整城市的産業取向，改造城市的風貌與經濟發展的基礎來振興城市活力與競爭力。而它們大多選擇了通過發展文化創意産業來實現這些目標。通過創意産業提升城市産業升級的城市都無一例外地獲得了城市發展的更多機會，并帶動了城市旅遊、就業、形象與文化品格，爲城市尋得了更新的發展機遇。例如，人類休閒時代所需要的大量休閒産品與休閒服務都將創意産業所包含的互動遊戲娛樂、電視電影、音樂、藝術、出版、建築設計等息息相關，因此創意産業的發展與繁榮，將促進城市的旅遊與休閒産業發展，爲城市的産業升級提供又一個基礎性契機。創意産業因立足個人創造、强調創新、文化含量高、知識密集、訴求藝術、倡導休閒娛樂等特點構建出一系列的行業發展平臺，從而能爲城市的産業經濟、文化藝術、就業增長等層面全面促進城市的振興，爲城市的發展提供不竭的原動力與活力。
11_Current and Development 現狀與前景
13.694
9.574
6.920
3.420
3.000
±0.000
-0.450
B-B剖面圖 1:300

山东省2009大学生建筑设计竞赛

三等奖

设计题目：青岛小港历史风貌保留区改造及更新设计

作业完成时间：2009年6月

作业时长：12周

作者姓名：李政昆　柳召德　丁锋　殷乐　王婷婷

指导教师：刘一光　郝赤彪

Third Prize of Architecture Design Competition of University Students 2009, Shandong

Title: Qingdao Small Harbour Historic Block Reconstruction and Renovation Design

Submitting Time: June 2009

Duration: 12 weeks

Authors: Li Zhengkun, Liu Zhaode, Ding Feng, Yin Le, Wang Tingting

Instructors: Liu Yiguang, Hao Chibiao

教师评语：

本方案在城市更新过程中着重考虑了城市文化的传承，充分发掘历史文化与城市用地性质的关系，体现了城市的人文精神。

建筑单体设计在传承文化元素的基础上进行了创新，保留部分原有建筑；对历史价值不高的建筑进行了重建，并体现出强烈的时代精神。

新旧建筑结合较为和谐，达到了旧城改造更新以适应现代城市需求的目的。

基地现状分析

场地内原有里院建筑其主要特色为每个单元内斗设有大小各异的庭院空间，来满足采光通风的要求。然而由于年久失修，原有的内庭院空间质量已经无法满足现代生活的需要。
场地内东南侧原有一片面积较大的室外开场空间，而由于缺乏管理，场地内加建现象严重，原有广场空间几乎消失殆尽，因此还原给市民足够的公共空间势在必行。

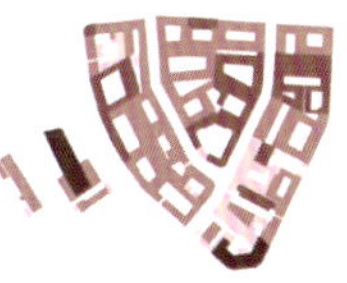

由于本街区是青岛老城区的重要组成部分，为了体现青岛老城区小体量、小尺度的建筑形式，整个街区内建筑以底层为主，建筑高度大都控制在十米以下。在整个街区中，二、三层的建筑占了大部分，一层建筑往往是后来加建的，用作辅助用房，四层建筑大都是上世纪80年代以后为满足大量居民的住房需求而修建的大体量的板式住宅。

由于青岛特殊的城市历史背景，留下了上个世纪不同时期建造的建筑，在本街区中具体表现在有德占时期、日占时期、中华民国时期以及建国后四个历史阶段的建筑其中建国后的建筑占了绝大多数。由于年代久远，德占、日占时期的建筑保存下来的较少。

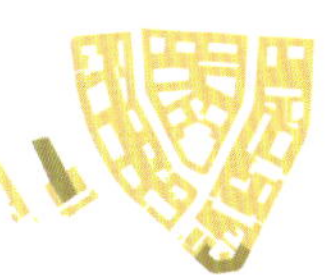

本街区建筑由于建于不同的年代，且体量、层数相差很大，造成了建筑结构的不同，主要有砖石结构和框混凝土结构两种结构形式。另外还有部分砖木结构，但由于年代久远大多已经改建。本街区中的建筑大部分为砖石结构，体量较小，层数较低，能够满足结构上的要求。

基地纹理更替

2003年小港卫星拍摄画面

2005年小港卫星拍摄画面

2007年小港卫星拍摄画面

2009年小港实地拍摄画面

城市元素提炼

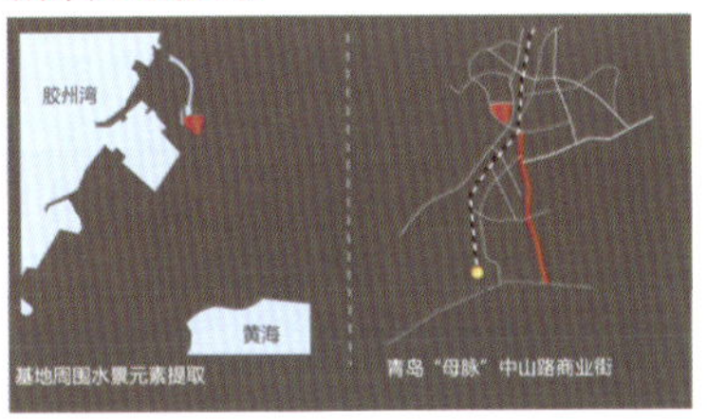

基地周围水景元素提取

青岛"母脉"中山路商业街

基地

经济技术指标

总用地面积：	23000m²	容积率：	1.36
总建筑面积：	31430m²	建筑密度：	38.7%
占地面积：	8890m²	绿化率：	32%
地下停车面积：	11100m²		

绿化节点分析

开放式里院共享空间

总平面图 1：800

青岛小港历史风貌保留区改造及更新设计二

Qingdao side Ports historic block reconstruction & renovation design II

情景广场 scenic square

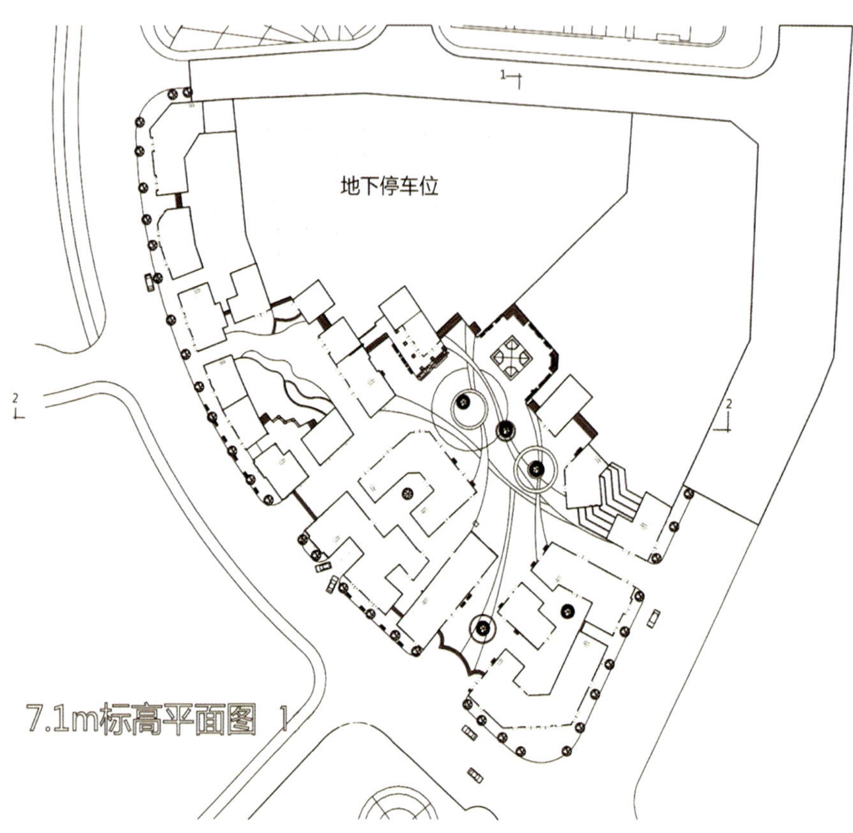

7.1m标高平面图 1

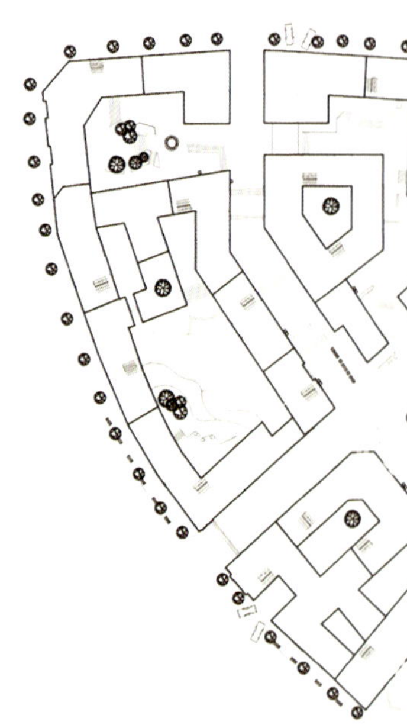

12.8m标高平面图 1:1000

情景入口 scenic opening ……放-收-放

基地西南侧立面 1:250

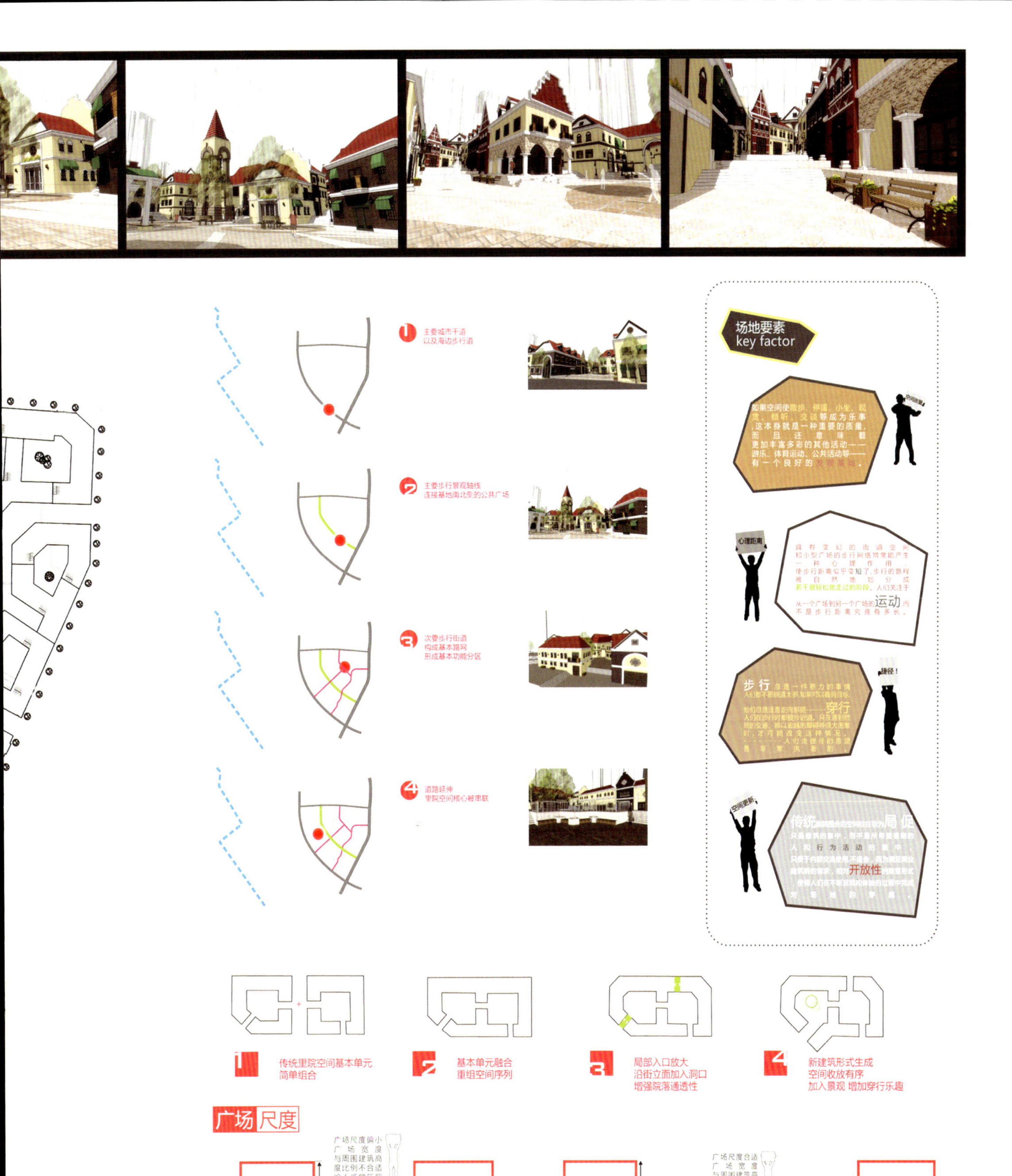

广场尺度

广场尺度偏小
广场宽度
与周围建筑高
度比例不合适
给人感觉压抑

H

S

广场尺度合适
广场宽度
与周围建筑高
度比例合适
给人开敞感觉

H

S

情景穿行
scenic crossing

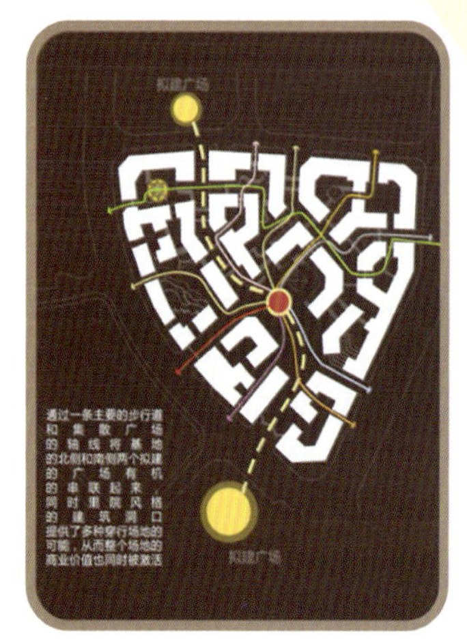
拟建广场
通过一条主要的步行道和集散广场的轴线将基地的北侧和南侧两个拟建的广场有机的串联起来，同时庭院风格的建筑洞口提供了多种穿行场地的可能，从而整个场地的商业价值也同时被激活
拟建广场

9.9m
12.0m
8.7m
10.8m
9.9m
9.9m
8.4m
8.4m
8.4m
7.2m
7.5m
9.9m
10.8m
9.0m
10.2m
6.0m
9.6m
7.2m
6.0m
8.4m
7.2m
6.0m
7.2m
5.4m
6.0m
6.0m
5.4m
场地内标高示意

5.80m
9.80m
10.30m
5.66m
8.00m
8.36m
7.80m
4.80m
5.30m
4.50m
场地边界标高示意

地下停车入口
地下停车入口
地下停车区域
主要车流道路

2 - 2剖面 1 : 500

1 - 1剖面 1 : 500

鸟瞰图

基地东南侧立面　1：250

基地定位

基地历史沿革

项目背景分析

一、工业遗产再利用之可行性和意义。

在近三十年里我们失望地看到，为了便于所谓的"综合性开发"建设项目，许多杰出的老工业建筑被有计划地、一个接一个地推倒铲平。在这股近似流行的疯狂中，消失的不仅仅是历史工业建筑。

二．建筑再利用的保存观。

工业建筑再利用的目的是希望为文化资产争取更多的保存空间与生存能力，并且结合建筑本质的再现，并非仅仅是将工业建筑再利用包上一层经济利益的外衣，而抹去了再利用背后所隐藏的更多意义与价值。再利用的经济性原则只是一种手段，而非目的，生活场所的保存与人文环境的提升才是真正目标所在。

过度的保存或过度的再利用所形成的潜在性危机是由于过度时髦而折损了复原与再利用作品的价值。

另一方面，贵族化的形成，再利用促进历史性建筑、其它有价值建筑物及其邻里地区的复苏，吸引富有人群的迁入，反将经济能力较差的原居住者淘汰。而此问题于现今国内历史保存的开展过程中，似乎并非最重要的争议焦点，相反的，最主要的危机在于保存制度的不够完善与建筑再利用未受充分重视。

三、工业遗产再利用之问题。

我们现在知道，人们其实喜欢这些老工业建筑，它们往往可由公共交通直达，而且相对于侵蚀珍贵的郊区绿地，旧区大范围的更新更有利于可持续发展。最重要的是，它们重新赋予了社区曾有的自豪感，优美独特的环境也大大增强了人们的生活乐趣。

基地历史照片

青岛国棉厂沿革

对外交通分析

基地改造策略

如何处理新与旧的关系在这样的设计任务中成为一个艰难而又刺激的重要部分，如何"用旧瓶装新酒"，装进新的使用功能，如何处理旧建筑元素与新使用功能的衔接，如何采取和谐或者对比的手法将新的建筑元素与旧建筑元素统一起来。……

，改建或者炸毁？

面对越来越多的闲置厂房，最开始采用的手段是拆除或者干脆炸成平地，在获得的土地上按新的设计建造，因为这样，通常不需要考虑各种太多问题。直到20世纪70年代初，人们还是这样对付大多数的闲置厂房，只有一些由于文物保护的原因而必须保留的建筑，通过不同的改造手段幸存下来。即使这些保留的建筑，其改造手段也多数是把内部拆毁，仅保留外立面，在内部按新的功能要求填进各种新的建筑体。但是，通过改造再利用旧建筑方式的优点却是明显的。

基地建筑分析

工厂景观现状分析

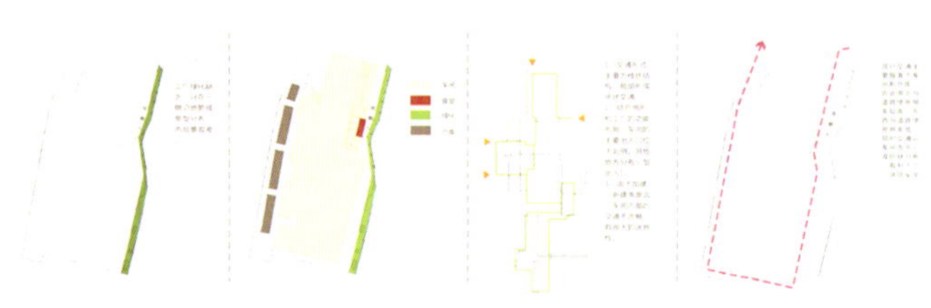

剖透视图

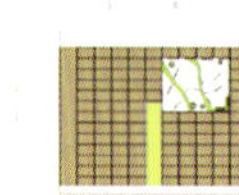

山东省2009大学生建筑设计竞赛
二等奖

Second Prize of Architecture Design Competition of University Students 2009, Shandong

设计题目：后工业时代——青岛国棉六厂厂房改造项目

作业完成时间：2009年6月

作业时长：12周

作者姓名：李政昆 柳召德 丁锋 殷乐 王婷婷

指导教师：郝赤彪

Title: Post-Industrial Era—Transformation Design for Qingdao 6th National Cotton Factory

Submitting Time: June 2009

Duration: 12 weeks

Authors: Li Zhengkun, Liu Zhaode, Ding Feng, Yin Le, Wang Tingting

Instructor: Hao Chibiao

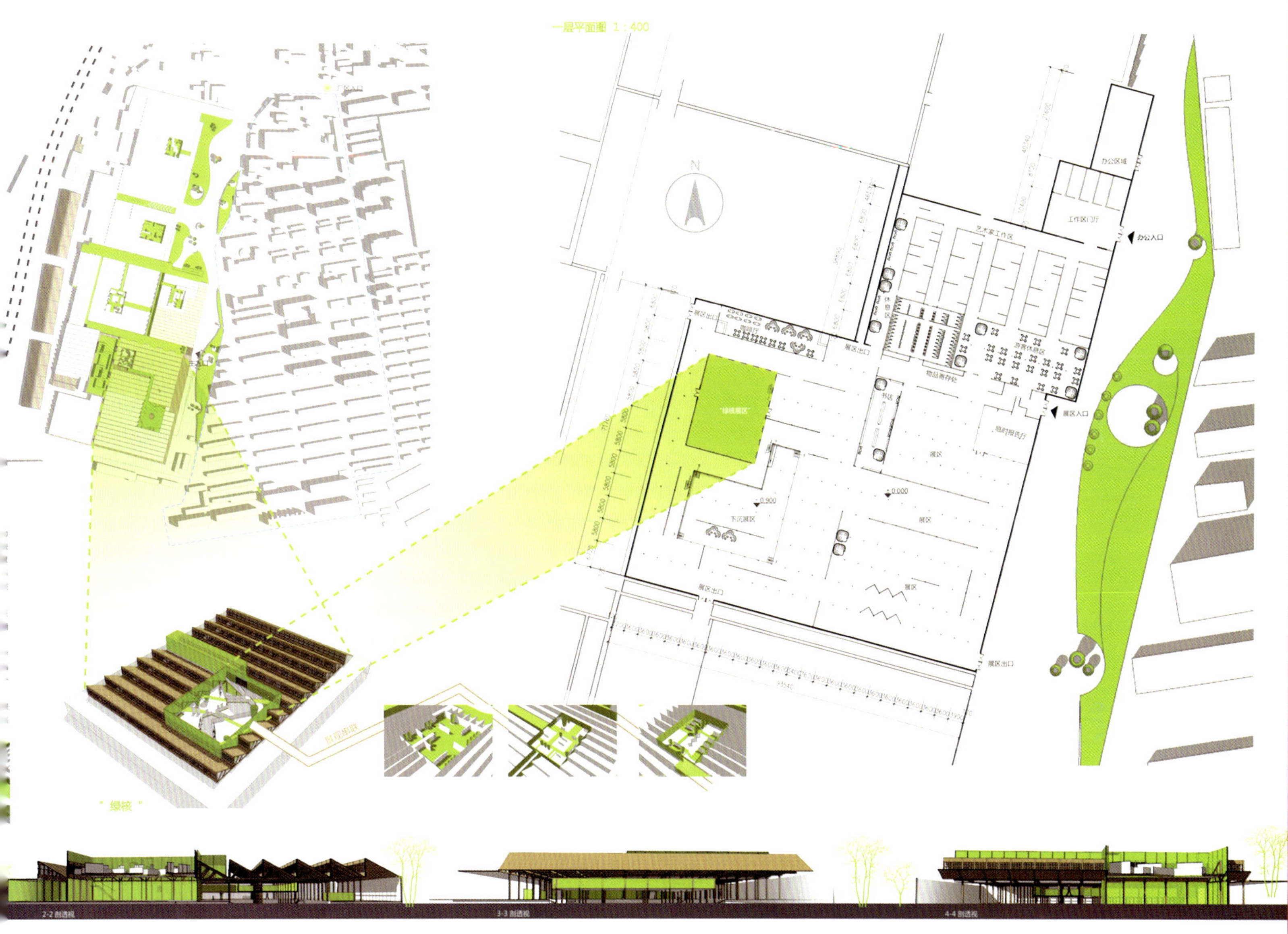

教师评语：

方案调研较为详实，功能置换选择合理，对于改造之后的建筑运营考虑较充分。

平面布局合理，对于较大进深的厂房处理妥当，充分考虑并解决了自然采光和通风的需求。

在工业建筑改造转为民用过程中，还需注意一些规范的调整。

後工業時代
青島國棉六廠廠房改造項目 3+4
POST INDUSTRIALISATION PERIOD III&IV
A RECONSTRUCTION PROGRAM OF TSINGTAO NO.6 STATE-OWNED SPINNING MILL
场地材质分析
木材
清水砖墙
素混凝土
玻璃
地板
铁质构件
空间分隔可能性
在不确定的空间里，不同的时间段里，人们的活动有着诸多的不确定性。这种空间中的不确定性活动进行不同的组合就会呈现不同的空间形态。我们通过对不同人群的活动性质、范围，以及场所的研究，做出了以下几种空间组合方式的聚合形态。
我们营造的不同场景就是为了近似的迎合人们的不确定性需求，让人们在空间的体验中，寻找自己内心中所需求的、渴望的场所。
展览部分
办公部分
艺术家工作室
休闲区（咖啡吧、餐厅、休息区、阅览角、小卖部等）
报告厅
辅助部分（清洁间、售票室、储藏室等）
建筑的不同部位的组成部分各有不同的功能，不同的功能又表现为不同的形式，而所构成的建筑整体，要完成一个具体的总的目的或功能。因此，一切都要围绕着这个目的，使整个建筑自身及与周边环境成为有机的整体，而不是杂乱无章、支离破碎。
文化活动排练厅
展览部分
辅助部分（清洁间、售票室、储藏室等）
办公部分
休闲区（特色餐厅、饮料吧、休息区、小卖部等）
报告厅
厂区鸟瞰
本案改造试点区域
厂区绿化系统
厂区二期推广区域
厂区三期改造区域
通风、采光、结构分析
座椅衍生
通过地面钢制柱筒的水平延伸，衍生出不同方向的座椅，形成一定区域的休息空间，即可节省空间使用面积，又可以增加趣味性。
平面功
厂区立面图 1：500
试点改造区域

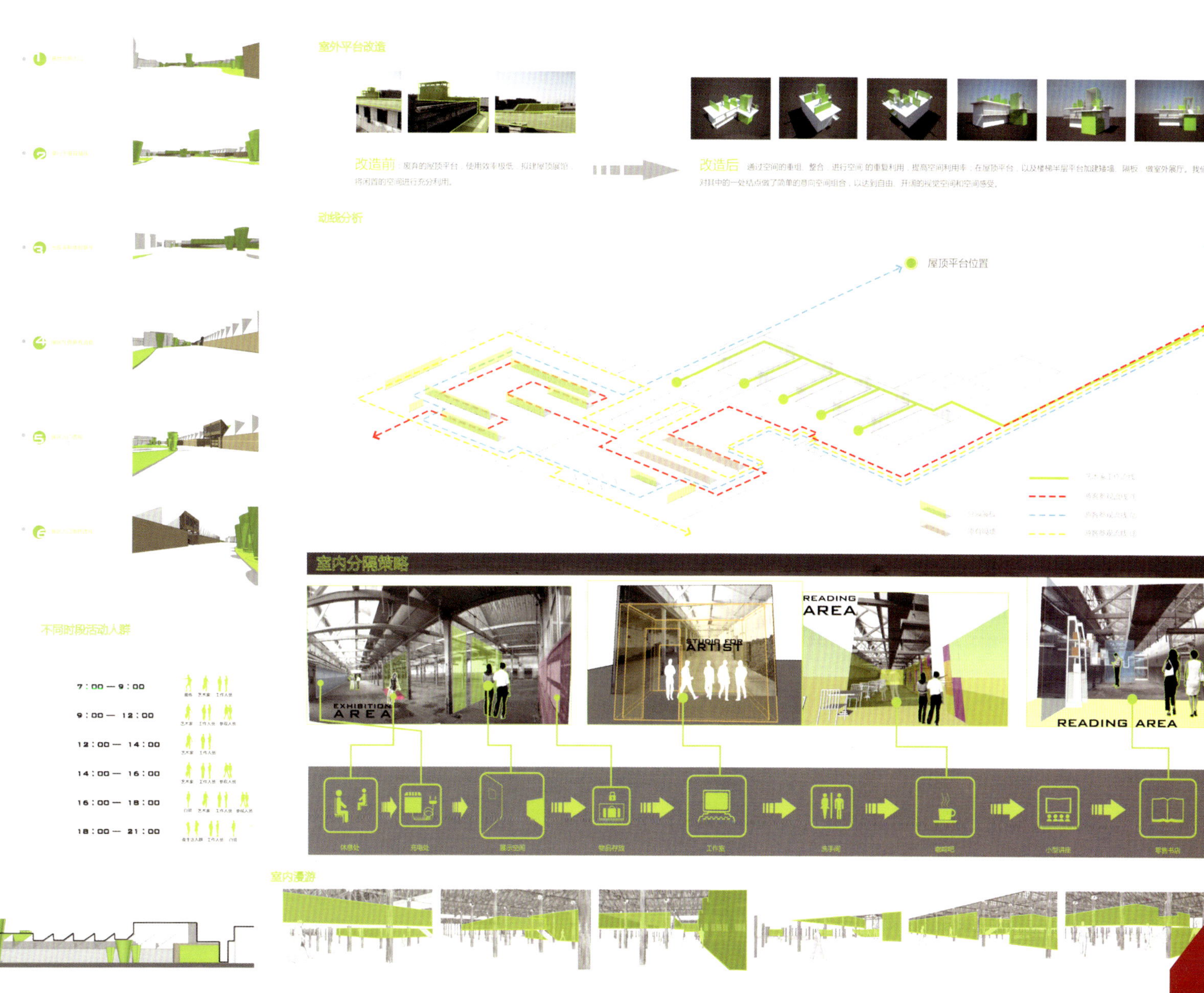
室外平台改造
改造前：废弃的屋顶平台，使用效率极低，拟建屋顶展馆，将闲置的空间进行充分利用。
改造后：通过空间的重组、整合，进行空间的重复利用，提高空间利用率；在屋顶平台，以及楼梯半层平台加建矮墙、隔板，做室外展厅。我们对其中的一处结点做了简单的易向空间组合，以达到自由、开阔的视觉空间和空间感受。
动线分析
屋顶平台位置
室内分隔策略
EXHIBITION AREA
STUDIO FOR ARTIST
READING AREA
READING AREA
休息处
充电处
展示空间
物品存放
工作室
洗手间
咖啡吧
小型讲座
零售书店
室内漫游
不同时段活动人群
7：00—9：00
晨练 艺术家 工作人员
9：00— 12：00
艺术家 工作人员 参观人员
12：00— 14：00
艺术家 工作人员
14：00— 16：00
艺术家 工作人员 参观人员
16：00— 18：00
白领 艺术家 工作人员 参观人员
18：00— 21：00
夜生活人群 工作人员 白领

2007山东省优秀毕业设计

设计题目：青岛市中山路26、28号地块——“劈柴院”规划及单体方案设计
作业完成时间：2007年6月
作业时长：12周
作者姓名：李钊群
指导教师：毕胜

2007, Awarded Graduation Design in Shandong Province

Title: Plan and Building Design for No.26 and No.28 Blocks in Zhongshan Road Area in Qingdao
Submitting Time: June 2007
Duration: 12 weeks
Author: Li Zhaoqun
Instructor: Bi Sheng

教师评语：

本方案在城市更新过程中着重考虑了城市文化的传承，充分发掘历史文化与城市用地性质的关系；体现了城市的人文精神。新旧建筑结合较为和谐，达到了旧城改造更新以适应现代城市需求的目的。

青岛市中山路26、28号地块（劈柴院）规划及单体方案设计

Rebuild Restart Resurgence Resplendence

THE DESIGN OF QINGDAO ZHONGSHAN STREET

区域地理分析

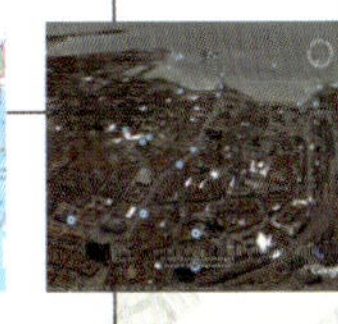

青岛位于山东省的东南端，胶州湾畔，东南濒临黄海，西北连接内陆，地处华北、华东两大经济区的结合带，东与韩国、日本隔海相望。青岛现辖市南、市北、四方、李沧、崂山、黄岛、城阳7个区和胶南、胶州、即墨、平度、莱西5个县级市，全市总面积10654平方公里，总人口715.65万。其中，市区面积1102平方公里，人口241.74万。青岛是典型的海滨丘陵城市，地势东高西低，南北两侧隆起，中间低陷。最高峰是崂山巨峰，海拔1132.7米。青岛海岸线长730.64公里，蜿蜒曲折，岬湾相间。

中山路位于远东最为美丽的风景线前海景区，是岛城内唯一一条具有百年历史的商业走廊，与这座城市历史的进程同步，堪称青岛的“母脉”。本次城市设计的范围以胶州路、河南路、安徽路和济宁路为界，面积为56.6公顷。区内平均人口密度高，人口结构老化，家庭收入较低。中山路地区共有办公、金融、贸易方面的从业人员约1.6万人，商业服务业从业人员为2.8万人左右。全市和旅游服务产业主要集中在中山路两侧和东南部地区。本地居民的服务产业分布在各个街巷，尤以四方路、保定路以北的地区最为集中。本地段内现有文物保护与近现代优秀建筑21座。其中文物保护建筑两座，近代优秀建筑19座。

劈柴院文化的历史沿革

大鲍岛村是一个大村，有“集”，逢一、六为集日。劈柴市在村西，青岛建为城市之初，劈柴市没有取消，反而成了每天有市的10号大院，人们叫它劈柴院。以后10号大院成了卖艺的大院，人们仍习惯叫劈柴院；江宁路发展成为“步行商业街”后，整条街又叫成了劈柴院。劈柴院成为老青岛港上富有盛名的大众休闲娱乐场所，即使今天江宁路已经衰败到门可罗雀，它仍然在青岛人的记忆中拥有不可动摇的地位。

劈柴院的往昔与今朝

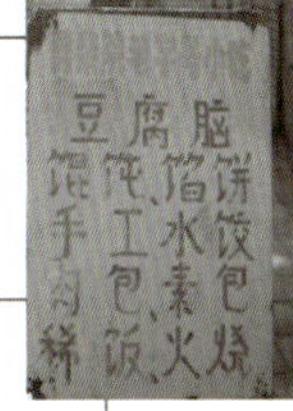

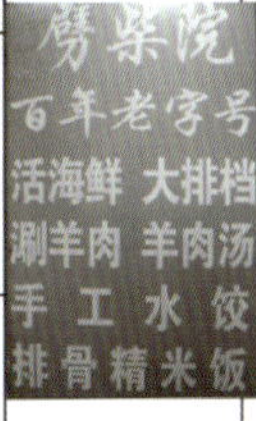

劈柴院是一处中国民营老字号密集的地段，主街上主要是饭店，有元惠堂、李家饺子楼、杏乐春、增盛楼、义盛楼、天兴楼、异美斋，协聚楼等至今已有百余年的历史。春和楼在岛城老字号鲁菜餐馆“三大楼——春和楼、顺兴楼、聚福楼”中处于首位，成为20世纪50年代至70年代青岛最著名的鲁菜馆。这里有着青岛的特色餐饮——李记饺子楼：岛城著名的饺子店。这里有青岛最早的文体商贸——环球文化体育用品公司：地处中山路186—190号，是山东省经营文化体育用品规模最大的老字号专业商店和青岛市十大专业商店之一。这里还是青岛的钟表贸易起源——亨得利钟表眼镜公司是青岛历史最久的大型钟表眼镜专业店。二十世纪90年代公司被改称为青岛亨得利钟表眼镜珠宝公司……这里随处可见的是老字号的招牌，但这片特色经营的区域现在却门可罗雀，街道狭窄门头破旧，偶见人烟，曾经的辉煌现在也只剩了些老字号的招牌在风中摇曳，显得更加的凄凉。

如何实现劈柴院地区的复兴？

改造前对现有建筑的调研是不可或缺的一步工作.

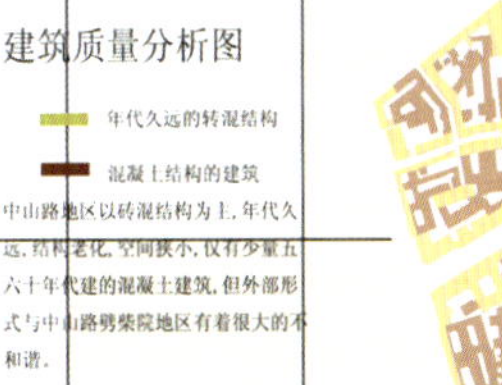

建筑质量分析图

年代久远的砖混结构

混凝土结构的建筑

中山路地区以砖混结构为主，年代久远，结构老化，空间狭小，仅有少量五六十年代建的混凝土建筑，但外部形式与中山路劈柴院地区有着很大的不和谐。

建筑类型分析图

居住建筑

商业建筑

沿中山路和周围道路的建筑商业价值较高，多为店铺而内部和二层多为居住功能，这样的功能分区不利于商业经营也不利于日常生活。

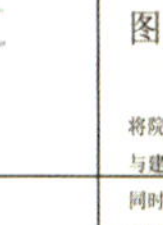

图底分析图

将院落空间和建筑实体进行反相，发现外部环境其实也与建筑空间相似，建筑的外墙在起着围合内部空间的同时也围合了外部空间，也就是建筑内外皆有空间。尤其对于旧城区来说这种图底关系就显得更加明确，在设计的过程中也必须更加注重对外部空间的围合与维融。

对于中山路劈柴院地段建筑形体的研究

保定路-26

河北路-26

中山路-26

中山路-26

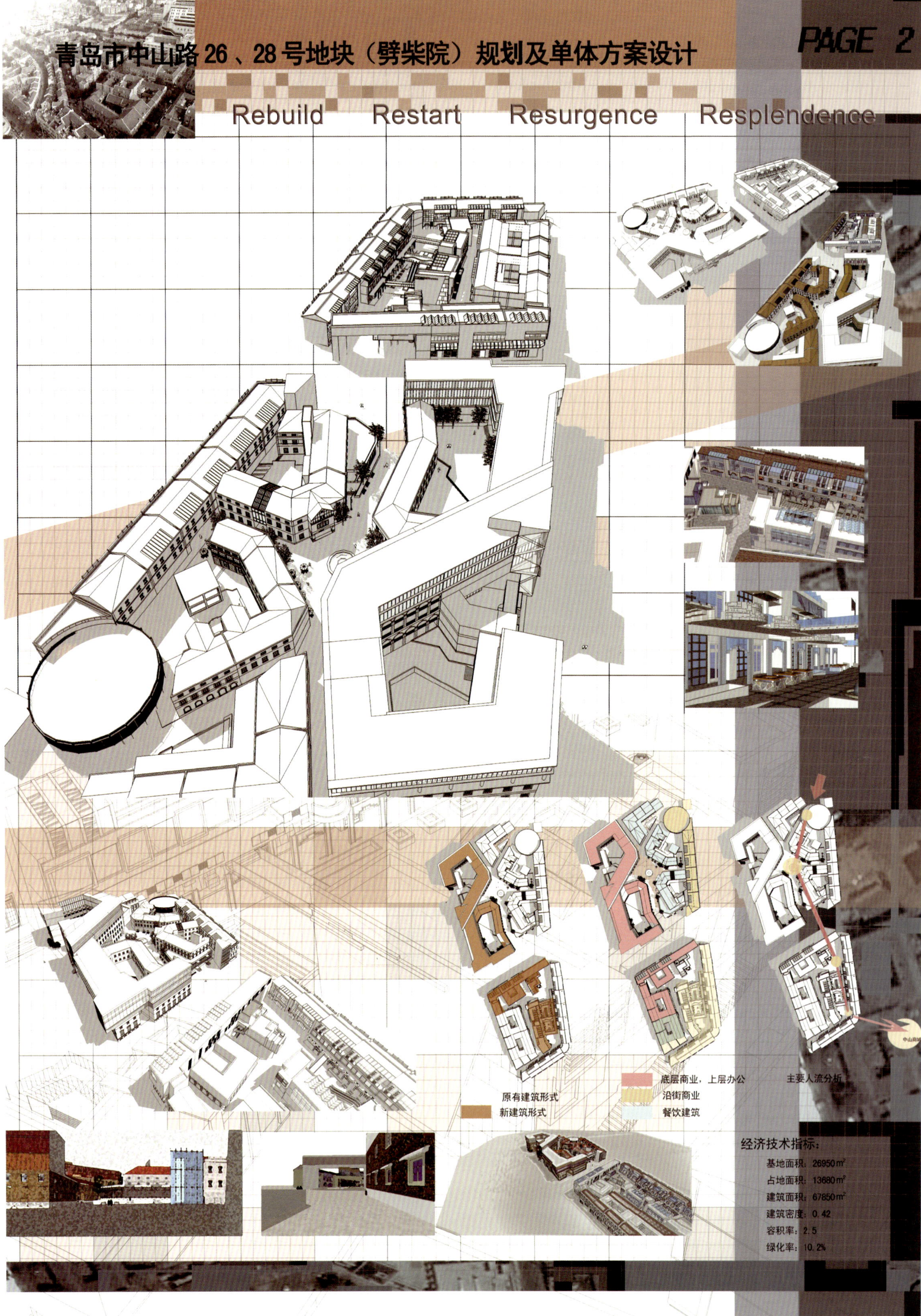
青岛市中山路26、28号地块（劈柴院）规划及单体方案设计
PAGE 2
Rebuild
Restart
Resurgence
Resplendence
原有建筑形式
新建筑形式
底层商业，上层办公
沿街商业
餐饮建筑
主要人流分析
经济技术指标：
基地面积：26950m²
占地面积：13680m²
建筑面积：67850m²
建筑密度：0.42
容积率：2.5
绿化率：10.2%

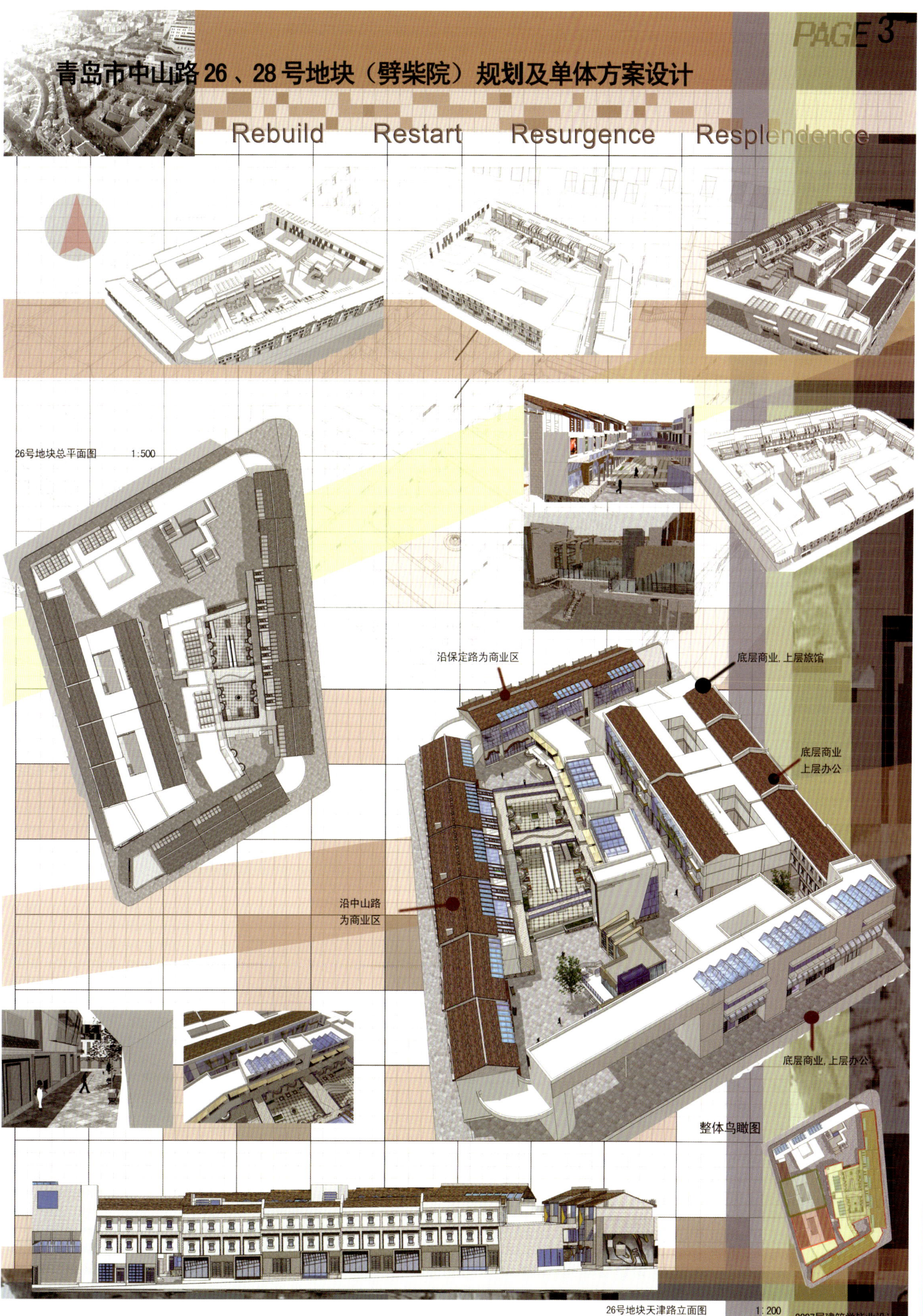
PAGE 3
青岛市中山路26、28号地块（劈柴院）规划及单体方案设计
Rebuild Restart Resurgence Resplendence
26号地块总平面图 1:500
沿保定路为商业区
底层商业, 上层旅馆
底层商业
上层办公
沿中山路
为商业区
底层商业, 上层办公
整体鸟瞰图
26号地块天津路立面图 1:200
2007届建筑学毕业设计

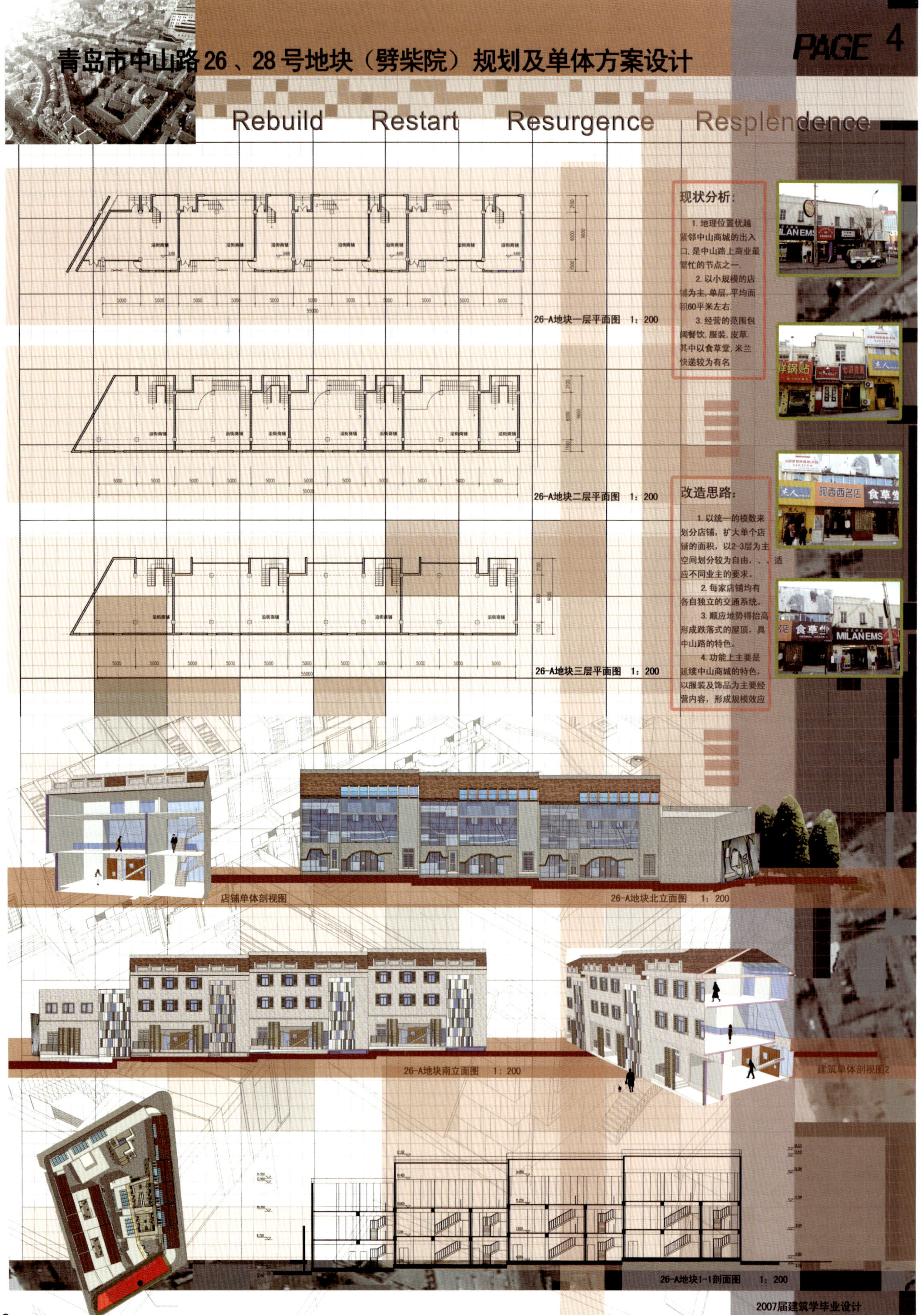
青岛市中山路26、28号地块（劈柴院）规划及单体方案设计
PAGE 4
Rebuild Restart Resurgence Resplendence
26-A地块一层平面图 1：200
26-A地块二层平面图 1：200
26-A地块三层平面图 1：200
现状分析：
1. 地理位置优越紧邻中山商城的出入口，是中山路上商业最繁忙的节点之一。
2. 以小规模的店铺为主，单层，平均面积60平米左右。
3. 经营的范围包阔餐饮，服装，皮草，其中以食草堂，米兰快递较为有名
改造思路：
1. 以统一的模数来划分店铺，扩大单个店铺的面积，以2-3层为主空间划分较为自由，、、适应不同业主的要求。
2. 每家店铺均有各自独立的交通系统。
3. 顺应地势得抬高形成跌落式的屋顶，具中山路的特色。
4. 功能上主要是延续中山商城的特色，以服装及饰品为主要经营内容，形成规模效应
店铺单体剖视图
26-A地块北立面图 1：200
26-A地块南立面图 1：200
建筑单体剖视图2
26-A地块1-1剖面图 1：200
2007届建筑学毕业设计

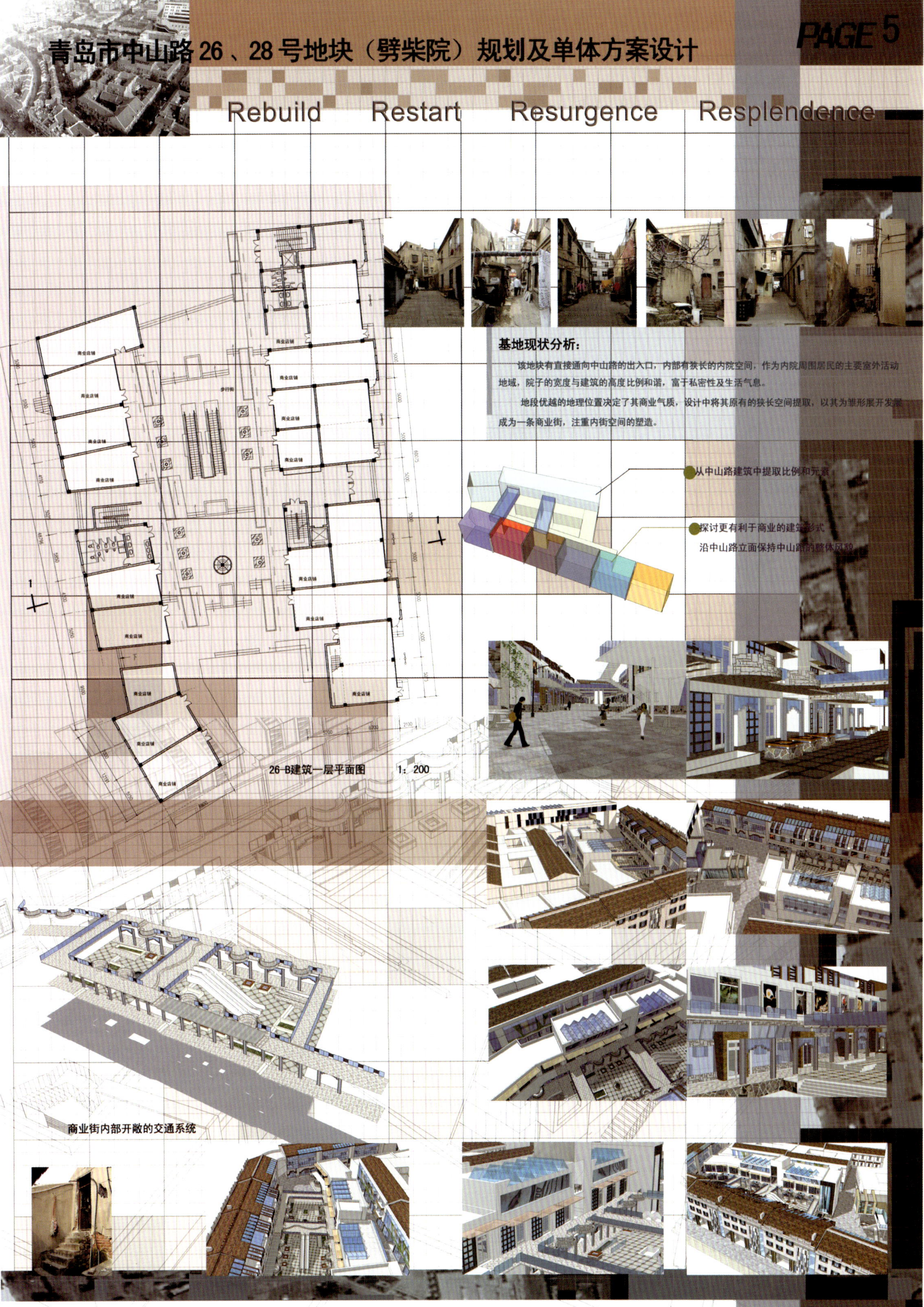

青岛市中山路26、28号地块（劈柴院）规划及单体方案设计
PAGE 5
Rebuild
Restart
Resurgence
Resplendence
基地现状分析：
该地块有直接通向中山路的出入口，内部有狭长的内院空间，作为内院周围居民的主要室外活动地域，院子的宽度与建筑的高度比例和谐，富于私密性及生活气息。
地段优越的地理位置决定了其商业气质，设计中将其原有的狭长空间提取，以其为雏形展开发展成为一条商业街，注重内街空间的塑造。
从中山路建筑中提取比例和元素
探讨更有利于商业的建筑形式
沿中山路立面保持中山路的整体风貌
26-B建筑一层平面图　1：200
商业街内部开敞的交通系统
2007届建筑学毕业设计

青岛市中山路26、28号地块（劈柴院）规划及单体方案设计

PAGE 6

Rebuild　Restart　Resurgence　Resplendence

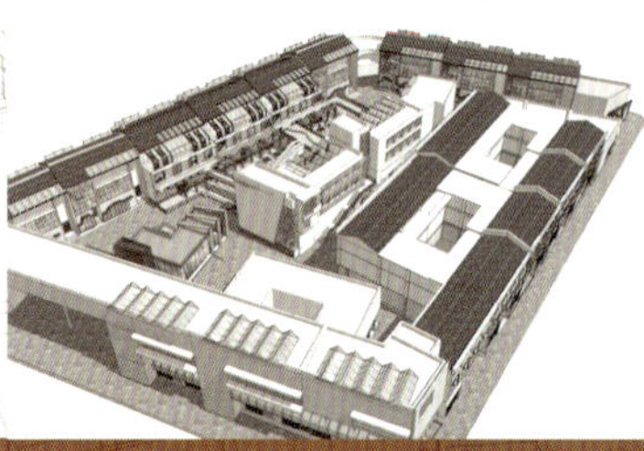

从鲁邦广场俯视基地

旅馆与商场之间的一个狭长空间

内街效果图

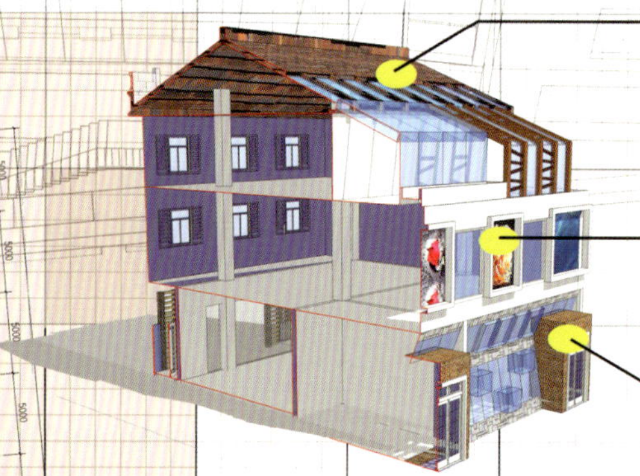

延续中山路坡屋顶的形式

广告牌放置区

入口空间及玻璃橱窗

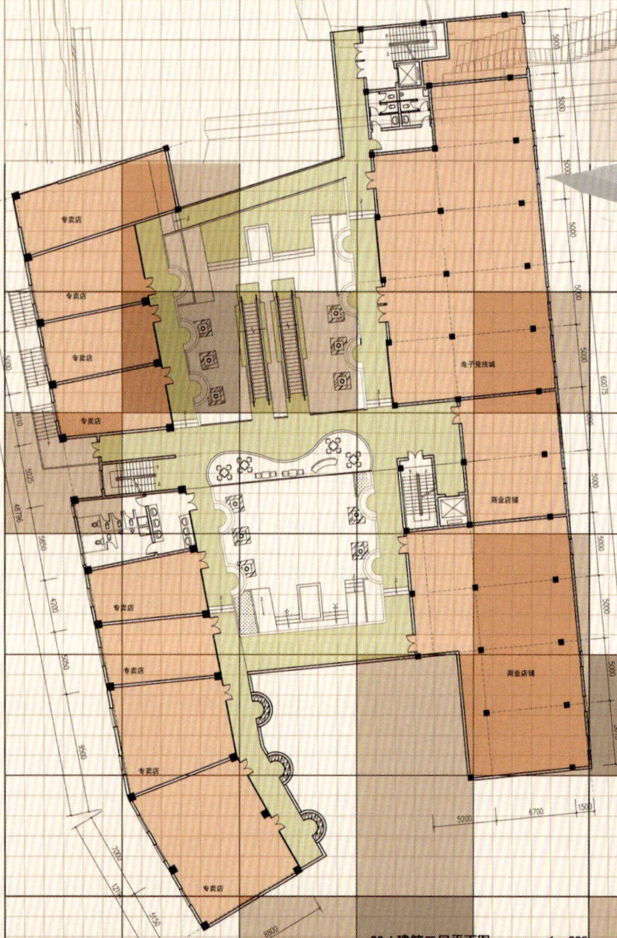

26-b建筑二层平面图　1：200

26-b建筑沿中山路立面　1:200

青岛市中山路26、28号地块（劈柴院）规划及单体方案设计

Rebuild Restart Resurgence Resplendence

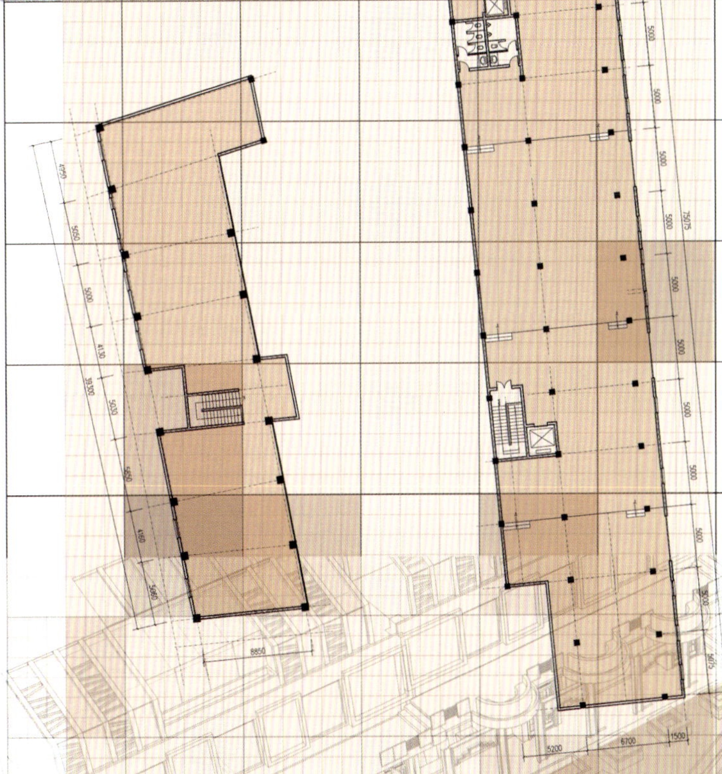

26-B建筑三层平面图 1：200

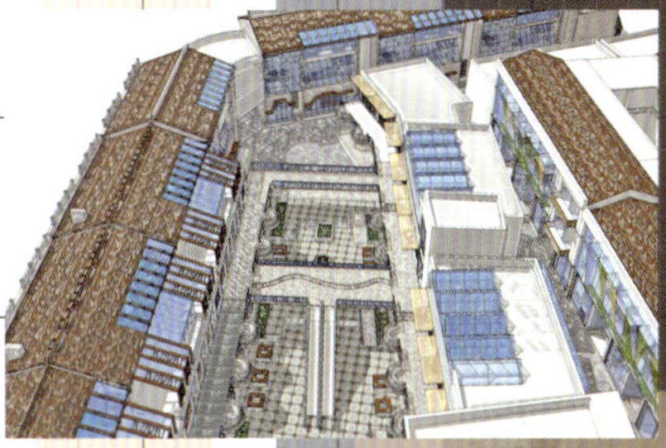

26-B建筑内街立面图2 1:200

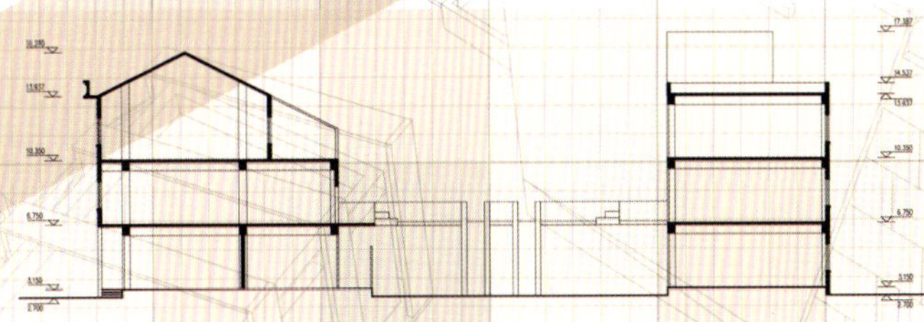

26-B建筑1-1剖面图 1：200

26-B建筑内街立面图1 1:200

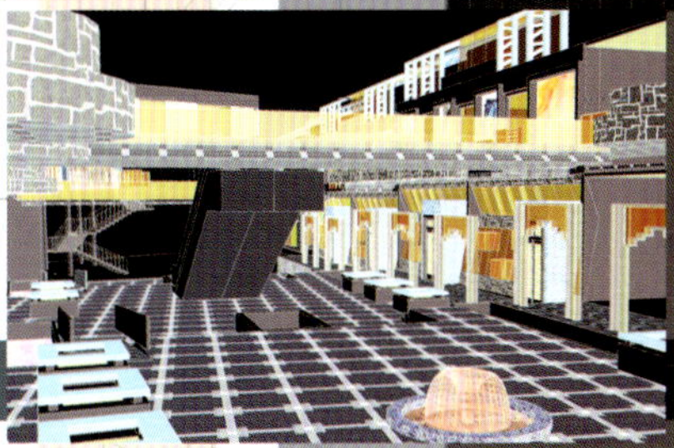

2007届建筑学毕业设计

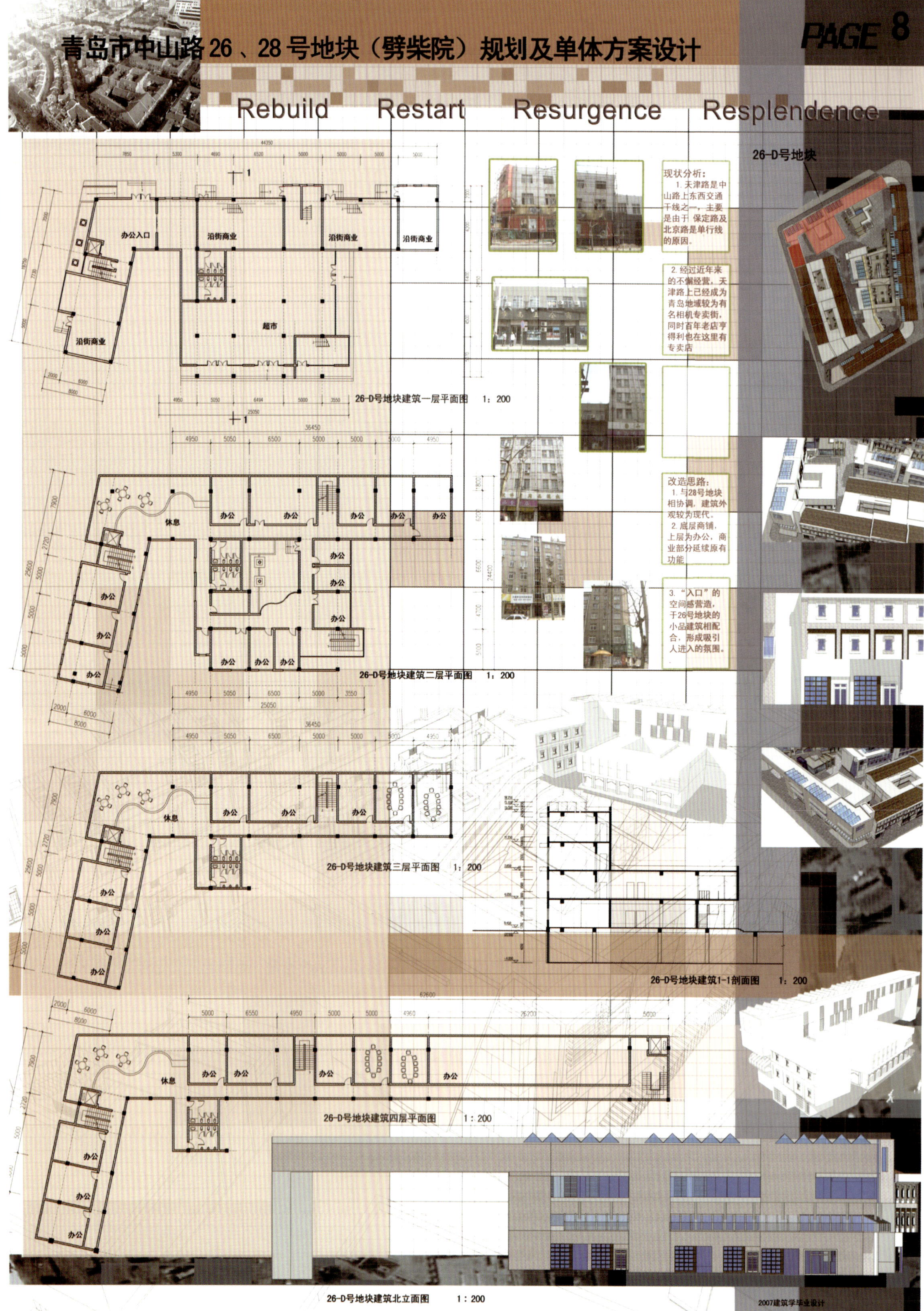

青岛市中山路26、28号地块（劈柴院）规划及单体方案设计
PAGE 8
Rebuild Restart Resurgence Resplendence
26-D号地块
沿街商业
办公入口
超市
26-D号地块建筑一层平面图 1：200
办公
休息
26-D号地块建筑二层平面图 1：200
26-D号地块建筑三层平面图 1：200
26-D号地块建筑四层平面图 1：200
26-D号地块建筑1-1剖面图 1：200
现状分析：
1. 天津路是中山路上东西交通干线之一，主要是由于 保定路及北京路是单行线的原因。
2. 经过近年来的不懈经营，天津路上已经成为青岛地域较为有名相机专卖街，同时百年老店亨得利也在这里有专卖店
改造思路：
1. 与28号地块相协调，建筑外观较为现代。
2. 底层商铺，上层为办公，商业部分延续原有功能
3. “入口”的空间感营造，于26号地块的小品建筑相配合，形成吸引人进入的氛围。
26-D号地块建筑北立面图 1：200
2007建筑学毕业设计

青岛市中山路26、28号地块（劈柴院）规划及单体方案设计

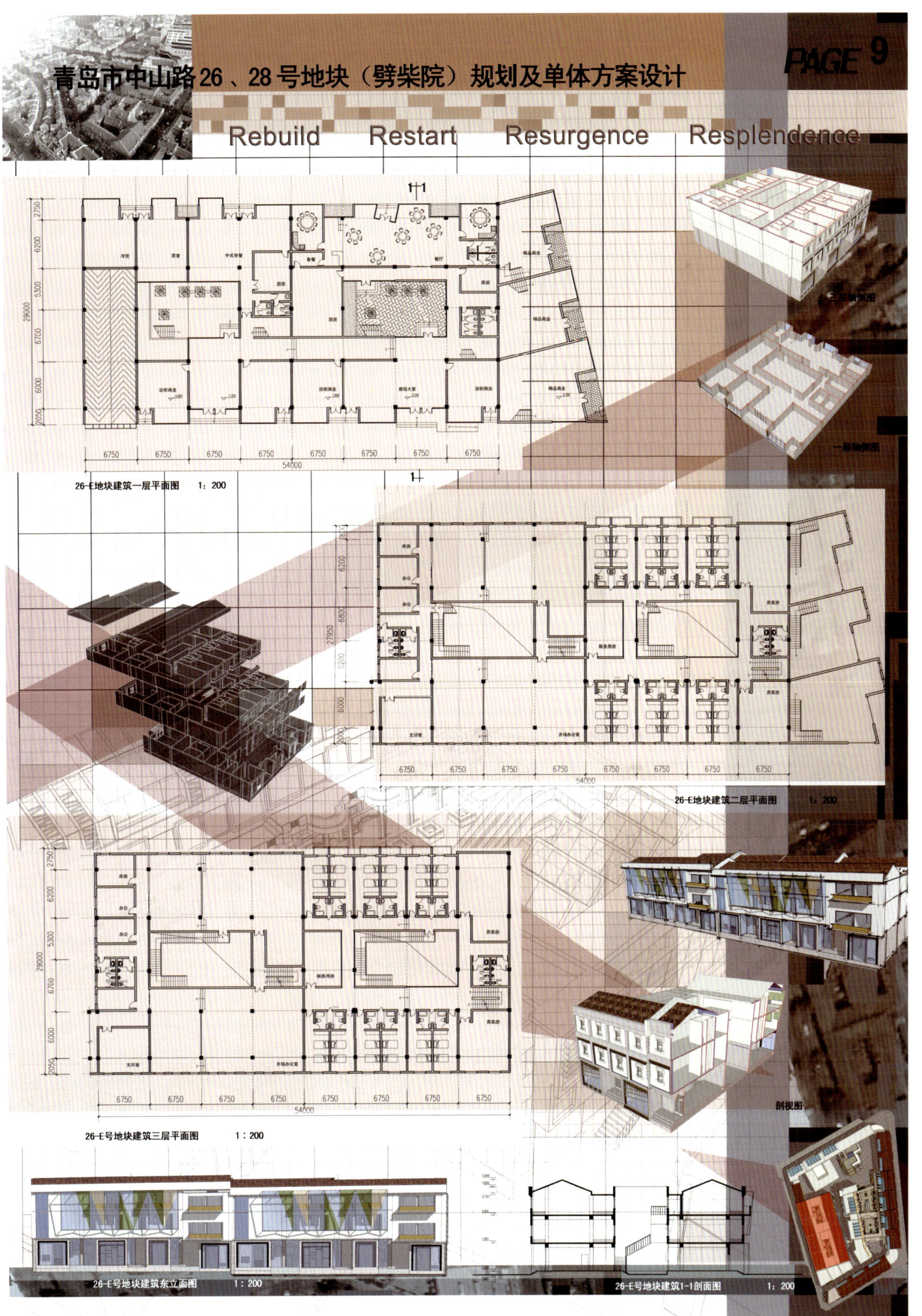

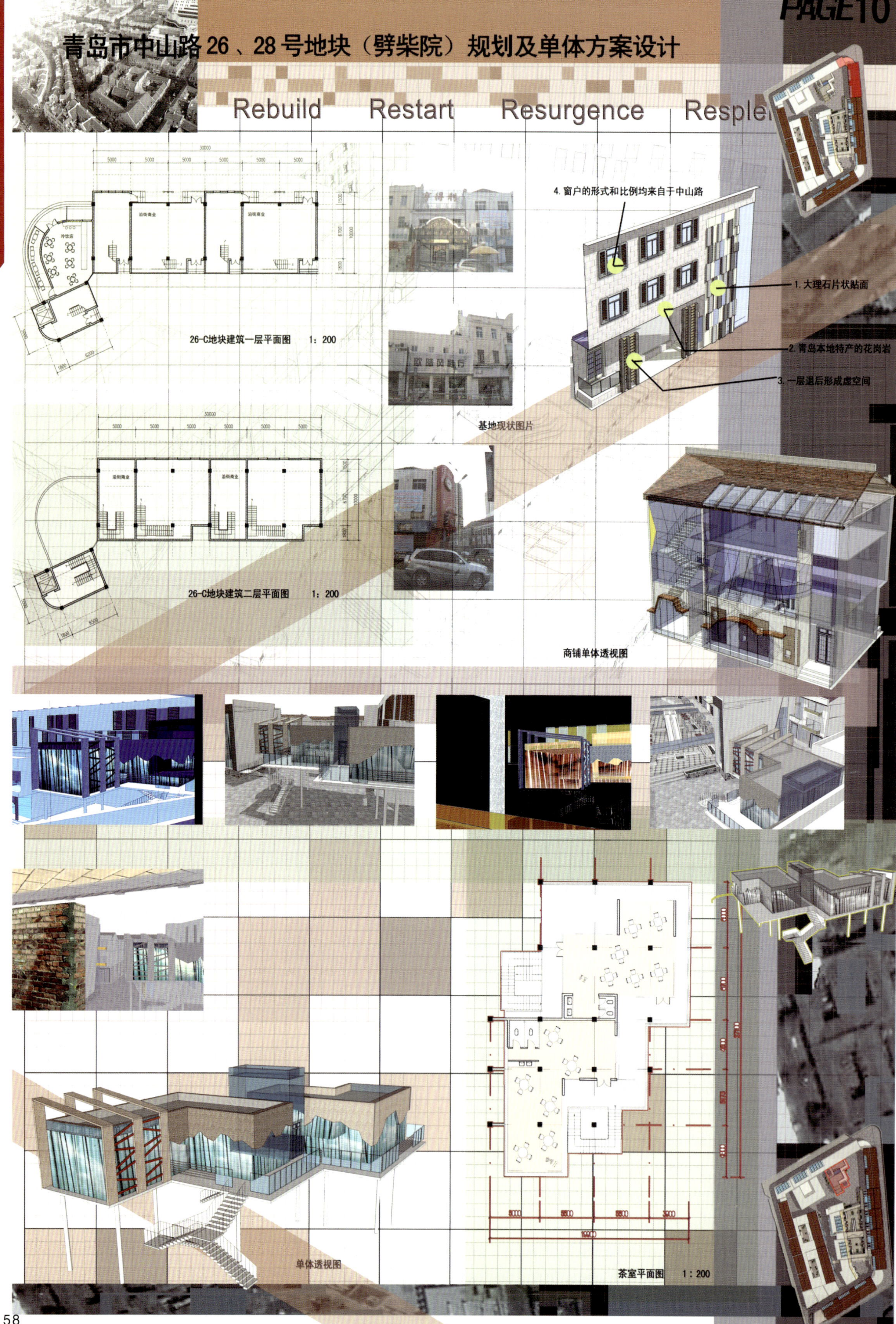
PAGE10
青岛市中山路26、28号地块（劈柴院）规划及单体方案设计
Rebuild
Restart
Resurgence
Resple
26-C地块建筑一层平面图 1：200
26-C地块建筑二层平面图 1：200
4. 窗户的形式和比例均来自于中山路
1. 大理石片状贴面
2. 青岛本地特产的花岗岩
3. 一层退后形成虚空间
基地现状图片
商铺单体透视图
单体透视图
茶室平面图 1：200

Rebuild Restart Resurgence Resplendence

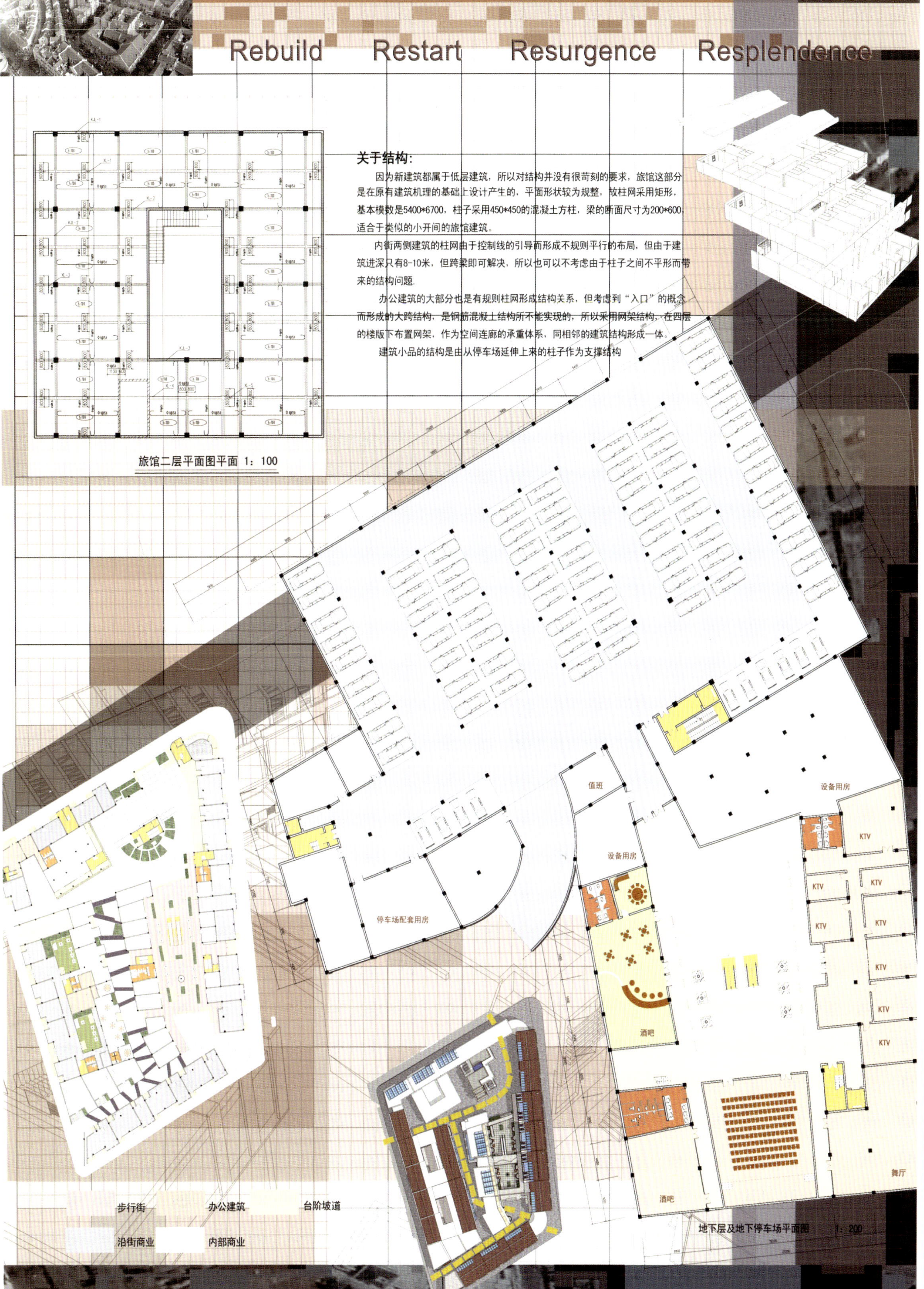

关于结构：

因为新建筑都属于低层建筑，所以对结构并没有很苛刻的要求，旅馆这部分是在原有建筑机理的基础上设计产生的，平面形状较为规整，故柱网采用矩形，基本模数是5400*6700，柱子采用450*450的混凝土方柱，梁的断面尺寸为200*600，适合于类似的小开间的旅馆建筑。

内街两侧建筑的柱网由于控制线的引导而形成不规则平行的布局，但由于建筑进深只有8-10米，但跨梁即可解决，所以也可以不考虑由于柱子之间不平形而带来的结构问题。

办公建筑的大部分也是有规则柱网形成结构关系，但考虑到“入口”的概念而形成的大跨结构，是钢筋混凝土结构所不能实现的，所以采用网架结构，在四层的楼版下布置网架，作为空间连廊的承重体系，同相邻的建筑结构形成一体。

建筑小品的结构是由从停车场延伸上来的柱子作为支撑结构

图书在版编目（CIP）数据

营学录：青岛理工大学建筑学院学生获奖作品选：2006-2009/郝赤彪主编.—天津：天津大学出版社，2010.8
ISBN 978-7-5618-3632-3

Ⅰ. ①营… Ⅱ. ①郝…Ⅲ. ①建筑设计—作品集—中国—现代 Ⅳ. ①TU206

中国版本图书馆CIP数据核字（2010）第160191号

编委会　张伟刚　方保金　郝赤彪　王润生
　　　　侯方高　许从宝　徐飞鹏　钱　城
　　　　王少飞　刘福智　田　华
书名题字　张光兴
主　　编　郝赤彪
副 主 编　许从宝
编　　辑　程　然　谢春虎
英文翻译　刘　崇　赵泰合
封面设计　聂　彤
组稿编辑　油俊伟

出版发行　天津大学出版社
出 版 人　杨　欢
地　　址　天津市卫津路92号天津大学内（邮编：300072）
电　　话　发行部：022—27403647　邮购部：022—27402742
网　　址　www.tjup.com
印　　刷　深圳市雅佳图印刷有限公司
经　　销　全国各地新华书店
开　　本　230mm×300mm
印　　张　10
字　　数　120千
版　　次　2010年8月第1版
印　　次　2010年8月第1次
定　　价　148.00元

特约营销　北京天潞诚图书有限公司
地　　址　北京市西城区新街口西里二区1号楼底商11号
电　　话　010—66519466　13311516569
传　　真　010—82220795
网　　址　www.abbsbooks.com